教育部高等学校电子信息类专业教学指导委员会规划教材

高等学校电子信息类专业系列教材·新形态教材

通信原理实用教程

使用MATLAB仿真与分析

向 军◎编著

清华大学出版社

北京

内 容 简 介

本书全面介绍现代通信系统的基本组成模型和信息传输中的各种调制解调技术，全书共分8章，内容包括通信和信息传输的基本概念，通信系统中的信号、信道与噪声，模拟调制传输，模拟信号的数字化传输，数字基带传输，数字调制传输，现代数字调制和物联网通信技术简介。在相应章节最后附有实例，介绍基于 MATLAB R2020b 相关内容的建模与仿真，通过上机实践练习，可以帮助读者更好地理解和掌握抽象的理论知识，激发学习兴趣。

本书主要面向高等学校电气类、电子信息工程类、通信工程、计算机科学与计算等专业，内容浅显易懂，逻辑性强，尽量淡化复杂的数学演算和公式推证，注重基本概念和重要结论的理解和实际应用。本书可作为高等学校电子电气类各专业"通信原理""系统建模与仿真""MATLAB/Simulink 信号与系统分析"等课程教材，也可供相关工程技术人员阅读和参考。

图书在版编目（CIP）数据

通信原理实用教程：使用 MATLAB 仿真与分析/向军编著.—北京：清华大学出版社，2022.5
（2024.8重印）

高等学校电子信息类专业系列教材·新形态教材

ISBN 978-7-302-60248-4

Ⅰ. ①通…　Ⅱ. ①向…　Ⅲ. ①Matlab 软件－应用－通信系统－系统仿真－高等学校－教材
Ⅳ. ①TN914 ②TP317

中国版本图书馆 CIP 数据核字（2022）第 035958 号

责任编辑：盛东亮　吴彤云
封面设计：李召霞
责任校对：时翠兰
责任印制：刘　菲

出版发行：清华大学出版社
网　　　址：https://www.tup.com.cn,https://www.wqxuetang.com
地　　　址：北京清华大学学研大厦 A 座　　　邮　　编：100084
社 总 机：010-83470000　　　　　　　　　　邮　　购：010-62786544
投稿与读者服务：010-62776969，c-service@tup.tsinghua.edu.cn
质量反馈：010-62772015，zhiliang@tup.tsinghua.edu.cn
课件下载：https://www.tup.com.cn，010-83470236

印　装　者：三河市天利华印刷装订有限公司
经　　销：全国新华书店
开　　本：185mm×260mm　　　印　张：19.5　　　　字　　数：478 千字
版　　次：2022 年 6 月第 1 版　　　　　　　　　　印　　次：2024 年 8 月第 4 次印刷
印　　数：3501～4500
定　　价：59.00 元

产品编号：094276-01

高等学校电子信息类专业系列教材

序

FOREWORD

我国电子信息产业销售收入总规模在 2013 年已经突破 12 万亿元,行业收入占工业总体比重已经超过 9%。电子信息产业在工业经济中的支撑作用凸显,更加促进了信息化和工业化的高层次深度融合。随着移动互联网、云计算、物联网、大数据和石墨烯等新兴产业的爆发式增长,电子信息产业的发展呈现了新的特点,电子信息产业的人才培养面临着新的挑战。

(1)随着控制、通信、人机交互和网络互联等新兴电子信息技术的不断发展,传统工业设备融合了大量最新的电子信息技术,它们一起构成了庞大而复杂的系统,派生出大量新兴的电子信息技术应用需求。这些"系统级"的应用需求,迫切要求具有系统级设计能力的电子信息技术人才。

(2)电子信息系统设备的功能越来越复杂,系统的集成度越来越高。因此,要求未来的设计者应该具备更扎实的理论基础知识和更宽广的专业视野。未来电子信息系统的设计越来越要求软件和硬件的协同规划、协同设计和协同调试。

(3)新兴电子信息技术的发展依赖于半导体产业的不断推动,半导体厂商为设计者提供了越来越丰富的生态资源,系统集成厂商的全方位配合又加速了这种生态资源的进一步完善。半导体厂商和系统集成厂商所建立的这种生态系统,为未来的设计者提供了更加便捷却又必须依赖的设计资源。

教育部 2012 年颁布的《普通高等学校本科专业目录》将电子信息类专业进行了整合,为各高校建立系统化的人才培养体系,培养具有扎实理论基础和宽广专业技能的、兼顾"基础"和"系统"的高层次电子信息人才给出了指引。

传统的电子信息学科专业课程体系呈现"自底向上"的特点,这种课程体系偏重对底层元器件的分析与设计,较少涉及系统级的集成与设计。近年来,国内很多高校对电子信息类专业课程体系进行了大力度的改革,这些改革顺应时代潮流,从系统集成的角度,更加科学合理地构建了课程体系。

为了进一步提高普通高校电子信息类专业教育与教学质量,贯彻落实《国家中长期教育改革和发展规划纲要(2010—2020 年)》和《教育部关于全面提高高等教育质量若干意见》(教高〔2012〕4 号)的精神,教育部高等学校电子信息类专业教学指导委员会开展了"高等学校电子信息类专业课程体系"的立项研究工作,并于 2014 年 5 月启动了"高等学校电子信息类专业系列教材"(教育部高等学校电子信息类专业教学指导委员会规划教材)的建设工作。其目的是为推进高等教育内涵式发展,提高教学水平,满足高等学校对电子信息类专业人才培养、教学改革与课程改革的需要。

本系列教材定位于高等学校电子信息类专业的专业课程,适用于电子信息类的电子信息工程、电子科学与技术、通信工程、微电子科学与工程、光电信息科学与工程、信息工程及其相近专业。经过编审委员会与众多高校多次沟通,初步拟定分批次(2014—2017 年)建设约 100 门课程教材。本系列教材将力求在保证基础的前提下,突出技术的先进性和科学的前沿性,体现创新教学和工程实践教学;将重视系统集成思想在教学中的体现,鼓励推陈出新,采用"自顶向下"的方法编写教材;将注重反映优秀的教学改革成果,推广优秀的教学经验与理念。

　　为了保证本系列教材的科学性、系统性及编写质量,本系列教材设立顾问委员会及编审委员会。顾问委员会由教指委高级顾问、特约高级顾问和国家级教学名师担任,编审委员会由教育部高等学校电子信息类专业教学指导委员会委员和一线教学名师组成。同时,清华大学出版社为本系列教材配置优秀的编辑团队,力求高水准出版。本系列教材的建设,不仅有众多高校教师参与,也有大量知名的电子信息类企业支持。在此,谨向参与本系列教材策划、组织、编写与出版的广大教师、企业代表及出版人员致以诚挚的感谢,并殷切希望本系列教材在我国高等学校电子信息类专业人才培养与课程体系建设中发挥切实的作用。

吕志伟 教授

前言

PREFACE

"通信原理"是电子电气类、通信工程专业一门重要的专业核心课程,由于涉及大量的数学理论知识和抽象概念,给学生的学习和教师的授课都带来较大困难。因此,编者结合近20年的科研和教学实践经验,编写了本书,希望给读者提供一本浅显易懂、内容完整、概念清楚的学习参考资料,帮助读者更好地掌握相关知识。

本书以数字通信技术为重点,介绍通信系统的基本原理、基本性能和分析方法。全书共分8章。

第1章主要介绍通信和通信系统的基本概念,包括通信系统的分类、基本组成和常用性能指标、调制和解调的基本概念。

第2章主要复习信号与系统的时域与频域分析方法、信号的各种频域描述方法、线性系统的频率特性和滤波器的概念,简要介绍通信系统中的典型信道及其特性、通信系统的噪声及其分类和特性。

第3章主要介绍模拟通信系统中各种典型调制解调技术的基本原理和性能分析方法。

第4章介绍模拟信号的数字化传输方法,主要包括信号的抽样、量化和编码,重点介绍现代通信系统中广泛采用的脉冲编码调制技术。

第5章介绍数字基带传输系统的基本模型,主要包括数字基带信号及其功率谱分析、码间干扰的概念及其对传输性能的影响、部分响应和均衡技术、数字基带传输系统的抗噪性能分析等。

第6章介绍数字调制传输系统的基本组成和传输性能,主要介绍基本的二进制调制和解调技术的基本原理,以及数字信号的最佳接收问题。

第7章介绍现代数字通信系统中广泛采用的多进制调制和现代数字调制技术。

第8章简要介绍物联网系统中几种典型的通信技术,作为前面各章节内容在实际系统中的应用举例,以便为读者指明继续学习的方向。

与其他同类图书相比,本书的特点如下。

(1)内容精练,条理清晰,通俗易懂。本书将主要内容集中在模拟和数字通信系统中的关键技术之一——调制解调技术,而删除了与其他课程重复的内容。例如,差错控制编码在《信息论与编码》等书中都有介绍,同步技术在"高频电子线路""计算机网络"等课程中有介绍,为了突出重点,本书都不再重复涉及。

(2)注重基本概念的同时,强化实践应用。本书在每章最后都以 MATLAB R2020b 为平台,介绍相关章节内容的建模和仿真实践。各章实践练习的内容可以独立成体系,便于教师组织本课程实验和实践教学。主要内容按顺序包括:MATLAB/Simulink 基础、MATLAB 在信号和噪声分析中的应用、模拟调制解调过程的 MATLAB 仿真、抽样量化编码过程的 MATLAB 仿真、数字基带传输系统的 MATLAB 仿真分析、数字调制传输系统的

MATLAB仿真分析、现代数字调制的 MATLAB 仿真。这些内容除了结合实际案例进行详细介绍外，所有代码都经编者调试通过，每章还提供了相关的实践练习题目。

本书为西南交通大学规划教材。本书的编写和出版得到了四川省首批产教融合示范项目"交大-九洲电子信息装备产教融合示范"的支持。

本书的理论参考学时为 32～60 学时，实验实践学时为 16 学时。

由于编者水平有限，书中难免存在疏漏和不足，恳请读者批评指正。

编　者

2022 年 3 月

目录

CONTENTS

全书主要内容

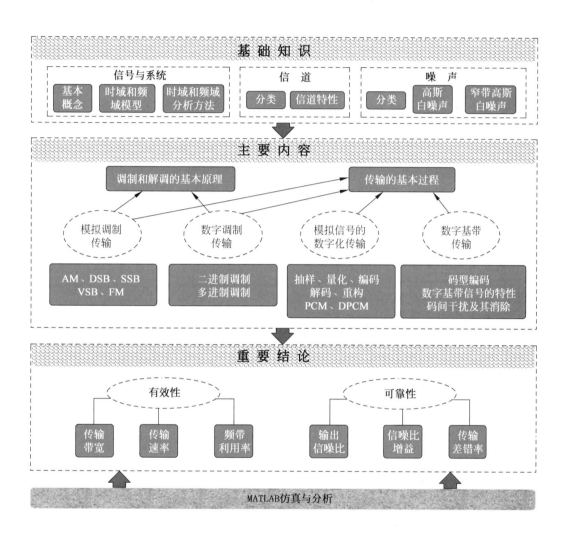

第1章

基 本 概 念

本章将介绍通信的基本概念、通信系统和通信网的基本组成,以及对通信系统传输质量进行定量描述的常用技术指标。此外,为了配合后续章节内容利用 MATLAB 实现辅助分析,还将简要介绍 MATLAB 软件的相关知识。

1.1 通信及通信系统

从用户的角度来说,通信(Communication)是实现信息和消息传输的过程。实现这一过程的所有设备(包括硬件和软件)、传输媒介以及各种通信协议等构成了通信系统(Communication System)。

所谓消息(Message),通常是指人的感官能够感受到的语音、图形、文字符号、图形图像、数据等。用户从通信系统中接收消息,从中提取出对自己有用的东西,称为信息(Information)。

利用通信系统实现通信的最根本任务是实现信息的传递,但是由于组成通信系统的基本部件大都是各种电路系统,因此在实现消息和信息的传递时,都必须将其转换为合适的信号(Signal)。在各种通信系统中实际传输的都是这样的电信号或光信号。

1.1.1 通信系统的基本组成模型

从现代通信系统的组成来看,为了实现高效可靠的信息传输,一个通信系统拥有成千上万的用户终端,需要大量的技术设备,传输媒介和信号传输方式也各不相同。但是,对于两个用户之间的一次通信过程,都可以视为两点之间的通信。点与点之间的通信是最基本的形式,也是研究其他复杂通信过程和通信系统的基础。

图 1-1 所示为点对点通信系统的基本组成模型。其中,由信源和发送设备构成通信系统的发送端,而接收设备和信宿构成接收端,两者通过信道(传输媒介)连接起来。

图 1-1 点对点通信系统的基本模型

信源产生需要传送的消息,并转换为原始电信号。常见的信源有话筒、摄像机、计算机等各种通信终端设备。相对于信道中传输的信号,信源设备输出的信号大多属于低频信号,其主要功率或能量都集中在低频段,称为基带信号(Baseband Signal)。例如,话筒产生的语音信号,其频率范围一般为 $300\sim3400\mathrm{Hz}$;摄像机输出电视图像信号的频率为 $0\sim6\mathrm{MHz}$。

发送设备对信源输出的基带信号进行各种转换和加工处理,变换为适合在信道中传输的信号。例如,在无线通信中,通常需要将低频的基带信号通过调制、功率放大等,转换为具有足够强度、频率很高的射频信号,才能够通过无线信道进行传输。

发送端输出的信号通过信道传输到接收端。在传输过程中不可避免地会受到各种噪声的影响,因此接收端接收到的是同时含有有用信号和噪声的混合信号。接收设备的主要作用就是从混合信号中正确提取出有用的基带信号,并且尽可能过滤噪声。

信宿是原始消息信号的最终接收者,典型的信宿设备有听筒、显示器等,用于将接收设备输出的基带信号转换为声音、图像等消息,从而便于用户用感官进行感知和获取。

1.1.2 通信系统的分类

在现代信息社会,需要随时随地进行大量的信息传输和交换,从而构建了各种各样的通信系统。可以从不同的角度对通信系统进行分类。

例如,根据通信业务的不同,可以分为电话通信系统、广播电视系统、数据通信系统等;根据传输媒介的不同,可以分为有线通信和无线通信系统。有线通信系统通常采用各种电缆和光缆作为传输媒介,而无线通信系统利用空间电磁场中的无线电波实现信息的传输。

再如,根据所传输的消息信号的不同,可以将所有的通信系统分为模拟通信系统和数字通信系统两大类。信道中传输模拟信号的系统称为模拟通信系统,而信道中传输数字信号的系统称为数字通信系统。根据传输的信号是否经过调制,可以将通信系统分为基带传输系统和频带传输系统。将原始基带信号通过传输媒介直接传输,这样的通信系统称为基带传输系统。如果将基带信号在发送设备中进行调制后,再送到信道中传输,这样的通信系统称为频带传输系统,又称为调制传输系统。对于调制传输系统,根据调制方式的不同,又可以进一步分为调幅传输系统、调频传输系统等。

1.1.3 模拟通信和数字通信系统

通信系统中传输的消息可以分为模拟消息(连续消息)和数字消息(离散消息)两大类。对于文字符号和数据等消息,其状态个数(符号和数据的个数)是有限的,取值是离散的,称为数字消息。而对于语音、图像等消息,其状态取值是连续变化的,称为连续消息。

为了实现消息的传输和交换,需要将消息转换为电信号,将消息的各种状态转换为信号某个参量(幅度、频率或相位等)的取值。因此,与消息的状态取值相对应,电信号的指定参量在各时刻的取值也就可能是连续的或离散的,分别称为模拟信号和数字信号。

在图 1-2 所示的信号波形中,用信号的幅度代表消息的状态。由于信号 $m_1(t)$ 在各时刻的幅度连续变化,因此代表的消息也是连续的,$m_1(t)$ 是模拟信号。而信号 $m_2(t)$ 的幅度只有高低电平两种取值,代表的消息是离散的二进制代码序列 101101,因此 $m_2(t)$ 是数字信号。

需要说明两点。

图 1-2 模拟信号和数字信号

（1）在信号与系统理论中，根据信号波形上的幅度取值是否连续，将信号分为连续信号和数字信号。而在通信系统中，根据信号对应的消息状态取值是连续的还是离散的进行划分。

在实际传输的信号中，可以利用信号的幅度、频率或相位等携带消息。例如，对于调频传输，是利用高频正弦载波信号的频率携带消息。此时，信道中传输的调频信号仍然是连续的正弦信号，但其频率随需要传输的消息状态而变化。如果消息是离散的（如二进制代码），则传输的正弦波频率也只有离散的几种取值，因此属于数字信号。

（2）模拟通信系统和数字通信系统分别用于传输模拟信号和数字信号。但对通信系统进行的这种分类是根据信道中传输的信号类型，而不是根据信源发送的信号类型进行划分的。因为现代的数字通信系统也可以用来传输语音、图像等模拟信号，只需要在传输之前将其转换为数字信号。通过数字通信系统传送到接收端后，再通过相反的变换将接收到的数字信号还原为模拟信号。这种传输过程称为模拟信号的数字化传输。

1.2 调制和解调

对于长距离的模拟和数字通信，为了保证传输质量，都必须将基带信号在发送设备中进行调制后，再送到信道中传输。不同的调制传输方式，在性能和传输质量方面有很大的区别。这里首先介绍调制和解调的基本概念及分类。

1.2.1 调制和解调的基本概念

所谓调制（Modulation），是在发送端将需要传送的原始基带信号变换为适合信道传输的信号，一般是将基带信号用于控制高频载波的某个参数，如幅度、频率、相位等，使其随基带信号的幅度变化规律而变化。通过调制，可以将信号中的各频率成分搬到信道的通带范围内，从而使各分量通过信道时有相同的放大和延迟，保证信号送到接收端时没有波形上的失真。

图 1-3 调制器的一般模型

实现调制的部件或装置称为调制器（Modulator）。图 1-3 所示为调制器的一般模型。其中，$m(t)$ 为原始基带信号，$c(t)$ 为高频载波（Carrier Wave），一般是频率远高于基带信号带宽的周期信号，如高频正弦波、高频脉冲波等。经过调制后得到的输出信号 $s_m(t)$ 称为已调信号（Modulated Signal）。也可以根据控制载波的参数的不同，将调制器输出的信号称为调幅信号、调频信号等。

解调（Demodulation）是与调制完全相反的过程，通过解调，接收端从接收到的已调信号中恢复出原始基带信号，再送到接收端。实现解调的部件称为解调器（Demodulator）。

1.2.2　调制和解调的分类

在各种通信系统中,根据传输信号的特性以及对通信系统的性能要求等的不同,可以采用各种调制解调方式。此外,随着现代通信系统的发展,各种先进的调制解调技术也不断涌现。

1. 调制方式的分类

根据高频载波中被控制参数的不同,可以将调制分为幅度调制(Amplitude Modulation,AM)、频率调制(Frequency Modulation,FM)和相位调制(Phase Modulation,PM)[①]这3种基本的调制方式。

各种不同调制方式的实质都是实现信号频谱的搬移。在搬移后得到的已调信号中,如果每个频率分量都在原始基带信号中有对应的频率分量,没有新的频率分量,这种搬移称为频谱的线性搬移,将这种调制称为线性调制。幅度调制就是典型的线性调制。反之,如果在已调信号中,除了有与基带信号对应的频率分量外,还有其他新的频率成分,这种调制方式称为非线性调制。模拟频率调制就是典型的非线性调制。

此外,在模拟通信和数字通信系统中,传输的基带信号分为模拟信号和数字信号。因此,根据基带信号是模拟信号还是数字信号,又可将调制分为模拟调制和数字调制。以幅度调制为例,在模拟幅度调制中,已调信号的载波随基带信号的幅度连续变化;而在数字幅度调制中,已调信号的幅度只有有限种不同的取值。

2. 解调方式的分类

根据实现的原理也可以将解调分为多种方式。对常规幅度调制,由于已调信号中载波的幅度(称为幅度包络)随基带信号的幅度而变化,也就是说,已调信号的幅度包络完全反映了基带信号的波形,因此可以采用最简单的包络检波实现调幅信号的解调。这种解调方式实现简单,在早期的无线电广播接收机中得到了广泛应用。由于这种解调方式不需要专门的解调载波,称为非相干解调。

对于抑制载波的双边带调幅、单边带调幅等,在已调信号中,载波的幅度包络不能完全反映基带信号的幅度变化规律,因此不能采用包络检波非相干解调,此时一般采用相干解调方式。

图 1-4 所示为相干解调器的基本组成模型,其中主要包括乘法器和低通滤波器(Low-Pass Filter,LPF)。接收端接收到的已调信号 $s(t)$ 首先与高频解调载波 $c(t)$ 相乘得到 $x(t)$,再经过 LPF 将其中不需要的高频成分滤除,从而还原得到原始基带信号 $m(t)$。

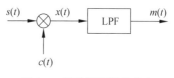

图 1-4　相干解调器的基本
组成模型

相干解调适用于所有的线性调制,但是采用这种方式实现解调,接收机中必须利用专门的技术从接收到的已调信号中自动提取出解调所需的相干载波,因此这种解调器和接收机都比较复杂。

---

① 分别简称为调幅、调频和调相。

1.2.3　调制的作用

调制和解调在通信系统中起着十分重要的作用,其性能好坏直接影响着通信系统信号传输的各方面性能。总结起来,在通信系统中采样调制传输主要有以下几方面的作用。

1. 实现有效传输

通过调制,将基带信号的频谱搬移到信道的通带范围内,使信号特性与信道特性相匹配,便于通过信道实现无失真传输。将低频基带信号通过调制变换为高频已调信号,也便于在无线通信系统中通过天线实现有效辐射。

2. 实现信道复用

信道复用是指通过同一信道同时传送多路基带信号。通过调制,可以将各基带信号频谱搬移到不同的载波频率附近。在频域,各路信号分别占据不同的频段,通过同一信道传送到接收端后,只要再利用带通滤波器即可将指定的基带信号提取出来。这种信道复用技术称为频分复用。

3. 增强抗噪声性能

通信系统传输信号时,影响传输可靠性的一个重要因素是信道引入的噪声。不同的调制解调方式具有不同的抗噪声性能,通过选择合适的调制方式以及设置合适的调制参数,可以减少噪声对传输质量的影响。例如,在调频通信系统中,可以通过设置比较高的调频指数以增大传输带宽,并换取抗噪声性能和传输可靠性的提高。

1.3　通信系统的质量指标

本书将主要介绍各种基本的模拟调制传输系统、数字基带传输系统、数字频带传输系统,以及模拟信号的数字化传输方法。各种通信系统和调制传输方式具有不同的传输性能,通常可以用有效性、可靠性、适应性、标准性、经济性、可维护性等技术指标进行描述和性能比较。

从信息传输的角度考虑,通信系统最主要的性能指标是有效性和可靠性。其中,有效性指的是传输信息所需占用的信道资源(如带宽或时间);可靠性指的是接收信息的准确程度。

有效性和可靠性通常是相互矛盾的。例如,提高有效性通常会造成可靠性的下降。在实际系统中,只能根据需要和技术发展水平尽可能做到适当的折中。例如,在满足可靠性要求的前提下,尽可能提高传输速度;或者在满足有效性的前提下,采用各种技术尽可能保证传输的准确度。

对于模拟和数字通信,有效性和可靠性的具体描述也有一定的差异,因此需要分别进行不同的定量描述。

1.3.1　模拟通信系统的质量指标

模拟通信系统传输的是模拟信号,其有效性一般用传输信号的带宽描述。信号的带宽越小,要求占用系统和传输信道的带宽就越小。这就意味着当给定信道带宽后,通过同一个信道能够传输的信号路数越多,有效性也就越好。

另外,对于同样的消息信号,采用不同的调制传输方式,得到的已调信号带宽也不同。例如,对于语音信号,如果采用调幅传输,需要占用 8kHz 带宽;而如果采用单边带调制传输,只需要 4kHz 带宽。

模拟通信系统的可靠性通常用接收端的输出信噪比衡量。所谓信噪比,指的是在接收端的输出信号中有用信号和噪声的功率之比。信噪比越大,传输质量和可靠性就越高。对于电话语音通信,一般要求输出信噪比不低于 26dB;对于电视图像传输,一般要求信噪比不低于 40dB。

不同的调制传输方式,在相同的信道条件下,输出信噪比是不同的。例如,调频传输系统的输出信噪比要远高于调幅传输系统,因此传输的可靠性要优于调幅传输系统。

1.3.2 数字通信系统的质量指标

数字通信系统中传输的是数字信号,其有效性通常用传输速率和频带利用率描述,而可靠性一般用差错率描述。

1. 传输速率

最简单的数字信号是一串矩形脉冲序列,每个脉冲代表需要传输的一位消息代码,称为码元(Code)或符号(Symbol)。如果每个码元只能取两个不同的值,传输的是二进制代码,则称为二进制码元,对应的数字信号中脉冲的幅度也只有两种取值,称为二进制基带信号;如果码元可以取 M 个不同的值,传输的是 M 进制代码,则称为 M 进制码元,对应的数字信号中脉冲幅度有 M 种取值,称为 M 进制基带信号。

在信息论中,每位数字代码将携带一定的信息量。如果传输过程中各码元相互独立,并且以相等的概率出现,则一位 M 进制代码携带的信息量为 $\mathrm{lb}M$ b。

对数字通信系统,不管传输的是二进制还是多进制信号,定义单位时间(1s)内传输的码元个数为码元速率(传码率)或符号速率,用 R_s 表示,单位为 baud(波特),也可以简记为 Bd。显然,码元速率越高,传输的速度越快,系统的有效性就越好。

通信的根本目的是传递信息,因此还经常用信息速率衡量传输的有效性。定义单位时间内传输的信息量为数字通信系统的信息速率(传信率),用 R_b 表示,单位为 b/s。显然,当传输的进制确定后,码元速率越高,信息速率也越高,系统的有效性就越好。码元速率与信息速率之间的关系为

$$R_b = R_s \mathrm{lb}M \tag{1-1}$$

例如,假设某数字通信系统的码元速率 $R_s = 1\mathrm{kBd}$,则表示每秒传输 1000 个码元。如果传输的是二进制代码,由于每位代码携带 1b 的信息,因此信息速率 $R_b = R_s = 1\mathrm{kb/s}$。如果传输的是十六进制代码,由于每位代码携带 $\mathrm{lb}M = \mathrm{lb}16 = 4\mathrm{b}$ 信息,因此信息速率为 $R_b = R_s \mathrm{lb}M = 4\mathrm{kb/s}$。

因此,采用多进制传输,可以在相同的码元速率下,获得更高的信息速率;反之,为达到相同的信息速率,采用多进制传输,可以降低传输的码元速率。

2. 频带利用率

对于两个传输速率相同的系统,如果占用信道带宽不同,则传输的效率也不同。从这个

意义上说,频带利用率更全面地描述了数字通信系统的有效性。

单位带宽内能够获得的传输速率称为频带利用率。由于传输速率可以用码元速率和信息速率描述,相应的频带利用率也有两种,分别称为码元频带利用率 η_s 和信息频带利用率 η_b。

假设传输时需要占用的信道带宽为 B,则上述两种频带利用率的定义分别为

$$\eta_s = \frac{R_s}{B} \tag{1-2}$$

$$\eta_b = \frac{R_b}{B} \tag{1-3}$$

例如,理论上说,数字基带传输系统能够达到的最高频带利用率为 2Bd/Hz,这意味着如果信道带宽为 1Hz,则通过这样的信道传输数字信号,每秒最多只能传输两个码元;反之,如果需要获得 2kBd 的码元速率,就需要信道提供至少 1kHz 的带宽,否则传输时波形失真会非常严重,传输的可靠性急剧恶化。

通信系统能够达到的频带利用率取决于数字信号的进制数,也取决于传输的数字信号的波形。因此,为了获得足够高的频带利用率,必须在发送端采用特殊的电脉冲波形表示数字代码,再通过数字通信系统进行传输。

此外,对于不同进制的传输信号,由于其带宽只与码元速率和信号波形的形状有关,与信号的幅度和进制无关,因此两种频带利用率之间的关系为

$$\eta_b = \eta_s \, \text{lb} M \tag{1-4}$$

由此可见,采用多进制传输可以提高信息频带利用率。

例 1-1　某数字基带传输系统的码元频带利用率 $\eta_s = 1\text{Bd/Hz}$。

(1) 已知传输带宽 $B = 10\text{kHz}$,求码元速率 R_s。

(2) 为达到 20kBd 的码元速率,求所需的带宽 B_1。

(3) 如果采用 1024 进制传输,为使信息速率达到 120kb/s,求所需的带宽 B_2。

解　(1) $R_s = \eta_s B = 1 \times 10 = 10\text{kBd}$。

(2) $B_1 = R_s / \eta_s = 20/1 = 20\text{kHz}$。

(3) 采用 1024 进制传输时的码元速率为

$$R_s = 120/\text{lb}1024 = 12\text{kBd}$$

则所需传输带宽为

$$B_2 = R_s/\eta_s = 12/1 = 12\text{kHz}$$

或者,首先求得采用 1024 进制传输时的信息频带利用率为

$$\eta_b = \eta_s \text{lb}1024 = 1 \times \text{lb}1024 = 10\text{b/(s} \cdot \text{Hz)}$$

再求得所需带宽为

$$B_2 = R_b/\eta_b = 120/10 = 12\text{kHz}$$

3. 差错率

数字通信系统传输的可靠性通常用差错率描述,具体又分为两种,即误码率 P_s 和误信率(误比特率)P_b。两种差错率的定义类似,都是指在接收端接收到的总码元(或信息量)中,有多少个码元(或信息量)是错误的。

不同的传输方式具有不同的差错率。显然,误码率或误信率越小,则接收到的错误码元

和错误信息量越少,传输的可靠性越高。不同的通信系统,对可靠性指标的要求也不同。例如,数字电话通信系统要求误码率不超过 10^{-3};而计算机数据传输系统要求的误码率不超过 10^{-9}。如果信道条件不能保证误码率要求,必须在通信系统中引入合适的编码技术,以便自动进行检错和纠错。

例 1-2 某数字通信系统的码元速率 $R_s = 1\text{kBd}$,在 1min 内共接收到 6 个错误码元,求误码率 P_s。

解 在 1min 内接收端接收到的总的码元个数为

$$60R_s = 60 \times 1 \times 10^3 = 6 \times 10^4$$

则误码率为

$$P_s = \frac{6}{6 \times 10^4} = 1 \times 10^{-4}$$

1.4 MATLAB/Simulink 基础

视频讲解

MATLAB 的功能十分强大,几乎涵盖了现今工业上的所有行业和领域,大量应用于系统建模仿真、性能分析和辅助设计,以及专业知识的理论教学和实验。本书将在每章最后介绍利用 MATLAB 实现相关内容仿真分析的基本方法,以便加深对相关理论知识的理解。这里首先以 MATLAB R2020b 为例,对 MATLAB 的基本使用方法做一个简要介绍。

默认情况下,MATLAB R2020b 启动后的主窗口如图 1-5 所示。主窗口顶部有"主页""绘图"和 APP 3 个选项卡。选项卡中有很多工具按钮,这些按钮以分组的形式构成工具栏。

图 1-5 MATLAB R2020b 工作环境

工具栏下面有很多子窗口。默认情况下,包括"当前文件夹""命令行窗口"和"工作区"子窗口。此外,单击"主页"选项卡中的"新建脚本"按钮,还可以打开编辑器子窗口,在其中编辑 MATLAB 程序。单击"主页"选项卡中的 SIMULINK 按钮,可以打开 Simulink 编辑器,在其中搭建系统的仿真模型,运行仿真模型并观察结果。

1.4.1　MATLAB 编程基础

与其他高级语言类似,MATLAB 编程也涉及数据类型、流程控制语句等基本问题。此外,作为一款专门用于科学计算的软件,MATLAB 也提供了许多独特的功能,以便适用于大量的数据处理以及专业系统仿真分析和辅助设计。

1. 矩阵与向量

MATLAB 中最基本的数据结构是矩阵,这是一种二维矩形数据结构,以一种便于存取的格式存储多个数据。使用这种二维矩阵也可以存储称为标量的单个数据,或者一组线性排列的数据,此时矩阵的维数可以分别认为是 1×1、$1 \times n$ 或 $n \times 1$,其中 n 为矩阵中数据的个数。

只有一行的矩阵通常又称为行向量;只有一列的矩阵通常又称为列向量。如果向量中的各元素按照一定的规律变化,这样的向量又称为数值序列。

2. 脚本和函数

MATLAB 程序最简单的类型是脚本(Script),其中包含一组命令语句。简单的命令也可以在命令行窗口中直接输入,并立即得到执行。要获得更高的编程灵活性,可以创建能够接收输入并返回输出的函数。

与脚本程序一样,函数仍以扩展名为.m 的程序文件保存。一般情况下,一个文件中定义一个函数,文件名必须与函数名完全相同。与脚本程序不同的是,由于函数一般带有入口参数,所以函数不能独立运行,但可以在其他函数或脚本程序中调用,也可以在命令行窗口通过给定入口参数进行调用执行。

3. 数据的可视化

MATLAB 提供了大量的绘图语句和命令,用于实现数据计算的可视化。利用这些语句,可以形象、直观地将程序执行的结果数据和信号波形等以二维、三维等图形形式进行展示,以便用户根据这些数据做进一步分析处理。

实现数据可视化的常用方法是调用 plot()函数,利用该函数,可以用不同的线型、颜色和线条宽度绘制信号的波形。

1.4.2　Simulink 基础

Simulink 的工作环境包括库浏览器(Library Browser)和 Simulink 编辑器(Editor),其中库浏览器提供搭建仿真模型所需的各种模块(Block),Simulink 编辑器用于添加和连接模块以搭建仿真模型。

在 Simulink 编辑器中,首先根据仿真系统的数学模型,搭建系统的仿真模型。其中包括从模块库中调入相关模块,并根据系统数学模型和仿真分析的需要设置各模块的参数。之后,用信号线将模块相互连接起来,从而构成完整的 Simulink 仿真模型。

1. Simulink 库

在 MATLAB 主窗口中单击 SIMULINK 按钮,或者在命令行窗口执行 simulink 命令,都可打开 Simulink 编辑器窗口。在 Simulink 窗口中单击 Library Browser 按钮,可以打开 Simulink 库浏览器。

Simulink 库浏览器以树形结构列出了 Simulink 中所有的模块库、模块子库及其中的所有模块,如图 1-6 所示。其中,Simulink 库称为基本模块库,提供了搭建各种系统仿真模型所需的通用模块,各模块又根据具体功能分别放在相应的模块子库中。

图 1-6 Simulink 库浏览器

扩展模块又称为应用工具箱,是针对具体专业系统提供的函数包,如图 1-6 中的通信工具箱(Communications Toolbox)、DSP 系统工具箱(DSP System Toolbox)和控制系统工具箱(Control System Toolbox)等。

在搭建仿真模型时,如果知道了模块的名称,可以在 Simulink 库浏览器顶部的搜索框中输入模块的名称,再单击右侧的 Search 按钮,即可查找到该模块,将其调入仿真模型中。

2. Simulink 建模与仿真的基本过程

首先在 MATLAB 主窗口中选择当前工作文件夹,然后启动并进入 Simulink 编辑器。刚进入 Simulink 编辑器时,创建的空白仿真模型默认命名为 untitled.slx。单击 Save 按钮,将模型文件保存到当前工作文件夹中。在 Simulink 中,模型文件默认扩展名为.slx。

新建模型文件后,从库浏览器中找到所需的各模块,将其选中并拖动至编辑器的合适位置,即可将模块添加到模型中。通过单击拖动,可以移动模块位置,调节模块的大小。在编辑器中双击各模块,可以弹出模块的参数对话框,在对话框中设置各模块的参数。

拖入所有模块后,需要将这些模块相互连接起来,以构成完整的仿真模型。之后,在编辑器菜单中选择 SIMULATION 选项卡中的 Run 命令,即可启动仿真运行。运行结束后,可以利用 Simulink 中提供的示波器、频谱分析仪、数值显示器等观察仿真运行结果。

1.4.3 MATLAB 的帮助系统

MATLAB 提供了完善的帮助系统,单击"主页"选项卡下"资源"按钮组中的"帮助"按钮即可进入,如图 1-7 所示。帮助系统采用简易的浏览器窗口样式。左侧是导航栏,其中列出了已经安装的 MATLAB 组件目录。单击某项组件,将在右侧显示相关的帮助页面。

帮助系统右侧页面顶部有 5 个标签,默认为选择"所有"标签,在页面上主要显示

MATLAB 和 SIMULINK 两个超链接,单击可以进入 MATLAB 和 Simulink 的帮助页面。

图 1-7　　MATLAB 帮助系统

此外,在 MATLAB 主窗口和帮助系统的几乎所有页面顶部都提供了一个搜索编辑框,可以在其中输入任何感兴趣的内容(如 MATLAB 中提供的内部函数名、Simulink 库中的模块名等),帮助系统会根据输入的内容自动查找并给出相应的帮助信息。例如,在搜索编辑框中输入 sin,帮助系统自动给出若干选项,可以根据需要在其中查找到所需要获取帮助的选项,单击后将立即在帮助页面显示该选项的详细帮助文档。

课程思政阅读材料

中国通信简史

中国通信事业从清代洋务运动起步,经过 150 多年的发展,已由邮电通信转变为电信/信息通信网。中国通信事业的发展历程及其所创建的通信文明,是中国社会历史文明的重要组成部分。在通信文明历史中,电信事业以其引领性、前瞻性、科技性,在中国告别封建社会管理制度,建立新型国家管理制度的历史性变革中,起到了关键性的作用。百年后的今天,中国电信网已演进为含互联网、移动互联网、大数据、云计算的信息通信网。

清代洋务运动中,实际主政的慈禧太后给予了电信事业极大的关注。在总理衙门的部署下,满汉大臣同心协力,精确谋划,布局统筹。在大北电报公司水线公司登陆上海的 6 年后,自主建立了中国第 1 条电报线。而后在天津与上海间建立了第 1 条公众电报线,并迅速延展建成全国电报网。电话、无线电和长途电话迅速服务于民众。

民国期间,政府交通部颁布了《电信条例》,统一了全国电信事业,创建了中国国际电台,基本建成了全国长途通信网、无线电通信网和市内电话,并开始注重电信服务,加入国际联盟专业委员会,并以世界电信五强的身份,加入国际电信联盟。

中华人民共和国成立后,在邮电部的带领下,中国电信业秉承电信业建设理念,在以为军政服务为主的同时,提出电信业"为人民服务"的宗旨,建设了气象网、地震网、公用电话传呼网、医疗救护网(120)、报警电话网(110)等民用通信网,为社会稳定、民生安全提供了信息传递最基本的便利。同一时期,我国完成了传统电信网向现代化电信网的整体转变。

工业和信息化部成立前后,接力发展中国电信事业,计算机网与互联网、国际海缆光缆、移动互联网、广播电视网与电信网、电信主体运营商与虚拟运营商相互融合。中国电信/信息通信网以历史赋予的电文明信息传递者之身份,以其长期以来所承担的开发民智、创新文化、振兴民族工业、建设国防体系的先导性,成为融合于社会、以为民众服务为主的信息传递者,成为承载语音、视频和娱乐的平台。

150多年来,中国电信业从电线(电报)起步,引领电文明信息进入中国,在战争与和平、沧桑与辉煌中,伴随着中国社会历史的发展,上演了一出出中国通信业的历史大剧,实现并继续实践着国际电信联盟的宗旨——致力于连通世界。

习题 1

1-1 填空题

(1) 模拟通信系统的有效性和可靠性通常分别用_____和_____衡量。

(2) 数字通信系统的有效性用传输速率衡量,具体包括_____和_____。

(3) 调制是用基带信号的幅度变化控制_____的某个参数。根据调制过程中频谱的变化情况,可以分为_____调制和_____调制两大类。

(4) 一个基本的相干解调器由_____和_____构成。

(5) 某数字通信系统以四进制传输时的信息速率为4kb/s,则传输每个码元所需要的时间为_____。

(6) 某数字传输系统在1min内传送的信息量为3600kb,则采用十六进制传输时,1s内传送_____个码元。

(7) 某数字传输系统的频带利用率 $\eta_s=1.2$Bd/Hz,传输带宽 $B=3.5$kHz,则该系统的码元速率为_____。

(8) 若数字通信系统传送256进制码元,已知系统传输带宽为10kHz,码元频带利用率 $\eta_s=1$Bd/Hz,则每秒传送的信息量为_____。

(9) 一个二进制数字通信系统的误码率为 10^{-6},已知码元速率为10kBd,则连续发送1h,接收端共接收到_____个错误码元。

(10) 某数字通信系统以2kBd的码元速率传输十六进制符号,传输1s时间共检测到4b错误,则误信率为_____。

1-2 某数字通信系统传送二进制码元的速率为 $R_s=400$Bd,设各码元独立等概率出现。

(1) 试求信息速率 R_{b1};

(2) 若信息速率不变,改为传送十六进制信号码元,求此时的码元速率 R_{s1};

(3) 若码元速率保持为 R_s,改为传送256进制信号码元,求此时的信息速率 R_{b2}。

1-3 某数字通信系统以3kBd的速率传输数字符号,占用的信道带宽为2kHz。

(1) 求码元频带利用率 η_s;

(2) 如果传输的是独立等概的十六进制符号,求信息速率 R_b;

（3）为使信息频带利用率达到 12b/（s・Hz），至少需要采用多少进制传输？

实践练习 1

1-1　安装 MATLAB R2020b 软件，注意同时安装好 Communications Toolbox（通信工具箱）和 DSP System Toolbox（DSP 系统工具箱）。

1-2　查阅帮助文档，了解 MATLAB 和 Simulink 的相关概念，了解 MATLAB 编程和 Simulink 建模仿真的基本方法。

第2章

信号、信道与噪声

思维导图

　　通信系统中传输的是各种信号。发送端将需要传送的信息首先用合适的信号表示,然后送到信道中进行传输。本章将对后续章节所需的信号与系统相关知识以及信道和噪声的基本概念做简要的介绍。

2.1　信号和系统的基本概念

　　信号是信息和消息传播的载体和工具,一般表现为随时间不断变化的某种物理量或物理参数。系统是指由若干相互有联系的事物组合而成的整体,用于将送入系统的输入信号进行加工处理、运算变换后得到期望的输出信号,或者将信号传输到接收端。

　　对于通信系统中所遇到的各种信号,可以从不同的角度进行分类。例如,将所有的信号分为确定信号和随机信号。能够用确定的时间函数表达式或波形图描述,在任意指定时刻的幅度都可以根据函数表达式或波形图来确定,这样的信号称为确定信号;如果没有确定的时间函数表达式,在任意时刻的幅度取值事先都不可确定,而只知道幅度取为某个数值的概率有多大,这样的信号就称为随机信号。

　　在通信系统中,调制和解调过程所用的载波、抽样过程中的抽样脉冲、数字通信系统中的位同步信号等,都是典型的确定信号,而信道引入的噪声就属于典型的随机信号。

2.2 傅里叶变换与信号的频谱

为了研究通信系统中各种调制解调的基本原理,常用的方法是对信号进行频谱分析。通过频谱分析,可以明确调制和解调传输过程中信号各频率分量的变化情况,计算信号的带宽,正确设计所需要的滤波器等。

2.2.1 信号的频谱

信号的频谱是根据数学中的傅里叶级数和傅里叶变换提出来的。傅里叶变换和反变换分别定义为

$$F(j\omega) = \int_{-\infty}^{\infty} f(t) e^{-j\omega t} dt \tag{2-1}$$

$$f(t) = \frac{1}{2\pi} \int_{-\infty}^{\infty} F(j\omega) e^{j\omega t} d\omega \tag{2-2}$$

通过傅里叶变换可以将信号分解为不同频率的正弦信号分量的叠加,而信号的傅里叶变换 $F(j\omega)$ 反映了信号中各分量的幅度和相位随其角频率 ω 的变化关系,称为信号的频谱密度,简称频谱(Spectrum)。

信号的频谱一般情况下为复变函数,其模和相位都是以 ω 为自变量的实函数,分别称为信号的幅度谱和相位谱。对于实际系统中的实数信号,其时间表达式为实函数,幅度谱一般为偶函数,而相位谱一般为奇函数。

1. 能量信号的频谱

能量信号的能量为有限值,而平均功率为 0。典型的能量信号有持续时间有限的单脉冲信号、幅度随时间逐渐衰减到 0 的信号等。所有能量信号的频谱都不含有冲激函数,而是以 ω 为自变量的连续或分段函数。

这里介绍后续章节大量用到的几个典型信号,以便读者查阅。

1) 单脉冲信号

单脉冲信号又称为门信号,其时间表达式和频谱分别为

$$f(t) = \begin{cases} A, & |t| < \dfrac{\tau}{2} \\ 0, & \text{其他} \end{cases} \tag{2-3}$$

$$F(j\omega) = \int_{-\tau/2}^{\tau/2} A e^{-j\omega t} dt = A\tau \text{Sa}\left(\frac{\omega\tau}{2}\right) \tag{2-4}$$

其中,$\text{Sa}(x)$ 称为抽样函数,其定义为 $\text{Sa}(x) = \sin(x)/x$。

图 2-1 给出了单脉冲信号的时间波形和频谱图。可以看出,单脉冲信号的频谱为抽样函数,由一个主瓣和无穷多个旁瓣构成,并且主瓣的高度远大于旁瓣的高度,意味着单脉冲信号中频率较低的分量幅度很大,而高频分量的幅度都很小。此外,随着 $|\omega|$ 的增大,幅度谱呈衰减振荡,沿 ω 轴方向每经过 $2\pi/\tau$,幅度谱穿越一次横轴。

2) 理想低通信号

理想低通信号又称为抽样函数信号,其频谱和时间表达式分别为

(a) 时间波形　　　　　　　　(b) 频谱图

图 2-1　单脉冲信号的时间波形和频谱图

$$F(j\omega) = \begin{cases} 1, & |\omega| < \omega_0 \\ 0, & \text{其他} \end{cases} \tag{2-5}$$

$$f(t) = \frac{1}{2\pi} \int_{-\omega_0}^{\omega_0} e^{j\omega t} d\omega = \frac{\omega_0}{\pi} Sa(\omega_0 t) \tag{2-6}$$

图 2-2 给出了理想低通信号的时间波形和频谱图。可以看出,理想低通信号的频谱为单脉冲形状,宽度为 ω_0,意味着信号中只含有角频率小于 ω_0 的分量。理想低通信号的时间波形呈衰减振荡,并且沿横轴方向具有周期性的过零点,即每隔 π/ω_0 的时间间隔穿过一次横轴。

(a) 时间波形　　　　　　　　(b) 频谱图

图 2-2　理想低通信号的时间波形和频谱图

3）三角频谱信号

理想低通信号的频谱为矩形脉冲函数,将这样两个同样的频谱函数进行卷积运算后得到三角形频谱,对应的信号称为三角频谱信号。信号的时间表达式可以表示为

$$f(t) = Sa^2(\omega_0 t) \tag{2-7}$$

图 2-3 给出了三角频谱信号的时间波形和频谱图。其时间波形与理想低通信号类似,也具有周期性的过零点。由于其频谱是两个宽度相同的单脉冲函数的卷积,因此频谱宽度增大为理想低通信号的 2 倍。

4）升余弦滚降信号

升余弦滚降信号简称升余弦信号,其频谱和时间表达式分别为

$$F(j\omega) = \begin{cases} 1, & |\omega| < (1-\alpha)\omega_0 \\ \frac{1}{2}\left[1 - \sin\frac{\pi}{2\alpha\omega_0}(|\omega| - \omega_0)\right], & (1-\alpha)\omega_0 < |\omega| < (1+\alpha)\omega_0 \\ 0, & |\omega| > (1+\alpha)\omega_0 \end{cases} \tag{2-8}$$

图 2-3　三角频谱信号的时间波形和频谱图

$$f(t) = \frac{\pi}{\omega_0} \mathrm{Sa}(\omega_0 t) \frac{\cos(\alpha\omega_0 t)}{1 - \left(\dfrac{2\alpha\omega_0}{\pi}t\right)^2} \tag{2-9}$$

其中，α 为滚降系数，并且 $0 \leqslant \alpha \leqslant 1$。

图 2-4 给出了升余弦滚降信号的时间波形和频谱图。可以看出，升余弦滚降信号的时间波形与理想低通信号具有类似的特性，即都随时间呈衰减振荡，并且沿横轴方向具有周期性的过零点，每隔 π/ω_0 的时间间隔穿过一次横轴。

图 2-4　升余弦信号的时间波形和频谱图

在频域，升余弦滚降信号的频谱存在滚降段，滚降段曲线以 ω_0 为中心奇对称，从最大值逐渐下降到零，如图 2-4(b)所示。频谱达到零时对应的频率为

$$f_c = \frac{(1+\alpha)\omega_0}{2\pi} = (1+\alpha)f_0 \tag{2-10}$$

其中，$f_0 = \omega_0/(2\pi)$。根据式(2-10)可知，滚降系数 α 越小，f_c 也越小。当 $\alpha = 0$ 时，升余弦信号就变为理想低通信号，$f_c = \omega_0/(2\pi)$。

2. 周期信号的频谱

所有周期信号都是功率信号，其能量都为无穷大，而平均功率为有限值。由于周期信号不满足绝对可积条件，必须利用傅里叶变换的性质才能得到其傅里叶变换和频谱。

设周期信号 $f(t)$ 的周期为 T，其频谱的计算式为

$$F(j\omega) = 2\pi \sum_{n=-\infty}^{\infty} F_n \delta(\omega - n\Omega) \tag{2-11}$$

其中，$\Omega = 2\pi/T$，称为周期信号的基波角频率；F_n 为周期信号的傅里叶系数。

式(2-11)说明,周期信号的频谱由无穷多个冲激构成,各冲激函数位于基波角频率的整数倍位置。因此,周期信号的频谱都是离散谱,而非周期信号和能量信号的频谱都是连续谱。

例如,有正弦信号

$$f(t) = A\cos\omega_0 t \tag{2-12}$$

其频谱为

$$F(j\omega) = \pi A[\delta(\omega - \omega_0) + \delta(\omega + \omega_0)] \tag{2-13}$$

而幅度为 A 的直流信号可以视为 $\omega_0 = 0$ 的正弦信号,其频谱为

$$F(j\omega) = 2\pi A\delta(\omega) \tag{2-14}$$

图 2-5 给出了正弦信号和直流信号的频谱图。

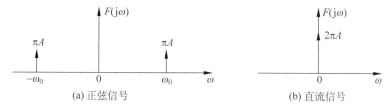

(a) 正弦信号 (b) 直流信号

图 2-5 正弦信号和直流信号的频谱图

除正弦信号以外,典型的周期信号还有周期脉冲信号、周期冲激序列等。周期冲激序列的时间表达式和频谱分别为

$$\delta_T(t) = \sum_{n=-\infty}^{\infty} \delta(t - nT) \tag{2-15}$$

$$F(j\omega) = \omega_0 \sum_{n=-\infty}^{\infty} \delta(\omega - n\omega_0) \tag{2-16}$$

其中,T 为周期;$\omega_0 = 2\pi/T$;$\delta(t)$ 为单位冲激信号。

式(2-16)说明,周期冲激信号的频谱仍然为周期冲激函数。图 2-6 给出了周期冲激信号的时间波形及其频谱图。

(a)时间波形 (b)频谱图

图 2-6 周期冲激信号的时间波形及其频谱图

3. 傅里叶变换的另一种形式

前面介绍的傅里叶变换和信号的频谱都是以信号中各分量的角频率 ω 为自变量,在本书后面的内容中,还将用到傅里叶变换的另一种表达形式,即以频率 f 为自变量。

一般情况下,以 f 为自变量的傅里叶变换仍然为复变函数,表示为 $F(jf)$,其正变换和反变换的定义为

$$F(\mathrm{j}f) = \int_{-\infty}^{\infty} f(t)\mathrm{e}^{-\mathrm{j}2\pi ft}\,\mathrm{d}t \tag{2-17}$$

$$f(t) = \int_{-\infty}^{\infty} F(\mathrm{j}f)\mathrm{e}^{\mathrm{j}2\pi ft}\,\mathrm{d}f \tag{2-18}$$

根据上述定义容易得到两种形式傅里叶变换之间的关系为

$$F(\mathrm{j}f) = F(\mathrm{j}\omega)\big|_{\omega=2\pi f} \tag{2-19}$$

由以上定义可知,两种形式的傅里叶变换之间只是一种简单的自变量代换关系。例如,对单脉冲信号,其傅里叶变换为

$$F(\mathrm{j}f) = \int_{-\tau/2}^{\tau/2} A\mathrm{e}^{-\mathrm{j}2\pi ft}\,\mathrm{d}t = A\tau \mathrm{Sa}(\pi f\tau) = F(\mathrm{j}\omega)\big|_{\omega=2\pi f} \tag{2-20}$$

由于只是自变量的区别,傅里叶变换的函数表达式完全相同,因此频谱图也完全相同,只是横轴刻度替换为 $f = \omega/(2\pi)$。

对周期信号的傅里叶变换,由于表达式中含有冲激函数,在作上述自变量替换时,需要利用冲激函数的尺度变换性质对得到的表达式作化简。例如,对任意周期信号的傅里叶变换,转换为以 f 为自变量,得到

$$F(\mathrm{j}f) = F(\mathrm{j}\omega)\big|_{\omega=2\pi f} = 2\pi \sum_{n=-\infty}^{\infty} F_n\delta(2\pi f - n2\pi f_0)$$

$$= \sum_{n=-\infty}^{\infty} F_n\delta(f - nf_0) \tag{2-21}$$

其中,$f_0 = \Omega/(2\pi)$,Ω 为周期信号的基波角频率。

例如,对正弦信号作自变量代换得到

$$F(\mathrm{j}f) = F(\mathrm{j}\omega)\big|_{\omega=2\pi f} = \pi A\big[\delta(2\pi f - 2\pi f_0) + \delta(2\pi f + 2\pi f_0)\big]$$

$$= \frac{A}{2}\big[\delta(f - f_0) + \delta(f + f_0)\big] \tag{2-22}$$

其中,$f_0 = \omega_0/(2\pi)$,ω_0 为正弦信号的角频率。

对周期冲激序列的频谱,作自变量代换得到

$$F(\mathrm{j}f) = F(\mathrm{j}\omega)\big|_{\omega=2\pi f} = \omega_0 \sum_{n=-\infty}^{\infty} \delta(2\pi f - n2\pi f_0)$$

$$= f_0 \sum_{n=-\infty}^{\infty} \delta(f - nf_0) \tag{2-23}$$

其中,$f_0 = \omega_0/(2\pi) = 1/T$。

2.2.2 傅里叶变换的常用性质

附录 A 给出了傅里叶变换的常用性质,下面对本书将要用到的几个常用性质再做一些说明。

1. 时移性质

设时移后的信号为 $f_1(t)$,其傅里叶变换为 $F_1(\mathrm{j}\omega)$,则根据时移性质得到

$$|F_1(\mathrm{j}\omega)| = |F(\mathrm{j}\omega)|$$

$$\angle F_1(\mathrm{j}\omega) = \angle F(\mathrm{j}\omega) - \mathrm{j}\omega t_0$$

以上两式说明,在时域将信号沿着时间轴平移,在频域信号的幅度谱将保持不变,只是相位谱有附加的相移$-\omega t_0$,即信号中的所有分量都将平移相同的时间t_0。

2. 尺度变换性质

尺度变换性质说明,在时域如果对信号沿时间轴进行拉伸,也就是增加信号的持续时间,则信号的频谱宽度将得到压缩;反之,如果将信号在时域进行压缩,也就是减小信号持续的时间,信号的频谱宽度将增大。这意味着信号的时间宽度(简称时宽)与其在频域中持续的宽度(即带宽)成反比。

在通信系统中,要求以更快的速度传输信号,相当于将信号在时域中进行压缩,则信号的带宽将增大,也就要求传输信道提供更大的带宽。

3. 频移性质

傅里叶变换的频移性质又称为调制定理,是通信系统中各种调制和解调技术的理论基础。频移性质的具体描述有3种情况,可以统一归纳为:若将信号在时域乘以基本的周期信号(复简谐信号、正弦信号),则在频域等价于将信号的频谱沿着频率轴向左或向右平移,频谱的结构和图形形状保持不变。

例如,在时域中将信号与角频率为ω_0的余弦函数信号相乘,则相当于在频域将原信号的频谱分别沿频率轴向左和向右平移ω_0,相加后再将频谱波形上各点幅度缩小为原来的$1/2$。

2.2.3 信号的能量谱、功率谱与自相关函数

在系统分析中,还经常需要从能量或功率的角度对信号进行分析和描述。能量和功率是信号在时域中的重要特征,将信号分解为各正弦信号分量后,其中的每个分量也都有能量或功率。信号的能量谱和功率谱就是反映信号中各分量的能量和功率随着分量频率的变化关系。

视频讲解

1. 能量谱和功率谱

对能量信号,如果能够找到一个频域实函数$E(\omega)$或$E(f)$,使信号的能量为

$$E = \frac{1}{2\pi}\int_{-\infty}^{\infty} E(\omega)\mathrm{d}\omega = \int_{-\infty}^{\infty} E(f)\mathrm{d}f \tag{2-24}$$

则函数$E(\omega)$或$E(f)$就称为该能量信号的能量谱密度,简称为能量谱(Energy Spectrum)。

类似地,对功率信号,如果能够找到一个频域实函数$P(\omega)$或$P(f)$,使信号的平均功率为

$$P = \frac{1}{2\pi}\int_{-\infty}^{\infty} P(\omega)\mathrm{d}\omega = \int_{-\infty}^{\infty} P(f)\mathrm{d}f \tag{2-25}$$

则函数$P(\omega)$或$P(f)$就称为该功率信号的功率谱密度,简称为功率谱(Power Spectrum)。

根据定义容易得到

$$E(\omega) = |F(\mathrm{j}\omega)|^2 \tag{2-26}$$

$$E(f) = |F(\mathrm{j}f)|^2 \tag{2-27}$$

$$P(\omega) = 2\pi \sum_{n=-\infty}^{\infty} |F_n|^2 \delta(\omega - n\Omega) \tag{2-28}$$

$$P(f) = \sum_{n=-\infty}^{\infty} |F_n|^2 \delta(f - nf_0) \qquad (2\text{-}29)$$

以上各式说明,能量信号的能量谱等于其幅度谱的平方。功率信号的功率谱由无穷多个冲激函数构成,与周期信号的幅度谱一样,这些冲激离散地位于 $n\Omega$ 或 nf_0 位置,冲激的强度为 $2\pi|F_n|^2$ 或 $|F_n|^2$,而 $|F_n|$ 反映的是周期信号中各分量的幅度。

显然,信号的能量谱和功率谱都只与其幅度谱有关,与相位谱无关。

例 2-1　已知 $f(t) = 10 + 10\cos 200\pi t$,求其频谱、功率谱和平均功率。

解　已知的 $f(t)$ 为周期信号,其时间表达式包括两项,分别为直流信号和频率为 100Hz 的正弦信号,则根据这两个信号的频谱和傅里叶变换的线性性质得到 $f(t)$ 的频谱为

$$F(\mathrm{j}f) = 10\delta(f) + 5[\delta(f - 100) + \delta(f + 100)]$$

频谱图如图 2-7(a)所示。

频谱中各冲激的强度即为 $|F_n|$,因此再根据式(2-29)得到信号 $f(t)$ 的功率谱为

$$P(f) = 100\delta(f) + 25[\delta(f - 100) + \delta(f + 100)]$$

功率谱图如图 2-7(b)所示。

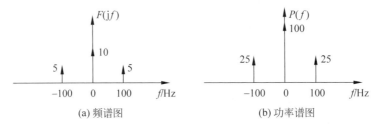

(a) 频谱图　　　　　　　　　　　(b) 功率谱图

图 2-7　例 2-1 示意图

根据功率谱求得信号 $f(t)$ 的平均功率为

$$
\begin{aligned}
P &= \int_{-\infty}^{\infty} P(f)\mathrm{d}f \\
&= \int_{-\infty}^{\infty} \{100\delta(f) + 25[\delta(f - 100) + \delta(f + 100)]\}\mathrm{d}f \\
&= 150\mathrm{W}
\end{aligned}
$$

2. 信号的自相关函数

能量信号 $f(t)$ 的自相关函数定义为

$$R(t) = \int_{-\infty}^{\infty} f(\tau)f(t + \tau)\mathrm{d}\tau \qquad (2\text{-}30)$$

功率信号 $f(t)$ 的自相关函数定义为

$$R(t) = \lim_{T \to \infty} \frac{1}{T}\int_{-\infty}^{\infty} f(\tau)f(t + \tau)\mathrm{d}\tau \qquad (2\text{-}31)$$

自相关函数具有以下特性。

(1) 信号的自相关函数与其能量谱或功率谱密度之间互为傅里叶变换对。

(2) 任何信号的自相关函数在 $t = 0$ 时达到最大值。

(3) $R(0)$ 表示能量信号的能量或功率信号的功率。

2.2.4　信号的带宽

信号通过傅里叶变换分解为很多不同频率正弦信号分量的叠加,信号的频带宽度(简称带宽,Bandwidth)定义为所有分量频率的变化范围,或者频谱图中右半平面不恒为 0 的部分在横轴上的投影宽度,单位为 Hz。

例如,对于理想低通信号,根据图 2-2(b)所示频谱图,可以确定信号的带宽为 $\omega_0/(2\pi)$;根据图 2-3(b)所示频谱图,可以确定三角频谱信号的带宽为 $2\omega_0/(2\pi)=\omega_0/\pi$。

实际系统中的大多数信号分解得到的分量有无穷多个,因此理论上说其带宽为无穷大。但由于实际信号的频谱、能量谱和功率谱都具有收敛性,各分量的幅度、能量或功率都将随着频率的增大而逐渐衰减。超过一定频率的分量,其幅度可以忽略,因此可将该频率近似定义为信号的带宽。信号的能量和功率主要由该带宽范围内的分量提供,而在此范围以外的分量,在合成原始信号时可以忽略。

例如,对宽度为 τ 的单脉冲信号,其频谱如图 2-8 所示。当 $\omega<2\pi/\tau$ 时,主瓣中各分量的幅度比较大,而 $\omega>2\pi/\tau$ 时分量的幅度急剧减小。忽略这些高频分量,则信号的带宽可近似取为幅度谱从最大值开始,第 1 次达到零点对应的频率范围(称为谱零点带宽),即

$$B=\frac{2\pi/\tau}{2\pi}=\frac{1}{\tau} \tag{2-32}$$

对通信系统信道中传输的各种已调信号,大都属于带通信号,也就是信号的频谱位于某个较高的频率 f_0 附近,如图 2-9 所示。此时信号的带宽为

$$B=f_H-f_L \tag{2-33}$$

其中,f_L 和 f_H 分别为信号的最低频率和最高频率。$f_0=(f_L+f_H)/2$ 为信号的中心频率。

图 2-8　单脉冲信号的带宽

图 2-9　带通信号及其带宽

2.3　线性系统与滤波器

前面介绍了通信系统中常用的确定信号及其基本概念。通信系统的根本任务是利用信号实现信息和消息的传递和交换。本节将总结确定信号通过线性系统时的基本分析方法,

并介绍滤波器的基本概念。

2.3.1 线性系统及其频率特性

在频域分析中,线性系统用频率特性(频率响应)来描述。系统的频率特性定义为系统单位冲激响应的傅里叶变换,即

$$H(\mathrm{j}\omega) = \mathrm{FT}[h(t)] = \int_{-\infty}^{\infty} h(t)\mathrm{e}^{-\mathrm{j}\omega t}\,\mathrm{d}t \tag{2-34}$$

其中,$h(t)$为系统的单位冲激响应,是系统在单位冲激信号作用下的零状态响应。根据式(2-34),显然系统的单位冲激响应等于其频率特性的傅里叶反变换,即

$$h(t) = \mathrm{IFT}[H(\mathrm{j}\omega)] = \frac{1}{2\pi} \int_{-\infty}^{\infty} H(\mathrm{j}\omega)\mathrm{e}^{\mathrm{j}\omega t}\,\mathrm{d}\omega \tag{2-35}$$

与信号的频谱一样,一般情况下,系统的频率特性是以 ω 或 f 为自变量的复变函数,并可以表示为

$$H(\mathrm{j}\omega) = |H(\mathrm{j}\omega)|\,\mathrm{e}^{\mathrm{j}\varphi(\omega)}$$

或

$$H(\mathrm{j}f) = H(\mathrm{j}\omega)|_{\omega=2\pi f} = |H(\mathrm{j}f)|\,\mathrm{e}^{\mathrm{j}\varphi(f)}$$

其中,$|H(\mathrm{j}\omega)|$或$|H(\mathrm{j}f)|$称为系统的幅频特性;$\varphi(\omega)$或$\varphi(f)$称为系统的相频特性。幅频特性代表信号通过系统传输时,系统对其中各分量幅度的放大倍数;而相频特性代表信号中各分量相位和时间的延迟。

2.3.2 系统响应的频域求解

在时域中,借助于系统的单位冲激响应$h(t)$,可以通过卷积运算求解系统的输出响应,系统输入信号$f(t)$与输出信号$y(t)$之间的关系为

$$y(t) = f(t) * h(t) \tag{2-36}$$

根据傅里叶变换的时域卷积性质,对式(2-36)两边取傅里叶变换得到

$$Y(\mathrm{j}\omega) = F(\mathrm{j}\omega)H(\mathrm{j}\omega) \tag{2-37}$$

其中,$F(\mathrm{j}\omega)$和$Y(\mathrm{j}\omega)$分别为系统输入输出信号的傅里叶变换;$H(\mathrm{j}\omega)$为系统的频率特性。根据式(2-37)又可以得到

$$|Y(\mathrm{j}\omega)| = |F(\mathrm{j}\omega)||H(\mathrm{j}\omega)|, \quad \varphi_y(\omega) = \varphi_f(\omega) + \varphi(\omega) \tag{2-38}$$

其中,$\varphi_f(\omega)$和$\varphi_y(\omega)$分别为系统输入输出信号的相位谱;$\varphi(\omega)$为系统的相频特性。

例 2-2 如图 2-10(a)所示,已知 $f(t) = 8\cos 40\pi t$,$c(t) = \cos 200\pi t$,求输出 $y(t)$。

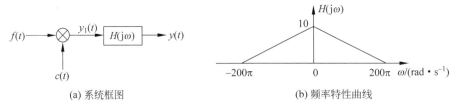

(a) 系统框图　　　　　　　　(b) 频率特性曲线

图 2-10　例 2-2 系统框图及其频率特性曲线

解 根据图 2-10(a)求得

$$y_1(t) = f(t)c(t) = f(t)\cos 200\pi t$$

则根据傅里叶变换的频移性质得到 $y_1(t)$ 的频谱为

$$Y_1(j\omega) = \frac{1}{2}\{F[j(\omega - 200\pi)] + F[j(\omega + 200\pi)]\}$$

将 $Y_1(j\omega)$ 与 $H(j\omega)$ 相乘得到 $Y(j\omega)$。系统中各信号的频谱如图 2-11 所示。据此求得

$$y(t) = 8\cos 160\pi t$$

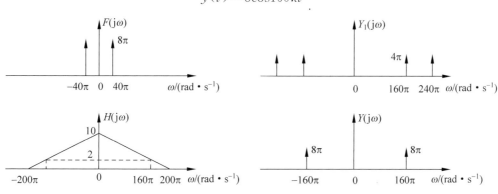

图 2-11 例 2-2 系统各信号频谱

2.3.3 滤波器

通信系统的根本目的是无失真地将信号传输到接收端。但是,由于实际系统的频率特性都不够理想,接收端接收到的信号波形相对于发送端发送的信号波形将发生畸变。此外,实际系统中,还有意利用这一概念实现信号的特殊变换,典型的应用就是滤波器。

1. 系统的无失真传输

输入信号作用到系统的输入端,信号中原来含有的某些频率分量在通过系统时可能被完全滤除,其中的各频率分量也可能在幅度上被放大不同的倍数,在相位上有不同的延迟,从而使在系统的输出端得到波形发生了畸变的输出信号,这种现象称为失真。

要求信号通过系统时不出现失真,也就是要求输出信号的波形不能发生畸变,最多只有幅度上的放大或衰减以及相位或时间上的延迟。因此,要达到无失真传输,系统应该满足的条件为

$$y(t) = Kf(t - t_d) \tag{2-39}$$

其中,$f(t)$ 和 $y(t)$ 分别为系统的输入和输出信号;K 为系统对输入信号的增益;t_d 为系统对输入信号的延迟,称为群延迟。

满足上述条件的系统,其频率特性为

$$H(j\omega) = K\mathrm{e}^{-j\omega t_d} \tag{2-40}$$

幅频特性和相频特性分别为

$$H(\omega) = K, \quad \varphi(\omega) = -\omega t_d \tag{2-41}$$

以上各式说明,为了做到无失真传输,系统的幅频特性应该为与 ω 无关的常数;而相频特性与 ω 呈线性关系;群延迟等于相频特性的导数,应为与 ω 无关的常数。

图 2-12 给出了无失真传输系统的幅频特性和相频特性以及系统输入输出信号的波形。

图 2-12　系统的无失真传输

满足上述条件的系统,带宽为无穷大,这在实际的通信系统中是不可能的。考虑到实际系统传输的信号带宽有限,只要满足系统带宽不低于传输信号的带宽,就近似认为传输没有失真。

2. 滤波器简介

在通信系统中,还特意构造出不满足上述特性的系统,使信号通过时产生失真,并利用这种失真滤除信号中指定的频率分量(如噪声)。输入信号通过系统时,将其中指定的频率分量滤除,只保留有用的频率成分,这样的系统称为滤波器(Filter)。

根据滤波器幅频特性的不同,可以将常用的滤波器分为 4 种基本的类型,即低通滤波器(Low-Pass Filter,LPF)、高通滤波器(High-Pass Filter,HPF)、带通滤波器(Band-Pass Filter,BPF)和带阻滤波器(Band-Stop Filter,BSF),其幅频特性曲线如图 2-13 所示。下面着重介绍 LPF 和 BPF。

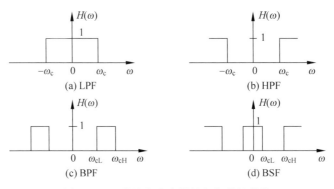

图 2-13　4 种基本滤波器的幅频特性曲线

1）理想 LPF

理想的低通滤波器有一个重要的参数 ω_c,称为截止角频率。$\omega=0\sim\omega_c$ 的角频率范围称为滤波器的通带,其他频率范围为滤波器的阻带。通常又将 $\omega_c/(2\pi)$ 称为滤波器的带宽。对于理想的 LPF,输入信号中频率位于通带内的低频分量能够全部通过,而位于阻带内的频域分量将被滤波器全部滤除。

2）理想 BPF

理想 BPF 有两个参数,分别称为上截止角频率 ω_{cH} 和下截止角频率 ω_{cL},相应的通带角频率范围为 $\omega_{cL}\sim\omega_{cH}$,其他频率范围为阻带。理想 BPF 通常还可以用另外两个参数确定其通带和阻带频率范围,即带宽 B 和中心频率 f_0,这两个参数与上下截止角频率之间的关系为

$$B = \frac{\omega_{cH} - \omega_{cL}}{2\pi}, \qquad f_0 = \frac{\omega_{cH} + \omega_{cL}}{4\pi} \tag{2-42}$$

需要指出的是,上述理想滤波器是无法实现的。对于实际系统中的滤波器,除了通带和阻带以外,还存在过渡带。此外,实际滤波器对通带内的频率成分也不可能全部通过,而是存在一定的衰减;对阻带内的频率成分也不可能完全滤除,会存在一定程度的泄漏。

例 2-3　某理想 LPF 的频率特性曲线如图 2-14 所示。其中,$\omega_c = 10\pi\,\mathrm{rad/s}$。

(1) 求滤波器的单位冲激响应 $h(t)$。

(2) 求系统在 $f(t) = 5\cos 2\pi t + \cos 12\pi t$ 作用下的输出响应 $y(t)$。

(3) 为使上述信号通过滤波器后不失真,该如何调整滤波器的参数?

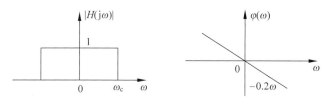

图 2-14　例 2-3 理想 LPF 频率特性曲线

解　(1) 由图 2-14 得到

$$H(j\omega) = \begin{cases} \mathrm{e}^{-j0.2\omega}, & |\omega| < 10\pi \\ 0, & |\omega| > 10\pi \end{cases}$$

取傅里叶反变换得到

$$h(t) = \frac{1}{2\pi}\int_{-\infty}^{\infty} H(j\omega)\mathrm{e}^{j\omega t}\,\mathrm{d}\omega = \frac{1}{2\pi}\int_{-10\pi}^{10\pi} \mathrm{e}^{-j0.2\omega}\,\mathrm{e}^{j\omega t}\,\mathrm{d}\omega$$

$$= 10\,\mathrm{Sa}[10\pi(t - 0.2)]$$

(2) 输入信号的频谱为

$$F(j\omega) = 5\pi[\delta(\omega - 2\pi) + \delta(\omega + 2\pi)] + \pi[\delta(\omega - 12\pi) + \delta(\omega + 12\pi)]$$

这是一个实函数,其幅度谱 $|F(j\omega)| = F(j\omega)$,而相位谱 $\varphi_f(\omega) = 0$。

将 $|F(j\omega)|$ 与 $|H(j\omega)|$ 相乘,$\varphi_f(\omega)$ 与 $\varphi(\omega)$ 相加,即可得到输出信号 $y(t)$ 的幅度谱 $|Y(j\omega)|$ 和相位谱 $\varphi_y(\omega)$,如图 2-15 所示。由此得到

$$Y(j\omega) = 5\pi[\delta(\omega - 2\pi) + \delta(\omega + 2\pi)]\mathrm{e}^{-j0.2\omega}$$

取傅里叶反变换得到

$$y(t) = \frac{1}{2\pi}\int_{-\infty}^{\infty} Y(j\omega)\mathrm{e}^{j\omega t}\,\mathrm{d}\omega$$

$$= \frac{1}{2\pi}\int_{-\infty}^{\infty} 5\pi[\delta(\omega - 2\pi) + \delta(\omega + 2\pi)]\mathrm{e}^{-0.2j\omega}\,\mathrm{e}^{j\omega t}\,\mathrm{d}\omega$$

$$= 2.5[\mathrm{e}^{j2\pi(t-0.2)} + \mathrm{e}^{-j2\pi(t-0.2)}] = 5\cos 2\pi(t - 0.2)$$

(3) 由于输入信号中的两个分量分别位于低通滤波器的通带和阻带内,因此只有低频分量能够通过低通滤波器,从而使输入输出信号的波形有失真。为避免失真,应该使输入信号中的两个分量都位于滤波器的通带内。因此,应将滤波器的截止频率 ω_c 增大,并使之满足 $\omega_c > 12\pi\,\mathrm{rad/s}$,即滤波器的带宽至少应增大到 6Hz。

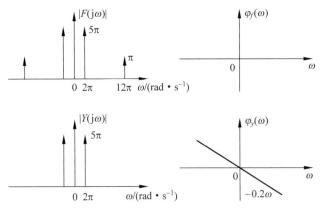

图 2-15　例 2-3 输出信号的幅度谱和相位谱

3. 希尔伯特滤波器

希尔伯特(Hilbert)滤波器是一个宽带移相网络,其幅频特性具有全通特性,相频特性对输入信号中的所有频率分量都移相$-\pi/2$。

图 2-16 所示为希尔伯特滤波器的幅频特性和相频特性。可以得到希尔伯特滤波器的频率特性为

$$H_{\mathrm{H}}(\mathrm{j}\omega) = -\mathrm{jsgn}(\omega) \tag{2-43}$$

其中,$\mathrm{sgn}(\cdot)$为符号函数。

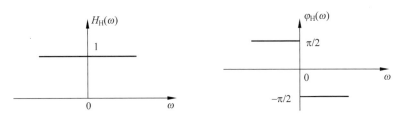

图 2-16　希尔伯特滤波器的频率特性

对式(2-43)取傅里叶反变换得到希尔伯特滤波器的单位冲激响应为

$$h_{\mathrm{H}}(t) = \frac{1}{\pi t} \tag{2-44}$$

信号通过希尔伯特滤波器后,得到的输出称为该信号的希尔伯特变换。例如,单频余弦信号 $f(t) = A\cos\omega_0 t$ 的频谱为

$$F(\mathrm{j}\omega) = \pi A[\delta(\omega - \omega_0) + \delta(\omega + \omega_0)]$$

则其希尔伯特变换 $\hat{f}(t)$ 的频谱为

$$\begin{aligned}
\hat{F}(\mathrm{j}\omega) &= X(\mathrm{j}\omega)H_{\mathrm{H}}(\mathrm{j}\omega) \\
&= \pi A[\delta(\omega - \omega_0) + \delta(\omega + \omega_0)][-\mathrm{jsgn}(\omega)] \\
&= -\mathrm{j}\pi A[\delta(\omega - \omega_0) - \delta(\omega + \omega_0)]
\end{aligned}$$

对其取傅里叶反变换得到

$$\hat{f}(t) = A\sin\omega_0 t$$

这说明，余弦信号的希尔伯特变换为正弦信号，且幅度和频率相等。

希尔伯特变换的一个典型应用是实现模拟通信系统中的单边带调制。表 2-1 给出了常用信号的希尔伯特变换，其中 $m(t)$ 为带宽远小于 $\omega_0/(2\pi)$ 的模拟信号。

表 2-1 常用信号的希尔伯特变换

序号	$f(t)$	$\hat{f}(t)$
1	$A\cos\omega_0 t$	$A\sin\omega_0 t$
2	$A\sin\omega_0 t$	$-A\cos\omega_0 t$
3	$m(t)\cos\omega_0 t$	$m(t)\sin\omega_0 t$
4	$m(t)\sin\omega_0 t$	$-m(t)\cos\omega_0 t$

2.4 信道及其特性

信道(Channel)是信号的传输媒质，在通信系统中，各种信号都要通过信道才能从发送端传送到接收端。本节主要介绍信道的特性及其对信号传输的影响。

2.4.1 信道的分类

根据传输介质的不同可以将信道划分为有线信道和无线信道。有线信道利用双绞线、同轴电缆、光纤等传输信号；无线信道利用空间电磁波实现信号的传输，如微波信道、卫星信道、短波电离层反射信道、散射信道等。根据传输信号的类型，又可将信道划分为模拟信道和数字信道，分别传输模拟信号和数字信号。

根据功能的不同，又可以将信道划分为调制信道和编码信道。所谓调制信道，是指从调制器输出端到解调器输入端的部分。从调制和解调的角度来看，调制器输出端到解调器输入端的所有变换装置和传输媒质，不论其过程如何，只不过是对已调制信号进行某种变换。所谓编码信道，是指编码器输出端到解码器输入端的部分。从编解码的角度来看，编码器的输出是某个数字序列，而解码器的输入同样也是某个数字序列，它们可能是不同的数字序列。因此，从编码器输出端到解码器输入端，可以用一个对数字序列进行变换的编码信道来概括。以上两种信道的组成如图 2-17 所示。

图 2-17 调制信道和编码信道

2.4.2　信道的数学模型

为了分析信道特性及其对信号传输过程的影响,可以对上述调制信道和编码信道引入数学模型,进而用数学方法对其特性进行定性和定量分析。

1. 调制信道的数学模型

调制信道具有以下特性。

(1) 至少有一个输入端和一个输出端。发送端调制器的输出送入调制信道,传送到接收端后再送入解调器。

(2) 绝大多数的调制信道都是线性的。

(3) 信号通过信道时都将有一定的延时,并且传输过程中还会受到损耗。

(4) 信道输入端没有信号时,在信道的输出端仍会有一定的输出噪声。

根据上述特性,可以将调制信道视为一个线性时变系统,并用如图 2-18 所示模型表示。图 2-18 中,$f_i(t)(i=1\sim m)$ 为信道的 m 个输入信号,$y_j(t)(j=1\sim n)$ 为调制信道的 n 个输入信号。

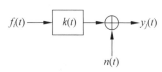

图 2-18　调制信道模型

对于单输入单输出的情况,即只有一个输入和一个输出信号时,输入输出信号之间的关系可以表示为

$$y(t)=k(t)f(t)+n(t) \tag{2-45}$$

其中,$k(t)$ 表示调制器输出信号 $f(t)$ 通过调制信道时所受到的线性变换,它决定调制信道的特性。对于传输的有用信号 $f(t)$,$k(t)$ 相当于一种干扰,一般称为乘性干扰。而式(2-45)中的 $n(t)$ 与输入信号 $f(t)$ 无关,并与有用信号叠加在一起传输,所以称为加性干扰。

由以上分析可见,信道对信号传输的影响可归结为乘性干扰和加性干扰的共同作用。如果了解了这两种干扰的特性,就能获知信道对信号的具体影响。

2. 编码信道的数学模型

编码信道对信号的影响是一种数字序列的变换,即把一种数字序列变成另一种数字序列。因此,编码信道是一种数字信道。信号传输过程中,乘性干扰和加性干扰对编码信道的影响,最终表现为数字序列的变化。由于干扰的存在,编码器输出数字代码序列通过信道传送到解码器时,将使解码输出代码序列发生错误。

简单的二进制数字传输系统的编码信道模型可以用图 2-19 表示。此时,编码器的输出只有 0 和 1 两种不同的代码。$P(0/0)$、$P(1/0)$、$P(0/1)$、$P(1/1)$ 称为信道的转移概率。其中,$P(0/0)$ 和 $P(1/1)$ 分别表示接收到正确的 0 码和 1 码的概率;$P(1/0)$ 和 $P(0/1)$ 分别表示发送 0 码和 1 码时接收错误的概率。显然有

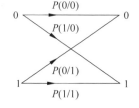

图 2-19　二进制数字传输系统的编码信道模型

$$P(0/0)+P(1/0)=1$$
$$P(0/1)+P(1/1)=1$$

转移概率完全由编码信道的特性决定。一个特定的编码信道有确定的转移概率。但应该指出,转移概率一般需要对实际编码信道做大量的统计分析才能得到。

由于编码信道包含调制信道,且它的特性依赖于调制信道,故在建立了编码信道和调制信道的一般概念之后,有必要对调制信道做进一步讨论。

2.4.3　信道特性对传输的影响

根据乘性干扰的性质,可以将调制信道分为恒参信道和随参信道。恒参信道的乘性干扰不随时间变化或基本不变化,而随参信道的乘性干扰是随机变化的。典型的恒参信道包括有线信道和部分无线信道。典型的随参信道包括短波电离层反射、超短波流星余迹散射、超短波及微波对流层散射、超短波电离层散射以及超短波超视距绕射等传输媒质所分别构成的调制信道。

随参信道的特性比恒参信道要复杂得多,对信号的影响也要严重得多,其根本原因在于它包含一个复杂的传输媒质,如大气层中的对流层散射信道、电离层反射信道等。这里着重介绍恒参信道特性对信号传输过程的影响。

1. 典型的恒参信道及其特性

典型的恒参信道有双绞线、同轴电缆、光纤、中长波地波传播、超短波通信、卫星中继通信和光波视距传播等。

双绞线由若干对且每对两条相互绝缘的铜导线按一定规则绞合而成,这种信道既可以传输模拟信号,也可以传输数字信号,传输距离一般为几千米到十几千米。导线越粗,传输的距离越远。

同轴电缆由内外两根同心圆柱形导体构成,在两根导体之间用绝缘体隔离。外导体通常接地,因此能够实现很好的电磁屏蔽。根据特性阻抗的不同,同轴电缆分为 50Ω 的基带同轴电缆和 75Ω 的宽带同轴电缆。基带同轴电缆只支持一个信道,传输速率为 10Mb/s,主要用在计算机局域网中。宽带同轴电缆支持 $300\sim450\text{MHz}$ 的传输带宽,可用于宽带数据传输,传输距离可达 100km。

光纤利用内部全反射原理传导光信号。与同轴电缆相比,光纤可提供很大的带宽,并且功耗小、传输距离远、传输速率高、抗干扰性强,是构建安全网络的理想选择。

由于上述恒参信道中的乘性干扰不随时间变化或基本不变化,因此可以将其近似视为一个线性时不变系统。图 2-20 所示为典型的有线电话信道的特性曲线。

图 2-20　有线电话信道的特性曲线

图 2-20(a)为电话信道的衰耗特性。根据衰耗特性曲线可知,电话语音信号中频率为 $300\sim3400\text{Hz}$ 的分量,通过信道传输时,信道对其几乎不衰减;而对于频率低于 300Hz 和高于 3400Hz 的分量,信号在传输过程中将受到不同程度的衰减。

图 2-20(b)为电话信号的群延迟特性。据此可知,电话语音信号中频率为 $300\sim$

3400Hz的分量,通过信道传输时,信道几乎没有延迟;而对于频率低于300Hz和高于3400Hz的分量,信号在传输过程中将有不同程度的延迟。

2. 幅频失真和相频失真

理想的衰耗特性应该在整个频段内为常数,相频特性应该为穿过坐标原点的直线。由于相频特性的导数即为系统的群延迟,因此理想的群延迟特性也必须在整个频段内为常数。信号通过这样的系统时,信号中的所有分量都得到相同的放大和延迟,因此在接收端不会失真。

实际的传输信道中存在各种滤波器,还可能存在混合线圈、电容和电感等动态电路元件,使实际信道的幅频特性都是与上述电话信道类似的不均匀特性。这种特性必然使传输信号的幅度和相位随频率发生畸变,引起信号波形的失真。

由信道幅频特性不理想而造成的失真称为幅频失真。如果用这种信道传输数字信号,还会引起相邻码元波形在时间上的相互重叠,造成码间干扰。

如果信道不具有上述理想的群延迟特性,信号中的各分量将有不同的延迟,因此使合成后的波形发生畸变。这种由信道相频特性不理想造成的失真称为相频失真。相频失真对模拟语音通信影响不大,因为人耳对相频失真不敏感。但对于数字通信系统,尤其是高速数据传输,相频失真将引起严重的码间干扰。

综上所述,恒参信道幅频特性和相频特性的不理想将严重地损害信号传输的质量。对于模拟通信系统,解决这个问题的常用方法是采用频域均衡技术,使信道和均衡器总的传输特性在信号带宽范围内满足无失真传输的条件,从而消除失真。对于数字通信系统,克服失真的常用方法是在发送端和接收端采用合适的发送和接收滤波器,以便使传输的信号特性与信道特性相匹配,从而减小甚至完全消除码间干扰。

2.5 噪声

不管是哪一种信道,在传输信号的过程都将引入各种噪声和干扰,从而影响信号和数据传输的可靠性。模拟通信系统的输出信噪比和数字通信系统传输的差错率主要都是由信道噪声引起的,因此在研究其抗噪声性能时,都需要了解噪声的特性。

2.5.1 噪声的来源及分类

所谓噪声(Noise),是指通信系统中对有用信号的传输与处理造成干扰的电磁波。噪声来源很广,种类繁多。根据来源,噪声一般可以分为人为噪声、自然噪声和内部噪声。人为噪声来自其他无关的信号源,如电火花、干扰源等。自然噪声是指自然界中存在的各种电磁波,如雷电和各种宇宙噪声。内部噪声是通信系统内部各种设备本身产生的噪声,如热噪声、电源噪声等。

根据对信号产生作用和影响的方式,噪声又可以分为加性噪声和乘性噪声。乘性噪声对信号的影响是以相乘的形式出现,而加性噪声与信号呈叠加关系。

通过对通信系统的精心设计,有些噪声可以消除或得到衰减。但仍有一些噪声,由于无法确切地预测其波形,所以无法消除其对有用信号传输的影响。这种不能预测的噪声统称为随机噪声。随机噪声主要有热噪声、散弹噪声和宇宙噪声等。这类噪声大多属于加性噪声,与有用信号叠加在一起进行传输,从而影响传输的可靠性。

2.5.2 高斯噪声和白噪声

虽然形成的机理不同,但通信系统中的大多数噪声都具有以下两个共同的特点。

(1) 幅度的瞬时值服从高斯分布,且均值为 0。

(2) 功率谱在相当宽的频率范围内为常数。

满足上述第 1 点的噪声称为高斯噪声,满足上述第 2 点的噪声称为白噪声,同时满足上述两点的噪声称为高斯白噪声(White Gaussian Noise,WGN)。

1. 高斯噪声

高斯噪声在每个时刻的幅度瞬时值服从高斯分布,其幅度概率密度函数可表示为

$$f(x) = \frac{1}{\sqrt{2\pi}\,\sigma} \exp\left[-\frac{(x-A)^2}{2\sigma^2}\right] \qquad (2\text{-}46)$$

图 2-21 高斯噪声的幅度概率密度函数曲线

其中,σ^2 为噪声的方差或平均功率;A 为噪声幅度在某时刻的平均值或数学期望。图 2-21 所示为高斯噪声的幅度概率密度函数曲线。

信道引入的高斯噪声与有用信号混合在一起送到接收端。为了分析通信系统的抗噪声性能,需要计算接收总的信号幅度 x 大于某个常数 V 的概率 P。由概率论的相关知识可以得到

$$P(x > V) = \int_V^\infty f(x)\,\mathrm{d}x = \int_V^\infty \frac{1}{\sqrt{2\pi}\,\sigma} \exp\left[-\frac{(x-A)^2}{2\sigma^2}\right]\mathrm{d}x \qquad (2\text{-}47)$$

令 $y = (x-A)/\sigma$,对式(2-47)做变量代换得到

$$P(x > V) = \frac{1}{\sqrt{2\pi}} \int_{\frac{V-A}{\sigma}}^\infty \exp\left[-\frac{y^2}{2}\right]\mathrm{d}y = Q\left(\frac{V-A}{\sigma}\right)$$

其中,$Q(\alpha)$ 称为 Q 函数,其定义为

$$Q(\alpha) = \frac{1}{\sqrt{2\pi}} \int_\alpha^\infty \mathrm{e}^{-x^2/2}\,\mathrm{d}x \qquad (2\text{-}48)$$

Q 函数与统计学中的误差函数和互补误差函数有确定的关系。误差函数的定义为

$$\mathrm{erf}(\alpha) = \frac{2}{\sqrt{\pi}} \int_0^\alpha \mathrm{e}^{-x^2}\,\mathrm{d}x \qquad (2\text{-}49)$$

互补误差函数的定义为

$$\mathrm{erfc}(\alpha) = 1 - \mathrm{erf}(\alpha) = \frac{2}{\sqrt{\pi}} \int_\alpha^\infty \mathrm{e}^{-x^2}\,\mathrm{d}x \qquad (2\text{-}50)$$

比较以上各式,可以得到 Q 函数与误差函数的关系为

$$Q(\sqrt{2}\,\alpha) = \frac{1}{2}\mathrm{erfc}(\alpha) = \frac{1}{2}[1 - \mathrm{erf}(\alpha)] \qquad (2\text{-}51)$$

Q 函数和互补误差函数难以手工计算,附录 B 给出了 Q 函数表。此外,需要说明的是,Q 函数随自变量 α 的增大而单调减小。

2. 白噪声与带限白噪声

白噪声的功率谱在整个频率范围为常数,即

图 2-22　白噪声的双边功率谱

$$P_{n}(f) = \frac{n_0}{2} \tag{2-52}$$

其中，n_0 为白噪声的单边功率谱，而 $n_0/2$ 相应地称为双边功率谱，单位都为 W/Hz。图 2-22 所示为白噪声的双边功率谱。

白噪声只是一种理想化的模型，因为实际系统中噪声的功率谱不可能具有无穷大的带宽。但是，白噪声在数学上处理比较简单，给通信系统的分析带来很大方便。只要噪声功率谱的带宽远大于系统的带宽，并且在带宽范围内功率谱为常数，就可以近似视为白噪声。

白噪声通过带宽有限的通信系统或滤波器后，频带将受到限制，这种白噪声称为带限白噪声。根据系统和滤波器特性的不同，典型的带限白噪声又分为低通型和带通型两种。

白噪声通过低通型系统（如理想低通滤波器）后得到的噪声，称为低通型白噪声。假设系统具有理想低通特性，则输出低通型白噪声的功率谱如图 2-23（a）所示，可以表示为

$$P_{nL}(f) = \begin{cases} \dfrac{n_0}{2}, & |f| < B \\ 0, & |f| > B \end{cases} \tag{2-53}$$

其中，B 为低通型系统的带宽。根据功率谱求得低通型白噪声的平均功率为

$$P_{L} = \int_{-\infty}^{\infty} P_{nL}(f)\,\mathrm{d}f = \int_{-B}^{B} \frac{n_0}{2}\,\mathrm{d}f = n_0 B \tag{2-54}$$

白噪声通过带通型系统（如理想带通滤波器）后得到的噪声，称为带通型白噪声。假设信道具有理想带通特性，则输出带通型白噪声的功率谱如图 2-23（b）所示，可以表示为

$$P_{nB}(f) = \begin{cases} \dfrac{n_0}{2}, & f_0 - B/2 < |f| < f_0 + B/2 \\ 0, & \text{其他} \end{cases} \tag{2-55}$$

其中，B 为带通型系统的带宽；f_0 为带通型系统的中心频率。根据功率谱求得带通型白噪声的平均功率为

$$P_{B} = \int_{-\infty}^{\infty} P_{nB}(f)\,\mathrm{d}f = n_0 B \tag{2-56}$$

图 2-23　带限白噪声的功率谱

2.5.3　窄带高斯白噪声

一般来说，通信系统接收机前端都有带通滤波器，因此，经过带通滤波后送入接收机的噪声都属于带通型噪声。如果带通滤波器的带宽远远小于其中心频率，即 $B \ll f_0$，此时输出的带通型高斯白噪声就称为窄带高斯白噪声。

1. 窄带高斯白噪声的时域和频域特性

窄带高斯白噪声属于带通型白噪声,因此其功率谱与图 2-23(b)相同。图 2-24 所示为其时间波形。由此可见,窄带高斯白噪声是一个包络和相位随时间缓慢变化、频率等于带通滤波器中心频率 f_0 的余弦信号,因此可以表示为

$$n_i(t) = A(t)\cos[\omega_0 t + \varphi(t)] \tag{2-57}$$

其中,$\omega_0 = 2\pi f_0$;$A(t)$ 和 $\varphi(t)$ 分别为窄带高斯白噪声包络和相位,二者都是缓慢变化的低频随机信号。

图 2-24 窄带高斯白噪声的时间波形

对式(2-57)利用三角公式展开(附录 C 给出了常用的三角公式)可得

$$n_i(t) = A(t)\cos\varphi(t)\cos\omega_0 t - A(t)\sin\varphi(t)\sin\omega_0 t$$

其中,令

$$n_I(t) = A(t)\cos\varphi(t) \tag{2-58}$$

$$n_Q(t) = A(t)\sin\varphi(t) \tag{2-59}$$

由此得到窄带高斯白噪声的正交表达式为

$$n_i(t) = n_I(t)\cos\omega_0 t - n_Q(t)\sin\omega_0 t \tag{2-60}$$

其中,$n_I(t)$ 和 $n_Q(t)$ 分别为窄带高斯白噪声的同相分量和正交分量。

可以证明,如果 $n_i(t)$ 是均值为零的窄带高斯白噪声,则其同相分量 $n_I(t)$ 和正交分量 $n_Q(t)$ 也是均值为零的高斯白噪声。此外,同相分量和正交分量的功率谱 $P_I(f)$ 和 $P_Q(f)$ 相同,并且与窄带高斯白噪声的功率谱 $P_{ni}(f)$ 之间有如下关系,即

$$P_I(f) = P_Q(f) = \begin{cases} P_{ni}(f-f_0) + P_{ni}(f+f_0), & |f| < B/2 \\ 0, & 其他 \end{cases} \tag{2-61}$$

图 2-25 所示为窄带高斯白噪声中同相分量和正交分量的功率谱。由此可知,窄带高斯白噪声中的同相分量和正交分量都属于低通型白噪声,而合成的窄带高斯白噪声属于带通型噪声。

由于同相分量和正交分量具有相同的功率谱,因此其平均功率相同,即

$$P_I = \overline{n_I^2(t)} = P_Q = \overline{n_Q^2(t)} = \int_{-\infty}^{\infty} P_I(f)\mathrm{d}f$$

$$= \int_{-B/2}^{B/2} n_0 \mathrm{d}f = n_0 B \tag{2-62}$$

图 2-25 窄带噪声中同相分量和正交分量的功率谱

在通信系统抗噪声性能的分析中,经常还需要了解噪声的幅度包络和相位的统计特性。窄带高斯白噪声的幅度包络和相位都是随时间缓慢变化的。

经数学推导可知,窄带高斯白噪声的包络 $A(t)$ 和相位 $\varphi(t)$ 分别服从瑞利分布和均匀分布。

2. 窄带高斯白噪声与正弦波的叠加

在通信系统分析中,经常遇到的是窄带高斯白噪声与正弦信号的合成信号。假设正弦信号为 $m(t)=A_0\cos\omega_0 t$,则合成信号可以表示为

$$f(t)=m(t)+n_i(t)$$
$$=A_0\cos\omega_0 t+n_I(t)\cos\omega_0 t-n_Q(t)\sin\omega_0 t$$
$$=[A_0+n_I(t)]\cos\omega_0 t-n_Q(t)\sin\omega_0 t$$

其时间波形如图 2-26 所示。

图 2-26 窄带高斯白噪声与正弦信号的合成波形

容易求得合成信号的幅度包络为

$$A(t)=\sqrt{[A_0+n_I(t)]^2+n_Q^2(t)}$$

经数学推导可以证明,$A(t)$ 服从莱斯分布,其概率密度函数为

$$f(a)=\frac{a}{\sigma^2}\exp\left(-\frac{A_0^2+a^2}{2\sigma^2}\right)I_0\left(\frac{A_0 a}{\sigma^2}\right),\quad a\geqslant 0 \tag{2-63}$$

其中,$I_0(x)$ 为第 1 类零阶修正贝塞尔函数;σ^2 为噪声的方差或平均功率,代表噪声的强弱;$A_0^2/2$ 为正弦信号的平均功率。$r=A_0^2/(2\sigma^2)$ 为信噪比,反映了信号和噪声功率的相对大小。当 $r\gg 1$ 时,莱斯分布趋近于均值为 A_0 的高斯分布。当 $A_0=0$ 时,信号中只有高斯白噪声,此时合成信号的幅度包络变为瑞利分布。

图 2-27 例 2-4 系统框图

例 2-4 如图 2-27 所示系统,已知输入 $n(t)$ 为窄带高斯白噪声,噪声的单边功率谱密度为 $1\mu W/Hz$,带宽为 $2kHz$,中心频率为 f_0,$c(t)=\cos 2\pi f_0 t$,理想 LPF 的带宽为 $1kHz$。求输出噪声 $y(t)$ 的功率 P。

解法 1:时域求解。

由于 $n(t)$ 为窄带高斯白噪声,因此可以设为

$$n(t)=n_I(t)\cos(2\pi f_0 t)-n_Q(t)\sin(2\pi f_0 t)$$

则乘法器输出为

$$x(t)=n(t)c(t)=[n_I(t)\cos(2\pi f_0 t)-n_Q(t)\sin(2\pi f_0 t)]\cos(2\pi f_0 t)$$
$$=\frac{1}{2}n_I(t)[1+\cos(4\pi f_0 t)]-\frac{1}{2}n_Q(t)\sin(4\pi f_0 t)$$

经低通滤波后得到

$$y(t)=\frac{1}{2}n_I(t)$$

其功率为

$$P = \overline{\left[\frac{1}{2}n_1(t)\right]^2} = \frac{1}{4}\overline{n_1^2(t)}$$

其中,窄带噪声中同相分量的功率为

$$\overline{n_I^2(t)} = n_0 B = 1 \times 2 = 2\text{mW}$$

则

$$P = \frac{1}{4} \times 2 = 0.5\text{mW}$$

解法 2：频域求解。

由于 $n(t)$ 为窄带高斯白噪声,则其功率谱如图 2-28 中的 $P_n(f)$ 所示,其中,$n_0 = 1\mu\text{W/Hz}$, $B = 2\text{kHz}$。

由于

$$x(t) = n(t)c(t) = n(t)\cos(2\pi f_0 t)$$

则根据傅里叶变换的频移性质得到 $x(t)$ 的功率谱如图 2-28 中的 $P_x(f)$ 所示。

经过低通滤波后,输出信号 $y(t)$ 的功率谱如图 2-28 中的 $P_y(f)$ 所示。由此求得其功率为

$$P = \int_{-\infty}^{\infty} P_y(f)\mathrm{d}f = \frac{1}{4}n_0 B = \frac{1}{4} \times 1 \times 2 = 0.5\text{mW}$$

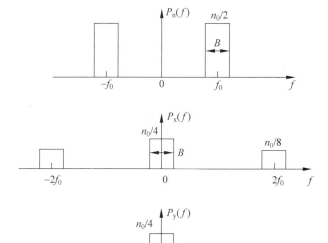

图 2-28　例 2-4 各信号功率谱

需要注意的是,在求 $x(t)$ 的功率谱时,傅里叶变换的频移性质应修改为

$$P_x(f) = \frac{1}{4}\left[P_n(f - f_c) + P_n(f + f_c)\right] \tag{2-64}$$

其中,f_c 为正弦信号的频率。该结论可以称为功率谱的频移性质。

2.6　MATLAB 在信号和噪声分析中的应用

本节介绍在 MATLAB 中通过编程求解信号频谱以及利用 Simulink 仿真模型观察信号时间波形和频谱的基本方法。此外,还将对 Simulink 通信工具箱中提供的常用模块和

MATLAB 中有关滤波器的相关内容做简要介绍。

2.6.1　信号频谱的 MATLAB 程序求解

在 MATLAB 中,提供了几个用于实现快速傅里叶变换和信号频谱求解的函数,常用的有 fft()函数和 fftshift()函数。

1) fft()函数

fft()函数采用快速傅里叶变换(Fast Fourier Transform,FFT)算法求取离散信号的傅里叶变换和频谱,其基本调用格式如下。

```
Y = fft(X,N)
```

其中,参数 X 为离散信号;参数 N 为离散傅里叶变换的长度,也就是结果向量 Y 中元素的个数。

在 fft()函数返回的结果向量中,各元素依次代表信号频谱中频率 $f = k\Delta f (k = 0 \sim N-1)$ 的各点频谱取值。其中,$\Delta f = F_s/N$ 为频谱分辨率,F_s 为离散信号 X 的采样频率。

由于信号的频谱一般情况下为复变函数,因此结果向量 Y 中的各元素都是复数,可以调用 abs()和 angle()函数分别求取其模和辐角,从而得到信号的幅度谱和相位谱。

2) fftshift()函数

在调用 fft()函数时,其中的参数 X 代表离散信号。由于离散信号频谱的周期性,在分析信号特性时,实际只需要考虑 $f = 0 \sim F_s/2$ 的一段频谱。

fftshift()函数的作用就是将 fft()函数返回的信号频谱向量中各元素做循环移动,将对应频率为 0 的分量移动到结果向量的中心,也就是将频谱向量的左右两半部分进行交换。例如,假设 $X = [1,2,3,4,5,6]$,则执行 $Y = fftshift(X)$ 后,将得到向量 $Y = [4,5,6,1,2,3]$。

由此可见,利用 fftshift()函数对 fft()函数的返回结果进行平移后,可以得到 f 为 $-F_s/2 \sim F_s/2-1$ 时信号的双边频谱。下面举例说明利用上述两个函数求解信号频谱的编程方法。

例 2-5　已知信号 $f(t) = 200\text{sinc}(200t) = 200\text{Sa}(200\pi t)$,编制 MATLAB 程序求其频谱。
MATLAB 程序如下。

```
Fs = 1e3;                        %定义采样频率
t = 0:1/Fs:0.1;                  %定义时间向量
ft = 200 * sinc(200 * t);
 % =================================================
N = 1024;df = Fs/N;k = 0:N - 1   %定义 FFT 长度,频谱分辨率
f = df * (k - N/2);              %定义频率向量
Y = fft(ft,N)/N;                 %求频谱
Fw = fftshift(Y);
 % =================================================
subplot(211);plot(t,ft);         %绘制时间波形图
title('时间波形');xlabel('t/s');grid on
subplot(212);plot(f,abs(Fw));    %绘制幅度谱图
ylabel('幅度谱');xlabel('f/Hz');grid on
```

已知的信号 $f(t)$ 是一个模拟信号(连续信号),程序中前 4 条语句的作用是将其离散化采样,得到离散信号向量 ft。之后,调用 fft() 和 fftshift() 函数求信号的频谱。注意,为了得到足够的频谱精度,FFT 长度 N 不能取得太小。

程序中的频率向量 f 是为最后绘制频谱图而定义的。根据上述 fftshift() 函数的功能,得到的结果向量 Fw 长度为 N,向量中各元素依次对应信号频谱中频率 f 为 $-F_s/2 \sim F_s/2-1$ 的各点,据此可以得到程序中的对应语句。

程序运行结果如图 2-29 所示。注意到本例已知的是一个理想低通信号,理论上其幅度谱是一个标准的矩形脉冲函数,而通过调用 fft() 函数求得的频谱波形有一定的畸变。这是由于在程序中,只截取了信号的一部分时间波形参与计算,相当于对信号做了加窗处理,从而存在 Gibbs 效应。

图 2-29　例 2-5 程序运行结果

2.6.2　信号的时间波形和频谱观察

在 Simulink 的模块库中,提供了示波器、频谱分析仪等接收器(Sinks)模块,用于观察仿真模型中各点信号的时间波形或频谱,进一步分析信号的特性和系统性能。

1. 示波器模块

Scope(示波器)模块位于 Simulink/Sinks 库中,用于显示仿真模型中信号的时间波形。在仿真模型中,将需要观察的信号用连线接入示波器模块的输入端。仿真运行后,双击模型中的示波器模块,即可打开示波器窗口,并在其中显示所有输入信号的时间波形,如图 2-30 所示。

在示波器窗口中,单击"视图"菜单下的"配置属性"菜单命令,可以打开示波器属性配置对话框,如图 2-31(a)所示;单击"样式"菜单命令,可以打开示波器样式设置对话框,如图 2-31(b)所示。读者可以查阅 MATLAB 帮助文档了解这两个对话框中各参数的含义及设置方法,限于篇幅,这里就不详细介绍了。

2. 频谱分析仪

Spectrum Analyzer(频谱分析仪)模块位于 DSP System Toolbox/Sinks 库中,用于计算和直观显示信号的频谱和功率谱,对信号做各种频域特性分析。

视频讲解

图 2-30　示波器窗口

(a) 示波器属性配置　　　　　　　　　　(b) 显示样式设置

图 2-31　示波器属性配置和波形显示样式设置

　　频谱分析仪窗口与示波器窗口类似,通过窗口中的"视图"菜单可以配置频谱显示的样式、纵横轴刻度等。此外,为了能准确观察到信号频谱,需要对频谱计算做必要的参数设置。因此,单击"视图"菜单下的 Spectrum Settings(频谱设置)菜单命令,将在窗口右侧显示频谱设置面板,如图 2-32 所示。

　　频谱设置面板主要包括 3 个子面板,即 Main options、Window options 和 Trace options 面板。下面重点介绍其中常用的几个参数。

　　(1) Sample rate(Hz):输入信号的采样频率 F_s,默认设置为 Inherited,表示该参数与送入频谱分析仪的输入信号采样频率相同,也可以在此输入不同的采样速率参数。

　　(2) Full frequency span:默认选中该选项,则计算和绘制整个奈奎斯特频率范围内的频谱。对于双边谱和单边谱,该频谱范围分别为 $[-F_s/2, F_s/2]$ 和 $[0, F_s/2]$。

　　(3) Samples/update:更新频谱所需的输入信号采样点数。该参数不能自行设置,而是根据其他参数自动计算得到,并显示在此处。如果输入信号的采样点数少于这里显示的点数(由仿真运行时间和采样频率决定),则无法计算显示出信号的频谱。

　　(4) Two-sided spectrum:选中该选项,则显示双边谱;否则显示单边谱。

图 2-32 Spectrum Analyzer 窗口及频谱设置面板

2.6.3 滤波器设计

在 MATLAB 中,根据实现方法的不同,可以将滤波器分为模拟滤波器和数字滤波器两大类。从实现的网络结构和时域特性等角度,又可以将滤波器分为两大类,即无限长脉冲响应(Infinite Impulse Response,IIR)数字滤波器和有限长脉冲响应(Finite Impulse Response,FIR)数字滤波器。

1. IIR 数字滤波器设计函数

常用的 IIR 数字滤波器设计函数如表 2-2 所示。所有函数都以相应的滤波器类型命名,每种类型的滤波器设计函数都可以返回滤波器传递函数分子分母的系数矩阵、零极点增益模型或状态空间方程。

表 2-2 MATLAB 中的 IIR 数字滤波器设计函数

滤波器类型	设计函数
巴特沃斯 (Butterworth)	$[b,a] = butter(n, Wn, options)$ $[z,p,k] = butter(n, Wn, options)$ $[A,B,C,D] = butter(n, Wn, options)$
切比雪夫 I 型 (Chebyshev I)	$[b,a] = cheby1(n, Rp, Wp, options)$ $[z,p,k] = cheby1(n, Rp, Wp, options)$ $[A,B,C,D] = cheby1(n, Rp, Wp, options)$
切比雪夫 II 型 (Chebyshev II)	$[b,a] = cheby2(n, Rs, Ws, options)$ $[z,p,k] = cheby2(n, Rs, Ws, options)$ $[A,B,C,D] = cheby2(n, Rs, Ws, options)$
椭圆 (Elliptic)	$[b,a] = ellip(n, Rp, Rs, Wp, options)$ $[z,p,k] = ellip(n, Rp, Rs, Wp, options)$ $[A,B,C,D] = ellip(n, Rp, Rs, Wp, options)$

下面对各函数的使用方法做简单的概括总结和统一说明。

(1) 利用表 2-2 中的各种函数既可以设计模拟滤波器,也可以设计 IIR 数字滤波器。对模拟滤波器,必须在参数列表的最后增加一个参数's'。如果没有该参数,则默认设计得到数字滤波器。

（2）在各函数的入口参数中，Rp 和 Rs 分别为滤波器的通带最大衰减和阻带最小衰减，单位为 dB；Wn 为 3dB 截止角频率；Wp 和 Ws 是分别与 Rp 和 Rs 相对应的通带和阻带截止角频率。

（3）对于模拟滤波器，Wn、Wp 和 Ws 都为实际的角频率，单位为 rad/s；对于 IIR 数字滤波器，这些频率指标参数为归一化数字角频率，其取值必须为 0～1，单位为 πrad。其中，1 对应 $F_s/2$，F_s 为采样速率。

（4）对于低通和高通滤波器，Wn 为标量；对于带通和带阻滤波器，Wn、Wp 和 Ws 都是长度为 2 的行向量。

（5）对于高通滤波器，入口参数 options 必须设置为'high'；对于带阻滤波器，入口参数 options 必须设置为'stop'。

（6）对于低通和高通滤波器，参数 n 为其阶数；对于带通和带阻滤波器，参数 n 等于滤波器阶数的一半。

2. FIR 数字滤波器的设计函数

在 MATLAB 中，提供了各种 FIR 数字滤波器设计函数，利用不同的方法设计 FIR 数字滤波器。这里重点介绍 fir1()函数的使用方法。

fir1()函数采用窗函数法设计，可以实现 FIR 低通、带通、高通和带阻滤波器。函数的调用格式有以下 4 种。

（1）使用默认的 Hamming 窗设计 n 阶低通、带通线性相位滤波器，调用格式为

```
b = fir1(n,Wn)
```

其中，n 为滤波器的阶数。对于高通和带阻滤波器，n 必须为偶数。如果调用该函数时指定 n 为奇数，则执行时会自动加 1，得到的滤波器阶数实际上为 n+1。参数 Wn 为滤波器的 6dB 截止频率。如果已知滤波器的通带和阻带截止频率 Wp 和 Ws，Wn 一般近似取为二者的平均值。

（2）设计具有指定滤波特性的 FIR 滤波器，调用格式为

```
b = fir1(n,Wn,ftype)
```

其中，参数 ftype 指定滤波器的类型，其取值可以是'low'（低通）、'high'（高通）、'bandpass'（带通）或'stop'（带阻）。对带通和带阻滤波器，参数 Wn 必须是长度为 2 的向量。

（3）采用指定的窗函数设计 FIR 滤波器，调用格式为

```
b = fir1(_____,window)
```

其中，参数 window 指定所用的窗函数。

（4）指定是否归一化处理，调用格式为

```
b = fir1(_____,scaleopt)
```

其中,参数 scaleopt 指定是否对滤波器的幅度响应进行归一化处理,取值可以为'scale'或'noscale',默认为'scale'。

上述各种调用格式的返回结果都为长度等于 n+1 的行向量 b,其中的各元素分别代表滤波器单位脉冲响应各点的幅度,也是滤波器传递函数各项的系数。

3. 信号的滤波处理

在 MATLAB 程序中,通过调用上述函数设计得到的滤波器,可以利用 freqs()、freqz()函数或 FVTool 工具查看滤波器的各种特性,也可以通过调用 filter()函数实现信号的滤波处理和变换。

这里着重介绍 filter()函数。该函数的功能是利用设计得到的数字滤波器对数字信号进行滤波处理,其具体调用格式如下。

```
y = filter(b,a,u)
```

其中,参数 b 和 a 为滤波器传递函数分子和分母多项式的系数向量;参数 u 为滤波器的输入信号;变量 y 为滤波器输出信号。

例 2-6 编制 MATLAB 程序实现数字滤波器的设计及信号的滤波处理。

MATLAB 程序如下。

```
Fs = 1e3;Fc = 10;                      % 设置抽样频率和低通滤波器的截止频率
t = 0:1/Fs:0.5;
x = 5 * sin(20 * pi * t) + 2 * rand(size(t));  % 产生滤波器输入信号
[b,a] = butter(2,Fc/Fs);               % 设计二阶低通滤波器
y = filter(b,a,x);                     % 滤波得到滤波器输出信号
subplot(211);plot(t,x,t,y)             % 绘制输入输出信号波形
xlabel('t/s');legend('输入','滤波输出')
[h,w] = freqz(b,a,1024)                % 求滤波器的频率特性
subplot(212);
plot(w/pi * (Fs/2),mag2db(abs(h)))     % 绘制滤波器幅频特性曲线
xlabel('t/s');legend('输入','滤波输出')
grid on
```

程序运行结果如图 2-33 所示。

程序中调用 butter()函数设计得到滤波器传递函数分子和分母多项式系数向量 b 和 a,其中参数 2 为滤波器的阶数,Fc/(Fs/2)为相对于抽样频率的滤波器归一化截止频率。

之后,调用 filter()函数对输入信号 x 进行滤波,得到输出信号 y。调用 freqz()函数求滤波器的频率特性,返回 0~π rad 数字频率范围内频率特性曲线上的 1024 个采样点。该频率范围对应模拟频率 0~Fs,因此在后面的 plot 语句中,利用 w/pi * Fs 将其转换为模拟频率。

根据程序中的参数设置,设计的低通滤波器 3dB 截止频率为 10Hz。用该滤波器对叠加有随机噪声的正弦波进行滤波处理,其中的噪声得到大幅度衰减,输出比较纯净的正弦波。

4. Simulink 中的滤波器设计和实现模块

在 Simulink 的模块库中,提供了大量的滤波器设计和实现模块,这些模块都位于 DSP

System Toolbox/Filtering 模块库中。下面举例说明这些模块的用法。

图 2-33　例 2-6 程序运行结果

例 2-7　搭建如图 2-34 所示的 Simulink 仿真模型,了解滤波器模块的使用方法。

模型中,Random Number 模块产生服从正态分布的随机整数,分别用两个滤波器对其滤波处理。设置 Random Number 模块的参数 Mean(均值)为 0,方差(Variance)为 1V,采样时间(Sample time)为 0.1ms。

模型中的两个滤波器分别用 Analog Filter Design 和 Digital Filter Design 模块实现,双击模块,即可打开其参数设置对话框。

图 2-34　例 2-7 仿真模型

在图 2-35 所示的 Analog Filter Design 模块的参数设置对话框中,设置模拟滤波器为 51 阶 Butterworth 低通滤波器,通带截止频率(Passband edge frequency)为 1000π rad/s,因此在仿真模型中,该滤波器输出带宽为 500Hz 的低通型噪声。

```
Block Parameters: Analog Filter Design
Design method: Butterworth
Filter type: Lowpass
Filter order:
51
Passband edge frequency (rad/s):
1000*pi
```

图 2-35　Analog Filter Design 模块的参数设置对话框

在图 2-36 所示的 Digital Filter Design 模块的参数设置对话框中,通过下部的面板选择和设置参数,采用矩形窗设计一个 101 阶的 FIR 数字带通滤波器,上下通带截止频率分别为 2.5kHz 和 2kHz。因此,在仿真模型中,该滤波器输出带宽为 500Hz 的带通型噪声。

仿真运行后,在示波器模块和两个频谱分析仪模块对应的窗口显示两个滤波器输出信号的时间波形和频谱,分别如图 2-37 和图 2-38 所示。注意设置 Zero-Order Hold 模块的

Sample Time 参数为 0.1ms,则频谱分析仪上默认显示频谱的频率范围为−5～5kHz。

图 2-36 Digital Filter Design 模块的参数设置对话框

图 2-37 滤波器输出信号时间波形

图 2-38 滤波器输出信号功率谱

视频讲解

2.6.4　通信工具箱及其常用模块

在通信工具箱(Communications Toolbox)中,Channels 子库提供了各种信道模块,如 AWGN Channel 模块用于模拟通信系统中所得高斯白噪声信道;Comm Sinks 子库提供了通信系统专用的接收器模块,如 Error Rate Calculation(误码率计算)模块和 Eye Diagram(眼图)模块;Comm Sources 子库提供了通信系统专用的信号源模块,如 PN Sequence Generator(PN 序列发生器)模块;Modulation 子库提供了各种模拟和数字调制模块;Source Coding 子库提供了 A-Law Compressor(A 律压缩器)、A-Law Expander(A 律扩张器)、Quantizing Encoder(量化编码器)和 Quantizing Decoder(量化译码器)等模块。这里先对通信信源模块和信道模块做一个简要介绍。

1. 通信信源模块

在通信工具箱的 Comm Sources 子库中,提供了专门用于通信系统的信源模块,分为 Random Data Sources(随机数据信源)和 Sequence Generators(序列发生器)两个子库。

Random Data Sources 子库用于产生随机的数据信号,作为通信系统中的信号源。该子库中有 3 个模块,即 Bernoulli Binary Generator(伯努利二进制发生器)、Poisson Integer Generator(泊松分布整数发生器)和 Random Integer Generator(随机整数发生器)模块。

1) Bernoulli Binary Generator 模块

Bernoulli Binary Generator 模块用于产生伯努利分布的随机二进制数据,需要设置的主要参数有 Probability of zero(0 码的概率)和 Sample time(采样间隔,也就是输出序列的码元间隔,其倒数为码元速率)等。

2) Poisson Integer Generator 模块

Poisson Integer Generator 模块为泊松分布整数发生器,用于产生服从泊松分布的随机整数序列,其参数与 Bernoulli Binary Generator 模块相同。

3) Random Integer Generator 模块

Random Integer Generator 模块为随机整数发生器,用于产生均匀分布的随机整数。模块需要设置的主要参数为 Set size,用于指定产生的随机整数的取值范围。如果设置该参数值为 M,则输出的整数范围为 $0 \sim M-1$。其他参数的含义与前面两个模块相同。

4) 序列发生器模块

序列发生器(Sequence Generators)子库中的模块用于产生随机的数据序列。其中应用最多的是 PN Sequence Generator(PN 序列发生器)模块。在通信系统建模仿真过程中,经常用该模块产生 PN 伪随机序列,作为需要传输的二进制代码序列。

2. 信道模块及信噪比的测量

在 Simulink 的 Communications Toolbox/Channels 子库中,提供了若干模块用于模拟实际系统中的传输信道,包括高斯信道(AWGN Channel)、二进制对称信道(Binary Symmetric Channel)、多输入多输出衰落信道(MIMO Fading Channel)和单输入单输出衰落信道(SISO Fading Channel)。这里重点介绍 AWGN Channel 模块。

AWGN Channel 模块用于向输入信号中引入加性高斯白噪声。模块内部产生的高斯白噪声与输入信号叠加后,由输出端口输出。该模块需要设置的主要参数是引入高斯白噪声的强度，可以设置为 Signal to noise ratio(Eb/No)、Signal to noise ratio(Es/No)和 Signal to noise ratio(SNR)3 种模式。

如图 2-39 所示，如果选择 Mode 参数为 Signal to noise ratio(SNR)，则需要设置 SNR（信噪比）参数。此外，还需要设置输入信号功率。模块内部根据这两个参数确定产生噪声的功率强度，与输入信号叠加后输出。

图 2-39 AWGN Channel 模块的参数设置

下面通过一个具体的仿真模型观察由 AWGN Channel 模块产生的噪声以及掌握信噪比测量的基本方法。

例2-8 搭建如图 2-40 所示仿真模型，观察正弦波叠加窄带高斯白噪声和信噪比的测量。

图 2-40 例 2-8 仿真模型

仿真模型中，Sine Wave 模块产生频率为 2500Hz，幅度为 1V 的正弦波，送入 AWGN Channel 信道模块。信道模块向其中叠加高斯白噪声后，经过抽样送入带通滤波器 Bandpass Filter 模块。设置抽样间隔为 0.1ms，信道模块的 Input signal power 参数为 0.5W。

带通滤波器模块的主要参数设置如图 2-41 所示，该模块的输出即为正弦波与窄带高斯白噪声的叠加。模型中将正弦波经过同样的带通滤波后，再与叠加信号相减，从而得到窄带高斯白噪声。

需要注意的是，用上述方法实现信号和噪声的分离，其中的带通滤波器必须是 FIR 数字滤波器，以确保信号和噪声延迟时间相同。

图 2-41   带通滤波器模块的主要参数设置

（1）窄带噪声的时间波形和功率谱。

设置信道模块的 SNR 参数为 20dB,仿真运行后,得到模型正弦波与窄带高斯白噪声叠加后的时间波形如图 2-42 所示。

图 2-42   窄带高斯噪声及其与正弦信号叠加的时间波形

将仿真运行时间增大为 5s,运行后由频谱分析仪模块窗口观察到窄带高斯白噪声的功率谱如图 2-43 所示。

图 2-43   窄带高斯白噪声的功率谱

注意到图 2-43 中显示功率谱的单位为 dBm/Hz,其中功率的单位为 dBm,称为毫分贝。

假设信号的功率 $P=1\text{mW}=10^{-3}\text{W}$,则其分贝值为 $10\log P=-30\text{dB}$ 或 $10\log1=0\text{dBm}$,因此,$1\text{dB}=1\text{dBm}-30$。

根据功率谱的定义,由窄带白噪声的功率谱图求得其平均功率近似等于功率谱密度与带宽的乘积。由图 2-43 得到功率谱近似为 -33dBm/Hz,双边带宽近似为 2kHz,则噪声的平均功率近似为

$$N=10^{-33/10}\times2000\approx1\text{mW}=-30\text{dB}$$

(2) 信噪比的测量。

为了测量带通滤波器输出信噪比,需要分别测量带通滤波器输出正弦信号和窄带噪声的平均功率。前面已经根据窄带噪声的功率谱求得噪声的功率近似为 -30dB。在仿真模型中,利用子系统(Subsystem)可以自动实现信噪比的测量,该子系统内部模型如图 2-44 所示。

图 2-44 信噪比测量子系统

子系统主要包括上下两条支路。来自顶层模型的信号和噪声分别经过采样保持器后送入 RMS(有效值)模块。注意勾选 RMS 模块的 Running RMS 选项,以便使模块输出信号和噪声的有效值。

有效值经过平方运算后即可得到信号和噪声的平均功率,再由 dB Conversion(分贝值转换)模块转换为分贝值。注意设置 dB Conversion 模块的 Convert to 参数为 dB,Input Signal 参数为 Power(功率)。两个分贝值转换模块输出的信号和噪声功率的分贝值相减,即可得到信噪比。

图 2-45 信噪比测量子系统

设置信道模块的 SNR 参数为 20dB,仿真运行后,3 个 Display 模块上的显示如图 2-45 所示。其中,噪声功率为 -29.6dB,与前面由功率谱密度手工分析得到的结果近似相等。正弦信号的功率为 -3.502dB,近似等于精确的 -3dB,即 0.5W。二者相减得到信噪比约为 26.1dB。需要说明的是,在 MATLAB 中,用这种方法测量得出的信噪比比 AWGN 模块设置的信噪比都高 6dB。

2.6.5 子系统及其创建方法

在 Simulink 中,子系统(Subsystem)是用单个子系统模块替换的一组模块。利用子系统模块可以创建多层层次结构模型,将功能相关的模块集中放在一起,并有助于减少仿真模型窗口中显示的模块个数。当仿真模型比较大并且复杂时,通过将模块分组为不同的子系统,可以极大地简化仿真模型的布局。

在 Simulink 模型编辑器中提供了以下几种典型的方法以创建子系统。

1. 利用 Subsystem 模块创建

在仿真模型中放置一个 Subsystem 模块,该模块位于 Ports & Subsystems 库中。双击打开该模块,将构成子系统的模块放置其中,并相互连接起来。可以根据需要放置若干个输入端(In1)和输出端(Out1)模块,这两个模块都在 Simulink/Ports & Subsystems 库中。

2. 通过快捷菜单创建

在仿真模型中选中需要构成子系统的所有模块后,右击,在弹出的快捷菜单中选择 Create Subsystem from Selection 菜单命令。之后,原来被选中的那些模块将用一个子系统模块替代,并自动添加上必要的输入端和输出端,各端口模块及其名称上显示的数字代表端口的编号。

利用上述各种方法创建的子系统,在仿真模型中都用名为 Subsystem 的模块替代,可以根据需要将其重新命名。此外,双击子系统模块,可以打开子系统,对其内部模型和各模块的参数进行查看和修改。

课程思政阅读材料

中国电信的起源

在漫长的人类历史长河中,篝火伴随着人类走过母系社会、新石器时代,进入奴隶社会。社会的信息传递,在长城上燃烧的烽火和驿站的飞马中进行,延续着鲤鱼送信、鸿雁传书,成为北方游牧民族和南方农耕民族渴望的信息沟通方式。

公元 1644 年,清军入关,之后开创了中国封建社会长达 126 年的康雍乾盛世。在这一历史时期内,电报在美国诞生,成为人类沟通的新工具,并在连通欧洲后,走向亚洲,进入中国。

电报是继火文明信息后诞生的最广泛、覆盖面最广的电信息文明。在这一历史进程中,中国电信业建立连通全国的电报网,将各民族地区信息连成一体;迅速建成了中国第 1 张通达海内外的中国公众电报网,建立了中国自主经营的市内电话;收购了原来由外国人经营的长途电话、无线电通信以及水线。这一张张自我经营、惠及社会民众的商用电信网的建成,既是中国电信业的成就,也是中国电文明信息——电信起源的成就。

1912 年,中华民国临时政府成立,邮传部改为交通部。然而,中国随即陷入政治动荡、四分五裂、军阀混战状态中。在内乱外侵中,曾经一张完整的中国电信网四分五裂。在这一历史时期,无线电广播(时称为无线电话)首次进入中国,并形成无线电广播网,先后建立了中国沈阳、上海国际电台,中国无线电国际通信开源并迅速发展。

1931 年,"九一八"事变揭开中国人民抗日战争的序幕,1945 年抗日战争全面胜利。在这段悲壮的历史中,中国一代通信人在交通部的领导下,全面建设中国抗战通信网,全国各地电报局派出有线、无线通信队随军作战。在前线,他们出生入死,为军队提供电信服务;在沦陷区,他们奉命留守,千方百计保持秘密通信,以职业报国,始终保持着中国与世界的通信联系和抗战信息的传播,架起了一张为中华民族共同抗战沟通和传递信息的通信网,为抗日战争的最终胜利作出了贡献。

1947 年,中国在美国大西洋城召开的全权代表大会上第 1 次被选为行政理事会的理事国,中国电信业赢得了世界电信业的尊重,成为世界电信五强。

习题 2

2-1 填空题

(1) 幅度为 5V、持续时间为 1ms 的单脉冲信号,其谱零点带宽为_____ Hz。

(2) 信号 $f(t) = 10\mathrm{Sa}^2(200\pi t)$,其带宽为_____。

(3) 已知滚降系数为 0.6 的升余弦滚降信号,其频谱波形中奇对称点的频率为 100Hz,则其带宽为_____ Hz。

(4) 已知某线性系统的频率特性为 $H(\mathrm{j}\omega) = \dfrac{200\sqrt{2}\,\pi}{\mathrm{j}\omega + 100\pi}$,则频率为 50Hz 的正弦信号通过该系统时,其幅度将被放大_____倍,时间上延迟_____。

(5) 已知理想 BPF 的带宽为 200Hz,为滤除输入信号中低于 1kHz 和低频分量和高于 1.2kHz 的高频分量,滤波器的中心频率应设为_____。

图 2-46 习题 2-2 示意图

(6) 窄带高斯白噪声为_____型带限白噪声,而窄带噪声中的同相分量和正交分量都为_____型带限白噪声。

2-2 单脉冲信号 $f_1(t)$ 如图 2-46 所示。

(1) 用傅里叶变换的定义推导 $f_1(t)$ 的频谱 $F_1(\mathrm{j}f)$;

(2) 粗略画出该信号的频谱图,并分析计算信号的第一谱零点带宽 B_1;

(3) 分析并画出 $f_2(t) = f_1(t)\cos(2\pi f_c t)$ 的频谱 $F_2(f)$ 波形,并计算其第一谱零点带宽 B_2。其中 $f_c = 10\mathrm{kHz}$。

2-3 已知信号的频谱为

$$F(\mathrm{j}f) = \begin{cases} 0.02[1 + \cos(0.01\pi f)], & |f| \leqslant 100 \\ 0, & \text{其他} \end{cases}$$

(1) 画出信号的频谱图,并求带宽 B;

(2) 求其傅里叶反变换 $f(t)$,并粗略画出该信号的时间波形。

2-4 已知信号

$$f(t) = (10 + 8\cos 20\pi t)\cos 200\pi t$$

(1) 分别画出 $f(t)$ 的频谱图 $F(\mathrm{j}f)$ 和功率谱图 $P(f)$;

(2) 根据功率谱求 $f(t)$ 的平均功率 P;

(3) 求 $f(t)$ 中各分量的平均功率。

2-5 已知信号 $f(t)$ 的频谱如图 2-47 所示。

(1) 分析说明信号 $f(t)$ 中有哪些分量;

(2) 写出信号 $f(t)$ 的时间表达式;

(3) 求 $f(t)$ 信号的带宽 B。

2-6 已知信号

$$f(t) = 0.1\frac{\sin(20\pi t)\cos(100\pi t)}{\pi t}$$

分析并画出其频谱图 $F(j\omega)$，并求带宽 B。

2-7　在图 2-48 所示系统中，理想 BPF 的带宽 $B=10\mathrm{Hz}$，中心频率 $f_0=100\mathrm{Hz}$。已知输入信号为 $f(t)=5+8\cos40\pi t$。

(1) 分析并画出 $f(t)$、$y_1(t)$ 和 $y(t)$ 的频谱图；

(2) 分别写出 $y_1(t)$ 和 $y(t)$ 的时间表达式。

图 2-47　习题 2-5 示意图　　　　　　　　图 2-48　习题 2-7 示意图

2-8　如图 2-49(a)所示系统，其中理想 LPF 的频率特性 $H_1(j\omega)$ 如图 2-49(b)所示。

(1) 求系统的频率特性 $H(j\omega)$；

(2) 分析并画出系统的幅频特性曲线；

(3) 求系统的单位冲激响应 $h(t)$。

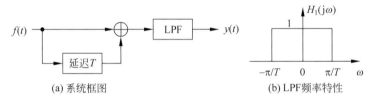

(a) 系统框图　　　　　　　　　　　　(b) LPF频率特性

图 2-49　习题 2-8 示意图

2-9　如图 2-50(a)所示系统，已知信号 $f(t)$ 的频谱 $F(j\omega)$ 如图 2-50(b)所示，$c(t)$ 为周期冲激序列，周期 $T=10\mathrm{ms}$。

(1) 分析并画出 $y_1(t)$ 的频谱 $Y_1(j\omega)$；

(2) 为使输出信号 $y(t)=Kf(t)$（K 为任意常数），确定理想 LPF 的频率特性 $H(j\omega)$。

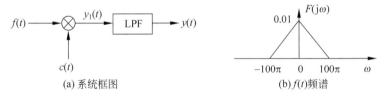

(a) 系统框图　　　　　　　　　　　　(b) $f(t)$频谱

图 2-50　习题 2-9 示意图

2-10　如图 2-51 所示系统，其中理想 BPF 的带宽为 $20\mathrm{Hz}$，中心频率为 $100\mathrm{Hz}$；理想 LPF 的带宽为 $20\mathrm{Hz}$。$n(t)$ 为高斯白噪声，$c(t)=\cos200\pi t$。

(1) 假设 $n(t)=0$，$f(t)=(10+8\cos20\pi t)c(t)$，分析推导 $y_1(t)$ 和 $y(t)$ 的时间表达式；

(2) 假设 $n(t)=0$，$f(t)=(10+8\cos20\pi t)c(t)$，画出 $y(t)$ 的功率谱图，并求 $y(t)$ 的平均功率；

(3) 假设 $f(t)=0$，$n(t)$ 的单边功率谱密度 $n_0=1\mu\mathrm{W/Hz}$，画出 $y_1(t)$ 和 $y(t)$ 的功率谱

图,并求 $y(t)$ 的平均功率。

图 2-51 习题 2-10 示意图

实践练习 2

2-1 已知三角频谱信号
$$f(t) = 200\text{Sa}^2[200\pi(t - 0.6)]$$
编制如下 MATLAB 程序,绘制其时间波形和幅度谱。

```
Fs = 1e4;N = 1e4;                     %定义采样频率、FFT 长度
t = (0:N - 1)/Fs;                     %定义时间向量
f = Fs * ( - N/2:N/2 - 1)/N;          %定义频谱自变量 f 向量
ft = 200 * (sinc(200 * (t - 0.6))).^2; %产生三角频谱信号
F = fftshift(fft(ft,N))/N;            %求频谱
AF = abs(F);                          %求幅度谱
AFdB = 20 * log10(AF);                %求幅度谱/dB
subplot(311);plot(t,ft);
xlabel('t/s');grid on
axis([0.55,0.65, - 10,210])
subplot(312);plot(f,AF);
ylabel('幅度谱');xlabel('f/Hz');grid on
subplot(313);plot(f,AFdB);
ylabel('对数幅度谱/dB');xlabel('f/Hz');grid on
```

调试上述程序,回答以下问题。

(1) 观察运行后得到的时间波形和幅度谱图,分析信号的带宽;

(2) 比较幅度谱图和对数幅度谱图的区别和联系;

(3) 修改程序,绘制信号 $y(t) = f(t)\cos 2000\pi t$ 的时间波形和幅度谱图,并与原程序运行结果进行比较分析。

2-2 搭建如图 2-52 所示的仿真模型,实现模拟正弦信号的抽样和重构过程仿真。设置正弦信号的频率为 10Hz,模拟滤波器为带宽等于 10Hz 的 8 阶巴特沃斯低通滤波器。

(1) 设置脉冲发生器产生的抽样脉冲宽度为 5%,周期分别为 10ms 和 20ms,观察各信号的时间波形;

(2) 接入频谱分析仪,观察上述情况下正弦信号和抽样信号的频谱。

2-3 将 Bernoulli Binary Generator 信源模块产生的随机二进制代码序列数字信号进行低通滤波,观察滤波前后信号的时间波形和频谱(功率谱)。

(1) 假设码元速率为 100Bd,确定信源模块的参数;

(2) 设置低通滤波器的带宽分别为 100Hz、200Hz、1000Hz 等,观察和比较各信号波形

和频谱上的区别。

图 2-52　实践练习 2-2 示意图

2-4　搭建如图 2-53 所示的仿真模型,体会 AWGN Channel 模块中各种信噪比参数的含义。其中,信源模块的码元速率设为 100Bd;Set size 参数为 4;Zero-Order Hold 模块的采样间隔设为 1ms;设置信道模块的 Input signal power 参数为 3.5W;Number of bits per symbol 参数为 1;Sample period 参数为 2ms。

（1）参考图 2-44 搭建信噪比测量子系统仿真模型。

（2）运行后观察仿真模型中 Display 模块上显示的信号功率是否等于 3.5W。

（3）设置信道模块的 E_s/N_0 参数分别为 40dB、20dB、10dB 和 1dB。运行后观察测量和信号的时间波形,并读出仿真模型中 Display 模块上显示得到的信噪比 SNR。验证 SNR＝E_s/N_0。

（4）设置信道模块的 E_b/N_0 参数分别为 40dB、20dB、10dB 和 1dB,Number of bits per symbol 参数设为 $k=\text{lb}4=2$,运行后观察测量和信号的时间波形,读出仿真模型中 Display 模块上显示得到的信噪比 SNR,验证 SNR＝$E_b/N_0+10\lg k=E_b/N_0+10\lg k$ dB。

（5）修改信源模块的 Set size 参数分别为 2、8、16 等,同步修改仿真模型中其他模块的相应参数。重新进行上述验证。

图 2-53　实践练习 2-4 示意图

第3章

模拟调制传输

思维导图

在模拟通信系统采用的各种模拟调制中，基带信号是幅度连续取值的模拟信号，已调信号是幅度、频率或相位随基带信号幅度变化的高频正弦载波信号。本章主要介绍模拟通信系统中几种基本的调制解调方法，并对各种模拟调制传输系统的性能进行分析比较。

3.1 模拟幅度调制

模拟幅度调制广泛应用于早期的无线电广播系统中，工作于长波、中波和短波波段，频率范围为 $150\text{kHz} \sim 30\text{MHz}$。接收机采用超外差体制，结构简单，价格低廉，适合于固定和便携式接收。

3.1.1 模拟幅度调制的基本原理

所谓幅度调制(简称调幅)，就是用模拟基带信号去控制高频载波的幅度，使其幅度随基带信号而变化。

1. 模拟幅度调制的基本原理

模拟幅度调制只需一个模拟乘法器即可实现，其基本原理如图 3-1 所示。$m(t)$ 为待调制的基带信号，$c(t)$ 为高频正弦或余弦载波，模拟乘法器的输出即为调幅信号。

图 3-1 模拟调幅的基本原理示意图

为了分析方便,一般载波取为余弦信号,其时间表达式为

$$c(t) = A\cos\omega_c t \qquad (3-1)$$

其中,A 为载波幅度;ω_c 为载波角频率;$f_c = \omega_c/(2\pi)$ 为载波频率,简称为载频。

用模拟乘法器将高频载波 $c(t)$ 与基带信号相乘后,得到的输出信号为

$$s_m(t) = m(t)c(t) = Am(t)\cos\omega_c t \qquad (3-2)$$

一般基带信号的频率远低于载频,也就是说,$m(t)$变化的速率远低于载波频率。因此,输出已调信号 $s_m(t)$ 可以认为是一个频率等于载波频率的余弦信号,但是其幅度变为$Am(t)$,与基带信号 $m(t)$ 成正比关系。调制器中各点信号 $s_m(t)$ 的波形如图 3-2 所示。

由图 3-2 可知,已调信号 $s_m(t)$ 的幅度变化规律与基带信号 $m(t)$ 的波形完全一样。低频基带信号与高频载波相乘,带来的效果是使载波的幅度随着基带信号的幅度而变化,也就是用基带信号对载波的幅度进行控制,所以将这一相乘的过程称为幅度调制,而将输出已调信号简称为调幅信号。

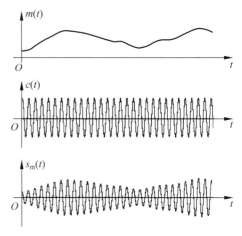

图 3-2 调幅信号的时间波形

2. 调幅过程的频谱分析

下面继续对上述各信号进行频谱分析,进一步分析调幅信号的特性。假设基带信号的频谱为 $M(j\omega)$,载波的幅度 $A=1$。根据傅里叶变换的频移性质可以求得已调信号 $s_m(t)$ 的频谱为

$$S_m(j\omega) = \frac{1}{2}\big[M(j(\omega - \omega_c)) + M(j(\omega + \omega_c))\big] \qquad (3-3)$$

由此可见,调制的实质就是信号频谱的搬移。假设基带信号的频谱如图 3-3(a)所示,则对应的调幅信号 $s_m(t)$ 的频谱如图 3-3(b)所示。ω_m 为基带信号的最高角频率,$f_m = \omega_m/(2\pi)$ 也就是基带信号的带宽。对于已调信号,由图 3-3(b)可知,其带宽变为

$$B_w = \frac{(\omega_c + \omega_m) - (\omega_c - \omega_m)}{2\pi} = \frac{2\omega_m}{2\pi} = 2f_m \qquad (3-4)$$

式(3-4)说明调幅信号的带宽等于基带信号带宽的 2 倍。

在实际系统中,基带信号都为实信号,其频谱一定关于纵轴左右对称。通过调制将其频谱搬移到载频附近后,已调信号的频谱将在载频两侧呈对称分布。其中,频率高于载频的分量称为上边带,而频率低于载频的分量称为下边带。

显然,上下边带频谱的具体形状取决于基带信号的频谱形状。也就是说,两个边带都携带了基带信号的全部信息,边带中的各分量在基带信号的频谱中都有相应的分量与之相对应。在频谱搬移的过程中,没有新的频率分量产生。因此,上述幅度调制属于线性调制。在接收机中,只需要根据上边带或下边带,即可恢复或提取出原来的基带信号。

(a) 基带信号

(b) 调幅信号

图 3-3 调幅信号的频谱

例 3-1 已知基带信号为

$$m(t) = 8\cos 200\pi t + 4\cos 1000\pi t$$

对其采用调幅传输,假设载波为余弦信号,频率为 6kHz,幅度为 1,初始相位为 0。

(1) 求调幅信号的时间表达式 $s_m(t)$。

(2) 分别画出基带信号和调幅信号的频谱图。

解 (1) 载波信号的时间表达式为

$$c(t) = \cos(2\pi \times 6 \times 10^3 t) = \cos(1.2\pi \times 10^4 t)$$

将其与基带信号相乘,得到调幅信号的时间表达式为

$$s_m(t) = m(t)c(t) = (8\cos 200\pi t + 4\cos 1000\pi t)\cos(1.2 \times 10^4 \pi t)$$

(2) 基带信号由两个分量构成,经过调幅将其频谱搬移到载频附近,得到调幅信号,两个信号的频谱如图 3-4 所示。

图 3-4 例 3-1 频谱图

3.1.2 DSB-SC 调制和 AM 调制

前面介绍了幅度调制的基本原理。实际通信系统中,模拟幅度调制又分为抑制载波的双边带(Double Side Band-Suppressed Carrier,DSB-SC)调制、常规调幅(Amplitude Modulation,AM)、单边带(Single Side Band,SSB)调制和残留边带(Vestigial Side Band,VSB)调制等几

种方式。这些调幅方式分别具有不同的时域和频域特性,而应用于各种模拟通信系统中。

1. DSB-SC 调制

实际上 3.1.1 节介绍的幅度调制即为 DSB-SC 调制,其基本方法是将基带信号直接与高频载波相乘,输出即为 DSB-SC 信号,也可以简称为 DSB 信号。

实际系统中传输的基带信号都是双极性的,可以认为其中不含有直流分量,其频谱如图 3-3(a)所示,在 $\omega=0$ 处幅度谱为 0。这样的基带信号与载波相乘实现频谱的搬移后,已调信号的频谱在 $\omega=\omega_c$ 处等于 0,也就是已调信号中没有角频率等于载波角频率 ω_c 的分量,如图 3-3(b)所示。

在已调信号中,频率等于载波频率的分量称为载波分量。因此,按照前述方法得到的已调信号中没有载波分量,而是在载频两侧分别存在上边带和下边带分量。所以,将这种幅度调制称为抑制载波的双边带调制,简称为 DSB-SC 或 DSB 调制。

DSB 信号的幅度包络也随基带信号而变化。但是,如果基带信号是双极性的,则在基带信号的时间波形上,当基带信号的极性发生改变时,载波的相位也要随之反相,从而使已调信号的幅度包络并不能完全反映基带信号的幅度变化,如图 3-5 所示。

图 3-5　DSB-SC 信号的时间波形

2. AM 的基本原理

最早的广播通信中采用常规调幅(AM)进行语音和音乐信号的传输。相对于 DSB 调制,AM 可以采用简单的包络检波实现非相干解调,从而简化接收机。

图 3-6 所示为常规调幅(AM)的原理。与 DSB-SC 调制不同的是,先将基带信号 $m(t)$ 叠加上一个幅度为 A_0 的直流信号,再与高频载波相乘,输出信号可以表示为

$$s_m(t)=f(t)c(t)=[m(t)+A_0]\cos\omega_c t \tag{3-5}$$

图 3-6　AM 的基本原理示意图

图 3-7 给出了基带信号 $m(t)$ 以及对应的 AM 信号 $s_m(t)$ 的时间波形。可见,在 AM 信号中,载波的幅度包络与加法器输出信号 $A(t)$ 的波形完全相同,只是在幅度上有平移,平移的幅度取决于调制时叠加直流信号的幅度大小 A_0。

假设基带信号的频谱为 $M(j\omega)$,根据傅里叶变换的频移性质,对式(3-5)做傅里叶变换,得到 AM 信号的频谱为

$$S_m(j\omega)=\frac{1}{2}[M(j(\omega-\omega_c))+M(j(\omega+\omega_c))]+\pi A_0[\delta(\omega-\omega_c)+\delta(\omega+\omega_c)] \tag{3-6}$$

式(3-6)中等号右边第 1 项取决于基带信号的频谱;第 2 项为冲激函数,冲激的强度取决于叠加的直流信号的幅度。假设基带信号的频谱如图 3-8(a)所示,则对应 AM 信号的频谱如

图 3-7　AM 信号的时间波形

图 3-8　AM 信号的频谱

图 3-8(b)所示。

由此可以得到以下结论。

(1) AM 信号的频谱中也含有上下两个边带,各边带分量与基带信号中的各分量相对应,只是高度缩小一半。

(2) AM 信号的带宽也为基带信号带宽的 2 倍。

(3) AM 信号中的频谱中,频率等于载频的位置存在冲激,表明 AM 信号中含有载波分量。

3. AM 信号的调幅指数

这里考虑单频调制的情况。所谓单频调制,是指基带信号中只有一个频率分量,其时间表达式可以表示为

$$m(t) = A_m \cos\omega_m t \qquad (3-7)$$

其中,A_m 为基带信号的幅度;ω_m 为基带信号的角频率。

根据上述 AM 的原理,可以得到对应 AM 信号的时间表达式为

$$s_{\mathrm{m}}(t)=[m(t)+A_0]\cos\omega_{\mathrm{c}}t=(A_{\mathrm{m}}\cos\omega_{\mathrm{m}}t+A_0)\cos\omega_{\mathrm{c}}t$$
$$=A_0(1+\beta_{\mathrm{AM}}\cos\omega_{\mathrm{m}}t)\cos\omega_{\mathrm{c}}t \tag{3-8}$$

其中,$\beta_{\mathrm{AM}}=A_{\mathrm{m}}/A_0$ 称为 AM 的调幅指数。

调幅指数 β_{AM} 的物理含义是基带信号的幅度对载波幅度的控制程度,其取值可能小于 1、等于 1 或大于 1,相应的 AM 信号时间波形如图 3-9 所示。

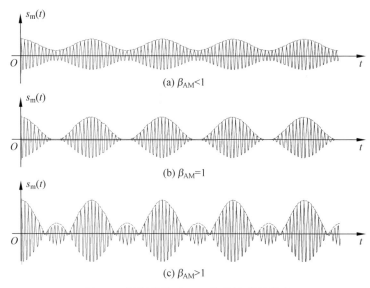

(a) $\beta_{\mathrm{AM}}<1$

(b) $\beta_{\mathrm{AM}}=1$

(c) $\beta_{\mathrm{AM}}>1$

图 3-9 调幅指数对 AM 信号波形的影响

由图 3-9 可知,只有当 $\beta_{\mathrm{AM}}\leqslant 1$ 时,已调信号的幅度包络(如图中虚线所示)才能反映基带信号的幅度变化规律,如图 3-9(a) 和图 3-9(b) 所示;当 $\beta_{\mathrm{AM}}>1$ 时,已调信号的幅度包络不能反映基带信号的幅度变化规律,如图 3-9(c) 所示。一般将 $\beta_{\mathrm{AM}}<1$、$\beta_{\mathrm{AM}}=1$ 和 $\beta_{\mathrm{AM}}>1$ 的 3 种情况分别称为欠调幅、满调幅和过调幅。实际系统中为了对 AM 信号实现包络检波解调,要求必须工作在欠调幅或满调幅状态。

例 3-2 已知单频调制 AM 信号的时间表达式为

$$s_{\mathrm{m}}(t)=(2\cos 200\pi t+4)\cos 1000\pi t$$

(1) 求调幅指数 β_{AM}。

(2) 分别画出基带信号和 AM 信号的频谱图。

解 (1) 由 AM 信号的时间表达式得到 $A_{\mathrm{m}}=2$,$A_0=4$,则调幅指数为

$$\beta_{\mathrm{AM}}=A_{\mathrm{m}}/A_0=0.5$$

(2) 基带信号 $m(t)=2\cos 200\pi t$ 是单频正弦信号,其频谱如图 3-10(a) 所示。$m(t)$ 叠加上直流信号 A_0 后得到

$$f(t)=A_0+m(t)=4+2\cos 200\pi t$$

其频谱如图 3-10(b) 所示,将其搬移到载频位置得到 AM 信号,其频谱如图 3-10(c) 所示。

以上介绍的是单频调制的情况。如果基带信号是由很多分量合成的复杂波形,调幅指数的定义可以修改为

$$\beta=\frac{|f(t)|_{\max}-|f(t)|_{\min}}{|f(t)|_{\max}+|f(t)|_{\min}} \tag{3-9}$$

图 3-10 例 3-2 频谱图

其中，$f(t)=m(t)+A_0$；$|f(t)|_{\max}$ 和 $|f(t)|_{\min}$ 分别为信号 $f(t)$ 幅度的最大值和最小值，或者已调信号中载波幅度的最大值和最小值。

4. AM 信号的功率和调制效率

在 AM 信号中，上下边带取决于基带信号，是真正需要传递给用户的有用分量。此外，还有不含有基带信息的载波分量。因此，在已调信号发射的总功率中，希望边带分量的功率越大越好，而载波分量的功率越小越好。因此，需要进一步分析在发送的 AM 总功率中各分量所占的功率比重，称为调制效率。

调制效率的具体定义为

$$\eta = \frac{P_{f}}{P_{0}} = \frac{P_{f}}{P_{c} + P_{f}} \tag{3-10}$$

其中，P_0 为调幅信号的总功率；P_f 为调幅信号的边带功率；P_c 为调幅信号中载波分量的功率。

显然，由于 DSB-SC 信号中不含有载波分量，全部是上下边带分量，则 $P_0 = P_f$，所以其调制效率为 100%，这意味着发射的总功率全部用于传输边带分量和有用的基带信号。下面分析 AM 信号的调制效率。

以单频调制为例，AM 信号的时间表达式为

$$s_{m}(t) = (A_0 + A_m \cos\omega_m t)\cos\omega_c t$$

仿照例 3-2，可以得到其频谱如图 3-11(a)所示，其功率谱如图 3-11(b)所示。

(a) 频谱

图 3-11 单频调制 AM 信号的频谱和功率谱

(b) 功率谱

图 3-11 （续）

由功率谱求得 AM 信号的总功率为

$$P_0 = \frac{1}{2\pi}\int_{-\infty}^{\infty} P(\omega)\,\mathrm{d}\omega = \frac{1}{2\pi}\left(\frac{\pi A_0^2}{2}\times 2 + \frac{\pi A_m^2}{8}\times 4\right) = \frac{A_0^2}{2} + \frac{A_m^2}{4} \tag{3-11}$$

其中，右边两项分别与载波分量和基带信号有关，分别为载波功率和边带功率，即

$$P_c = \frac{A_0^2}{2}, \quad P_f = \frac{A_m^2}{4} \tag{3-12}$$

再将 P_0 和 P_f 代入式(3-10)得到 AM 的调制效率为

$$\eta = \frac{A_m^2/4}{A_0^2/2 + A_m^2/4} = \frac{A_m^2}{2A_0^2 + A_m^2} = \frac{\beta_{AM}^2}{2 + \beta_{AM}^2} \tag{3-13}$$

由此可见，AM 调制的调制效率随调幅指数的增大而单调增大。但是，实际系统为了能采用包络检波解调出基带信号，要求都不能工作到过调幅状态。也就是说，调幅指数的最大值为 1，此时对应的最高调制效率近似为 33.3%。这说明在调幅信号的总功率中，只有 33.3% 的功率用于传送有用的边带功率，而 66.7% 的功率用于传送载波。

前面是根据信号的功率谱计算和分析各信号的平均功率和 AM 信号的调制效率，称为频域分析方法。此外，也可以根据信号的时间表达式，在时域进行计算。

例 3-3 已知基带信号为

$$m(t) = 8\cos 200\pi t$$

对其采用 AM 传输，假设 $A_0 = 10\mathrm{V}$，载波角频率为 ω_c。

（1）求调幅信号的时间表达式 $s_m(t)$。

（2）求调幅指数 β_{AM}。

（3）求调幅信号中的载波功率、边带功率和 AM 信号的总功率。

（4）求调制效率 η。

解　（1）调幅信号的时间表达式为

$$s_m(t) = [A_0 + m(t)]c(t) = (10 + 8\cos 200\pi t)\cos\omega_c t$$

（2）$A_m = 8, A_0 = 10$，则调幅指数为

$$\beta_{AM} = \frac{A_m}{A_0} = \frac{8}{10} = 0.8 = 80\%$$

（3）画出 AM 信号的频谱和功率谱，如图 3-12 所示。其中，位于 ω_c 处的冲激代表载波分量，其余冲激代表边带分量。则载波功率和边带功率分别为

$$P_c = \frac{1}{2\pi}\times 50\pi\times 2 = 50\mathrm{W}$$

$$P_f = \frac{1}{2\pi} \times 8\pi \times 4 = 16\,\mathrm{W}$$

AM 信号的总功率为

$$P_0 = P_c + P_f = 50 + 16 = 66\,\mathrm{W}$$

（4）调制效率为

$$\eta = \frac{P_f}{P_0} = \frac{16}{66} \approx 24.2\%$$

图 3-12　例 3-3 AM 信号频谱和功率谱

3.1.3　SSB 调制和 VSB 调制

单边带（SSB）调制技术于 1915 年提出，并在 1933 年以后为大多数远洋通信所采用。从 1954 年起，单边带电台在军用无线电通信系统中迅速发展，逐步取代了普通的调幅电台。在现代通信系统中，单边带调制广泛用于短波波段，也适用于中波、长波和超短波波段。在载波电话通信系统中，采用单边带调制实现多路话音信号的频分复用。

与 AM 调制和 DSB-SC 调制相比，SSB 调制传输具有节省频谱、节约功率、便于多路复用等优点。

1. SSB 调制的基本原理

在 DSB-SC 和 AM 信号中，都含有上下两个边带，这两个边带分别是由基带信号中的正负频率部分搬移到载频位置而得到的。对实际系统中的基带信号，其频谱中的正负频率部分完全对称。因此，在调制传输时，可以只传输其中的一个边带。这就是单边带调制。

利用滤波器将 DSB-SC 信号中的一个边带滤除，而保留另一个边带，即可得到单边带信号。由此得到 SSB 调制的基本原理，如图 3-13 所示。

首先用模拟乘法器将基带信号 $m(t)$ 与高频载波 $c(t)$ 相乘，得到抑制载波的双边带信号 $f(t)$，其中含有上边带和下边带。上边带分量的频率都高于载频，而下边带分量的频率都低于载频。

图 3-13　SSB 调制的基本原理示意图

图 3-13 中的滤波器可以为低通滤波器或高通滤波器。如果采用低通滤波器，并且其截止频率等于载频，则将乘法器输出 DSB-SC 信号中的

上边带滤除,而保留下边带。此时得到的 SSB 信号中只含有下边带,称为下边带(Lower Side Band,LSB)调制。如果采用高通滤波器,并且其截止频率等于载频,则将乘法器输出 DSB-SC 信号中的下边带滤除,而保留上边带,此时称为上边带(Upper Side Band,USB)调制。

图 3-14 给出了 LSB 信号及其对应的基带信号、DSB-SC 信号的频谱图,其中的虚线为低通滤波器的幅频特性。由频谱图可见,单边带信号的带宽等于基带信号的带宽。在基带信号带宽相同时,SSB 信号的带宽是 DSB-SC 和 AM 信号带宽的一半。因此,采用 SSB 调制传输可以节省一半的信道带宽,传输的有效性最好。

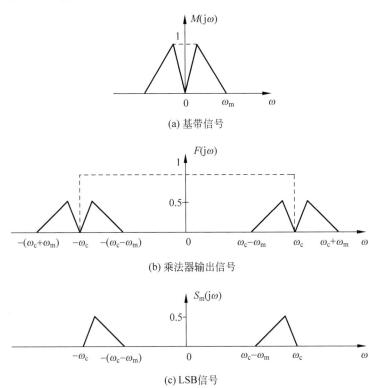

图 3-14   LSB 信号的频谱

2. 相移法调制

除了上述滤波法以外,借助希尔伯特变换,还可以用相移法实现单边带调制。仍然假设基带信号为 $m(t)$,则根据希尔伯特变换的概念,单边带信号可以表示为

$$s(t) = m(t)\cos\omega_c t \pm \hat{m}(t)\sin\omega_c t \qquad (3\text{-}14)$$

其中,$\hat{m}(t)$ 为基带信号的希尔伯特变换;ω_c 为载波频率。当右边取"+"时,$s(t)$ 为下边带信号;取"-"时,$s(t)$ 为上边带信号。

根据式(3-14)得到相移法实现单边带调制的模型,如图 3-15 所示。其中,$H_H(j\omega)$ 代表希尔伯特滤波器。

例 3-4   已知基带信号为 $m(t) = 8\cos 200\pi t$,载波角频率 $\omega_c = 2000\pi$ rad/s。

(1) 分别写出对应的 DSB-SC、LSB、USB 信号的时间表达式。

(2) 画出上述各已调信号的频谱。

图 3-15 相移法实现单边带调制的模型

解 (1) 将基带信号和载波信号相乘,即得到 DSB-SC 信号,因此有

$$s_{DSB}(t)=m(t)c(t)=8\cos200\pi t\cos2000\pi t$$
$$=4\cos2200\pi t+4\cos1800\pi t$$

基带信号 $m(t)$ 的希尔伯特变换为

$$\hat{m}(t)=8\sin200\pi t$$

则对应的下边带信号为

$$s_{LSB}(t)=m(t)\cos\omega_c t+\hat{m}(t)\sin\omega_c t$$
$$=8\cos200\pi t\cos2000\pi t+8\sin200\pi t\sin2000\pi t$$
$$=8\cos1800\pi t$$

上边带信号为

$$s_{USB}(t)=m(t)\cos\omega_c t-\hat{m}(t)\sin\omega_c t$$
$$=8\cos200\pi t\cos2000\pi t-8\sin200\pi t\sin2000\pi t$$
$$=8\cos2200\pi t$$

(2) 根据以上各式可直接画出各已调信号的频谱,如图 3-16 所示。

图 3-16 例 3-4 各已调信号的频谱

注意到在滤波法中,将 DSB-SC 信号中的上边带滤除,即得到下边带信号。对于本例,将上边带滤除后得到下边带信号,其频谱中冲激的强度应为 4π。而上述解答中的上下边带是根据相移法得到的,频谱中冲激的强度差一半,对应 LSB 和 USB 信号的时间表达式上也

要差个系数。但这并不影响信号的性质,在分析中往往忽略不计。

3. 多级滤波法实现 SSB 调制

在滤波法实现单边带调制的过程中,如果基带信号中存在着大量的低频分量甚至直流分量,将使得在 DSB-SC 信号中,上下边带在频率轴方向靠得很近,从而无法用实际的滤波器将其分开。

例如,模拟语音电话的频率范围为 300～3400Hz,最低频率为 300Hz。通过乘法器将其频谱搬移到载频位置后,上下边带之间的频率间隔只有 600Hz。另外,实际的滤波器都存在着过渡带,要在比较高的载频附近将滤波器的过渡带做到不超过 600Hz,从而将上下边带完全分开以得到 SSB 信号,这是很难实现的。

考虑到上述问题,在实际系统中,为了得到比较理想的单边带信号,一般采用多级滤波调制。每次调制实现频谱搬移,同时加大调制后各边带之间的距离,从而便于利用实际的滤波器进行滤波。

图 3-17 所示为一个二级滤波调制原理图。基带信号 $m(t)$ 先通过模拟乘法器实现第 1 级 DSB-SC 调制,经 $H_1(j\omega)$ 滤波后得到第 1 级单边带信号 $s_1(t)$。$s_1(t)$ 再经随后的模拟乘法器和滤波器 $H_2(j\omega)$ 实现第 2 级调制和滤波,输出单边带信号 $s_2(t)$。

图 3-17   二级滤波调制原理图

在二级调制中,载波的角频率分别为 ω_{c1} 和 ω_{c2},则两级滤波器的截止频率应分别等于 ω_{c1} 和 $\dot{\omega}_{c2}$,并且各级载波频率依次提高,即 $\omega_{c1} < \omega_{c2}$。

设基带信号的频谱如图 3-18(a)所示,其最低和最高频率分别为 ω_1 和 ω_u。第 1 级 DSB-SC 调制后得到 $f_1(t)$,其上下边带之间的频率间隔为 $W_1 = 2\omega_1$。假设 $H_1(j\omega)$ 为低通滤波器,则滤除 $f_1(t)$ 中的上边带后,得到 LSB 信号 $s_1(t)$,其频谱如图 3-18(b)所示。

将 $s_1(t)$ 再经第 2 级 DSB-SC 调制后得到 $f_2(t)$,其上下边带之间的频率间隔增大为 $W_2 = 2\omega_{c1} + 2\omega_1$,并且频率间隔可以通过调节第 1 级载波频率 ω_{c1} 而进行调节。$f_2(t)$ 再通过第 2 级低通滤波器后得到 $s_2(t)$,其频谱如图 3-18(c)所示。

假设对上述模拟语音信号采用多级滤波法调制传输,则 $\omega_1 = 2\pi \times 300 = 600\pi$ rad/s。两级载波频率分别取为 10kHz 和 100kHz。则两级调制后,上下边带之间的频率间隔分别为

$$B_{w1} = 2\omega_1 = 2 \times 600\pi = 1200\pi \text{ rad/s}$$

$$B_{w2} = 2\omega_{c1} + 2\omega_1 = 2 \times 2\pi \times 10^4 + 1200\pi = 41\,200\pi \text{ rad/s}$$

两级滤波器的过渡带只要分别不超过 1200π rad/s 和 41 200π rad/s,即可将上下边带完全分开。

4. VSB 调制

VSB 调制又称为残留边带调制,是为了克服单边带调制中滤波器实现困难,同时又能节约频带宽度的矛盾而提出来的,是一种介于 DSB-SC 和 SSB 调制之间的一种调制方式。

VSB 调制的模型与图 3-13 完全相同,只是其中滤波器不是理想的高通或低通特性,而是有意识地在截止频率附近引入一定的过渡带,从而使另外一个边带的一部分也能通过滤波器。残留下边带时滤波器的频率特性如图 3-19 所示。

(a) 基带信号

(b) 一级调制

(c) 二级调制

图 3-18　二级滤波法调制信号的频谱

图 3-19　残留下边带时滤波器的频率特性

3.2　模拟角度调制

模拟角度调制分为频率调制和相位调制两种。与幅度调制相比,频率调制抗干扰能力强,可以实现高保真度广播,可播出多套节目,天线尺寸小。此外,调频波段较宽,容易实现多路频分复用和立体声广播。

3.2.1　角度调制的基本概念

与幅度调制一样,这里也假设载波为高频余弦信号,其时间表达式为

$$s(t) = A\cos[\theta(t)] = A\cos[\omega_c t + \varphi(t)] \tag{3-15}$$

其中,A 为载波的幅度;ω_c 为未调载波角频率;$\varphi(t)$ 为载波的初始相角,又称为相位偏移,简称相偏,是载波总相位中相对于相位 $\omega_c t$ 的偏移。

角度调制就是用基带信号 $m(t)$ 控制载波的相位偏移 $\varphi(t)$,使其随基带信号的幅度而线性变化,而调制过程中载波的幅度保持不变。

正弦波的相位与频率之间互为微积分关系,将相偏求导可以得到 $\omega(t)=\mathrm{d}\varphi(t)/\mathrm{d}t$,称为角频率偏移,简称角频偏。$f(t)=\omega(t)/(2\pi)$ 称为频偏。显然,在基带信号的控制作用下,载波的相位偏移发生变化,其相对于未调载波角频率 ω_c 的角频偏或相对于未调载波频率 $f_c=\omega_c/(2\pi)$ 的频偏也将随之变化。

1. 相位调制和频率调制

相位调制简称调相(PM),是用基带信号 $m(t)$ 直接控制载波的相偏 $\varphi(t)$,使其随基带信号的幅度而线性变化。因此,对于 PM 信号,有

$$\varphi(t)=K_{\mathrm{P}}m(t) \tag{3-16}$$

其中,K_{P} 为相移常数,代表基带信号 $m(t)$ 的幅度对载波相位的调制深度,单位为 rad/V。

频率调制简称调频(FM),是用基带信号 $m(t)$ 控制载波的角频偏 $\omega(t)$ 或频偏 $f(t)$,使其随基带信号的幅度而线性变化。因此,对于 FM 信号,有

$$\omega(t)=K_{\mathrm{F}}m(t) \tag{3-17}$$

或

$$f(t)=K_{\mathrm{F}}m(t) \tag{3-18}$$

其中,K_{F} 为频偏常数,又称为调频灵敏度,代表基带信号 $m(t)$ 的幅度对载波频率的调制深度。显然,式(3-17)和式(3-18)中 K_{F} 的单位不同,分别为 rad/(s·V) 和 Hz/V,数值上是 2π 倍的关系。

根据上述概念,将式(3-16)和式(3-17)分别代入式(3-15),可以得到 PM 信号和 FM 信号的时间表达式分别为

$$s_{\mathrm{PM}}(t)=A\cos[\omega_c t+K_{\mathrm{P}}m(t)] \tag{3-19}$$

$$s_{\mathrm{FM}}(t)=A\cos\left[\omega_c t+K_{\mathrm{F}}\int m(\tau)\mathrm{d}\tau\right] \tag{3-20}$$

当基带信号为单频余弦信号时,图 3-20 给出了对应的 PM 信号和 FM 信号的时间波形。由此可知,对于单频调制 PM 和 FM 信号,除了有一个时间上的偏差外,两个信号的波形完全一样,调制结果都是使载波的频率随基带信号的幅度而变化,而载波的幅度始终保持恒定。这说明 PM 调制和 FM 调制没有本质的区别,两者可以相互转换。由于在模拟通信系统中大多采用调频传输,因此这里着重介绍频率调制。

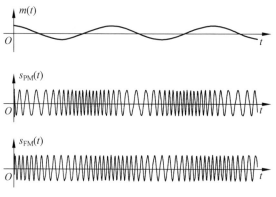

图 3-20 单频调制基带信号及 PM 和 FM 信号的波形

2.调频指数和最大频偏

假设基带信号为单频余弦信号,即

$$m(t) = A_m\cos\omega_m t$$

将其代入式(3-20)得到对应的 FM 信号为

$$s_{FM}(t) = A\cos\left(\omega_c t + K_F\frac{A_m}{\omega_m}\sin\omega_m t\right) = A\cos(\omega_c t + \beta_{FM}\sin\omega_m t) \qquad (3-21)$$

其中,β_{FM} 称为调频指数,表示的是调频信号相对于未调载波相位 $\omega_c t$ 的最大相偏。

$$\beta_{FM} = \frac{K_F A_m}{\omega_m} = \frac{\Delta\omega_{max}}{\omega_m} \qquad (3-22)$$

其中,$\Delta\omega_{max}$ 称为 FM 信号的最大角频偏,单位为 rad/s。

$$\Delta\omega_{max} = K_F A_m \qquad (3-23)$$

如果调频灵敏度 K_F 的单位为 Hz/V,则 $K_F A_m$ 的单位为 Hz,用 Δf_{max} 表示,表示 FM 信号的最大频偏。相应地,调频指数应修改为

$$\beta_{FM} = \frac{K_F A_m}{f_m} = \frac{\Delta f_{max}}{f_m} \qquad (3-24)$$

其中,$f_m = \omega_m/(2\pi)$ 为基带信号的频率。

以上考虑的主要是单频调制的情况。对任意的基带信号 $m(t)$,其调频指数和最大频偏可以分别表示为

$$\beta_{FM} = K_F\left|\int m(\tau)d\tau\right|_{max} \qquad (3-25)$$

$$\Delta\omega_{max} = K_F\,|\,m(t)\,|_{max} \qquad (3-26)$$

例 3-5 已知基带信号为 $m(t) = 8\cos100\pi t$ V,对其进行频率调制,载波幅度为 5V,载波频率为 1000π rad/s,频偏常数 $K_F = 500$ Hz/V。

(1)求最大频偏 Δf_{max} 和调频指数 β_{FM}。

(2)写出 FM 信号的时间表达式。

解 (1)由已知的基带信号表达式求得 $A_m = 8$ V,$\omega_m = 100\pi$ rad/s,则

$$\Delta f_{max} = K_F A_m = 500 \times 8 = 4000\,\text{Hz}$$

$$\beta_{FM} = \frac{\Delta f_{max}}{f_m} = \frac{4000}{100\pi/(2\pi)} = 80$$

(2)由式(3-21)得到

$$s_{FM}(t) = 5\cos(1000\pi t + 80\sin100\pi t)$$

例 3-6 已知某单频调制调频波为

$$s_{FM}(t) = 5\cos(2\times10^8\pi t + 4\sin10^6\pi t)$$

(1)求角频偏 $\omega(t)$ 和频偏 $f(t)$。

(2)求调频指数 β_{FM}、最大角频偏 $\Delta\omega_{max}$ 和最大频偏 Δf_{max}。

(3)若频偏常数 $K_F = 10^7\pi$ rad/(s·V),求基带信号的幅度 A_m。

解 (1)由已知的调频波表达式可知调频波的相偏为

$$\varphi(t) = 4\sin10^6\pi t\ \text{rad/s}$$

则角频偏和频偏分别为

$$\omega(t) = \frac{\mathrm{d}\varphi(t)}{\mathrm{d}t} = 4 \times 10^6 \pi \cos 10^6 \pi t$$

$$f(t) = \frac{1}{2\pi} \omega(t) = 2 \times 10^6 \cos 10^6 \pi t$$

（2）$\beta_{\mathrm{FM}} = 4, \Delta\omega_{\max} = 4 \times 10^6 \pi$ rad/s, $\Delta f_{\max} = \Delta\omega_{\max}/(2\pi) = 2\mathrm{MHz}$。

（3）基带信号的幅度为

$$A_{\mathrm{m}} = \frac{\Delta\omega_{\max}}{K_{\mathrm{F}}} = \frac{4 \times 10^6 \pi}{10^7 \pi} = 0.4\mathrm{V}$$

3.2.2　窄带调频和宽带调频

实际系统中，根据调频指数和调频信号的带宽，可以将调频分为宽带调频和窄带调频。当调频指数 $\beta_{\mathrm{FM}} \ll 1$，频率调制所引起的最大相偏远小于 $\pi/6$ rad 或近似为 0.5rad 时，这样的频率调制称为窄带调频（Narrow Band Frequency Modulation，NBFM）。否则，当调频指数 $\beta_{\mathrm{FM}} \gg 1$，频率调制所引起的最大相偏远大于 $\pi/6$ rad 或 0.5 rad 时，这样的频率调制称为宽带调频（Wide Band Frequency Modulation，WBFM）。

对于窄带调频，有

$$\left| K_{\mathrm{F}} \int m(\tau)\mathrm{d}\tau \right|_{\max} \ll \frac{\pi}{6}$$

则

$$\cos\left[K_{\mathrm{F}} \int m(\tau)\mathrm{d}\tau \right] \approx 1$$

$$\sin\left[K_{\mathrm{F}} \int m(\tau)\mathrm{d}\tau \right] \approx K_{\mathrm{F}} \int m(\tau)\mathrm{d}\tau$$

因此，利用三角公式将式(3-20)所示的 FM 信号展开，并做上述近似后，得到 NBFM 信号的时间表达式为

$$s_{\mathrm{FM}}(t) \approx A\cos\omega_{\mathrm{c}}t - AK_{\mathrm{F}} \int m(\tau)\mathrm{d}\tau \cdot \sin\omega_{\mathrm{c}}t \tag{3-27}$$

对于宽带调频，调频指数 $\beta_{\mathrm{FM}} \gg 1$，频率调制所引起的最大相移远大于 $\pi/6$rad 或 0.5rad，因此不能采用上述方法进行近似分析。

以最简单的单频调制为例，经数学分析可知，对应的 WBFM 信号可以表示为

$$s_{\mathrm{FM}}(t) = A \sum_{n=-\infty}^{\infty} J_n(\beta_{\mathrm{FM}})\cos(\omega_{\mathrm{c}} + n\omega_{\mathrm{m}})t \tag{3-28}$$

其中，A 为未调载波幅度；ω_{c} 为载波角频率；ω_{m} 为基带信号的角频率；$J_n(\beta_{\mathrm{FM}})$ 为第 1 类 n 阶贝塞尔函数。

式(3-28)表明，宽带调频信号可以分解为无穷多个余弦信号的叠加，其中第 n 个余弦信号的角频率为 $\omega_{\mathrm{c}} + n\omega_{\mathrm{m}}$，幅度为 $AJ_n(\beta_{\mathrm{FM}})$。$J_n(\beta_{\mathrm{FM}})$ 有两个自变量：n 和 β_{FM}，函数值一般可以通过查表方法获得，附录 D 列出了部分第 1 类 n 阶贝塞尔函数。

1. 调频信号的频谱

根据式(3-28)，不难得到 WBFM 信号的频谱为

$$S_{\mathrm{FM}}(\mathrm{j}f)=\frac{A}{2}\sum_{n=-\infty}^{\infty}J_n(\beta_{\mathrm{FM}})\big[\delta(f-f_c-nf_m)+\delta(f+f_c+nf_m)\big] \qquad (3\text{-}29)$$

其中，$f_c=\omega_c/(2\pi)$ 为载波频率；$f_m=\omega_m/(2\pi)$ 为基带信号频率。

式(3-29)说明，WBFM 信号的频谱由无穷多个冲激函数构成，分别对应以下频率分量。

(1) 当 $n=0$ 时，在 $f=\pm f_c$ 处存在冲激，代表 FM 信号中频率等于载波频率的分量，称为载波分量。

(2) 当 $n=\pm 1$ 时，在 $f=\pm(f_c+f_m)$ 和 $f=\pm(f_c-f_m)$ 处对称地存在 4 个冲激，对应两个一次边频分量，频率等于 $f_c\pm f_m$。

(3) 当 $|n|>1$ 时，在载频两侧对称地存在无穷多个冲激，每两个关于纵轴对称的冲激代表一个高次边频分量，频率等于 $f_c\pm nf_m$。

(4) 对给定的调频指数 β_{FM}，由于 $J_n(\beta_{\mathrm{FM}})$ 随自变量 n 单调或振荡衰减，当 n 增大到一定值时，$J_0(\beta_{\mathrm{FM}})$ 近似为 0，因此 WBFM 中频率远离载频的分量幅度越来越小。

例 3-7 已知基带信号 $m(t)=2\cos 200\pi t$，对其进行调频传输，载波频率 $f_c=1\mathrm{kHz}$，幅度 $A=10\mathrm{V}$，频偏常数 $K_F=80\mathrm{Hz/V}$。

(1) 分析并画出 FM 信号的频谱图。

(2) 说明该调频信号中含有哪些分量。

解 (1) 由已知数据求得

$$\beta_{\mathrm{FM}}=\frac{K_F A_m}{f_m}=\frac{80\times 2}{200\pi/(2\pi)}=1.6$$

查表得到

$$J_0(1.6)=0.455,\quad J_1(1.6)=0.570,\quad J_2(1.6)=0.257$$

$$J_3(1.6)=0.073,\quad J_4(1.6)=0.015,\quad J_5(1.6)=0.002$$

并且当 $n>5$ 时，$J_n(1.6)\approx 0$。再结合贝塞尔函数的性质得到

$$J_{-1}(1.6)=-J_1(1.6)=-0.570,\quad J_{-2}(1.6)=J_2(1.6)=0.257$$

$$J_{-3}(1.6)=-J_3(1.6)=-0.073,\quad J_{-4}(1.6)=J_4(1.6)=0.015$$

$$J_{-5}(1.6)=-J_5(1.6)=-0.002$$

当 $n<-5$ 时，$J_n(1.6)\approx 0$。

由此得到 FM 信号的频谱图，如图 3-21 所示。

图 3-21 例 3-7 频谱图

(2) 由本例可以清楚地看到，WBFM 信号的频谱中含有载频分量和各次边频分量，其中一次边频分量可以认为是由基带信号的频谱搬移到载频位置而得到的。但除此之外，

WBFM 信号中还有其他边频分量。因此,宽带调频是频谱的非线性搬移,属于非线性调制。

将上述各贝塞尔函数值代入式(3-28),其中 $n=0$ 对应 FM 信号中的载频分量,其时间表达式为

$$s_0(t)=10\times0.455\cos(2\pi\times1000t)=4.55\cos2000\pi t$$

$n=\pm1$ 的两项对应两个一次边频分量,其时间表达式分别为

$$s_1(t)=10\times0.570\cos[2\pi\times(1000+100)t]=5.7\cos2200\pi t$$
$$s_{-1}(t)=10\times(-0.570)\cos[2\pi\times(1000-100)t]=-5.7\cos1800\pi t$$

$n=\pm2$ 的两项对应两个二次边频分量,其时间表达式分别为

$$s_2(t)=10\times0.257\cos[2\pi\times(1000+2\times100)t]=2.57\cos2400\pi t$$
$$s_{-2}(t)=10\times0.257\cos[2\pi\times(1000-2\times100)t]=2.57\cos1600\pi t$$

当 $|n|>2$ 时,对应的其他高次边频分量幅度都很小,因此可以忽略。

2. 调频信号的带宽

通过上述时域和频域分析可知,宽带调频信号中存在着载频分量和各次边频分量。因此,理论上说,调频信号的带宽应为无穷大。但是根据贝塞尔函数的特点,其函数值都随自变量 n 单调或振荡衰减,意味着 WBFM 信号中频率远离载频的分量幅度越来越小。当 n 增大到一定值时,$J_0(\beta_{\text{FM}})$ 近似为 0,对应的分量幅度和功率都足够小,可以忽略。

当 $|n|>1+\beta_{\text{FM}}$ 时,对应分量的幅度不超过未调载波幅度的 10%,忽略这些分量,得到 WBFM 信号的带宽近似为

$$B_f\approx2(1+\beta_{\text{FM}})f_m \tag{3-30}$$

式(3-30)称为卡森公式。由该式可知,当 $\beta_{\text{FM}}\ll1$ 时,$B_f\approx2f_m$,带宽近似等于基带信号频率的 2 倍,这就是窄带调频的情况;当 $\beta_{\text{FM}}\gg1$ 时,$B_f\approx2\beta_{\text{FM}}f_m=2\Delta f_{\max}$,其中 $\Delta f_{\max}$ 为调频信号的最大频偏。

对于实际系统中的调频信号,一般其调频指数远大于1,因此由卡森公式可知,其带宽远大于 $2f_m$。而调幅信号的带宽等于 $2f_m$(AM、DSB-SC 信号)、f_m(SSB 信号)或为 $f_m\sim2f_m$(VSB)。因此,调频信号的带宽远大于调幅信号的带宽,或者说调频系统的有效性不如调幅系统。

例如,在例 3-7 中,$\beta_{\text{FM}}=1.6$,则 $n_{\max}=2.6\approx3$,说明该调频信号中主要含有载频分量和 $1\sim3$ 次边频分量,带宽近似为

$$B_f\approx2(1+\beta_{\text{FM}})f_m=2\times(1+1.6)\times100=520\text{Hz}$$

如果对该例中的基带信号进行 DSB-SC 调制传输,则带宽为 $2\times100=200\text{Hz}$,远小于调频信号的带宽。

将上述结论推广到任意基带信号的情况,此时 FM 信号的带宽计算式为

$$B_f\approx2(1+D_{\text{FM}})f_m \tag{3-31}$$

其中,D_{FM} 称为频偏比,其定义为

$$D_{\text{FM}}=\frac{\Delta\omega_{\max}}{\omega_{\max}}=\frac{\Delta f_{\max}}{f_{\max}} \tag{3-32}$$

其中,$f_{\max}$ 和 $\omega_{\max}$ 分别为基带信号的最高频率和最高角频率;$\Delta f_{\max}$ 和 $\Delta\omega_{\max}$ 分别为调频信号的最大频偏和最大角频率偏移,并且有

$$\Delta\omega_{\max} = K_F \mid f(t) \mid_{\max}$$

$$\Delta f_{\max} = \frac{1}{2\pi}\Delta\omega_{\max}$$

3. 调频信号的功率

与 AM 调制一样,FM 信号中既有载波分量,也有边带分量。因此,在发送 FM 信号的功率中,一部分功率用于传送与基带信号无关的载波分量,另一部分用于传送与基带信号有关的边带分量。

同样考虑最简单的单频调制的情况。根据式(3-28),WBFM 信号可以视为无穷多个余弦信号的叠加,因此其总功率等于各项余弦信号功率之和。而第 n 项余弦信号的幅度为 $|A_0 J_n(\beta_{FM})|$,其平均功率为

$$P_n = \frac{1}{2}\left[AJ_n(\beta_{FM})\right]^2 = \frac{1}{2}A^2 J_n^2(\beta_{FM}) \tag{3-33}$$

由式(3-33)可以求得 FM 信号中各分量的功率。当 $n=0$ 时,对应载波分量的功率为

$$P_0 = \frac{1}{2}A^2 J_0^2(\beta_{FM}) \tag{3-34}$$

当 $n=\pm1$ 时,对应两个一次边频分量。考虑到 $J_{-1}(\beta_{FM}) = -J_1(\beta_{FM})$,则一次边频分量的功率为

$$P_1 = \frac{1}{2}A^2 J_{-1}^2(\beta_{FM}) + \frac{1}{2}A^2 J_1^2(\beta_{FM}) = A^2 J_1^2(\beta_{FM})$$

依此类推,第 n 次边频分量的功率为

$$P_n = A^2 J_n^2(\beta_{FM}) \tag{3-35}$$

所有余弦分量的功率之和即为 FM 信号的总功率 P_{FM},由此求得

$$P_{FM} = \sum_{n=-\infty}^{\infty} P_n = \frac{1}{2}A^2 \sum_{n=-\infty}^{\infty} J_n^2(\beta_{FM}) = \frac{1}{2}A^2 \tag{3-36}$$

由此可见,FM 信号的总功率只决定于未调载波的幅度,与调频指数无关。但是,调频指数的大小影响到各阶贝塞尔函数值,从而将使 FM 信号中载波分量和各次边频分量的功率发生变化。因此,调频的实质是用基带信号控制和改变已调信号中各分量的功率分配关系。

例 3-8 已知基带信号 $m(t)=3\cos200\pi t$,对其进行调频传输,载波幅度 $A=10\,\mathrm{V}$,频偏常数 $K_F=100\,\mathrm{Hz/V}$。

(1) 求调频信号的总功率。

(2) 求已调信号中载波分量的功率和带宽范围内边频分量的功率。

(3) 若将基带信号的幅度放大为 5V,重做问题(2)。

解 (1) 总功率为

$$P_{FM} = \frac{1}{2}A^2 = \frac{1}{2}\times10^2 = 50\,\mathrm{W}$$

(2) 由已知数据求得

$$\beta_{FM} = \frac{K_F A_m}{f_m} = \frac{100\times3}{200\pi/(2\pi)} = 3$$

则最高边频次数 $n_{max} = 1 + \beta_{FM} = 4$，由卡森公式求得调频信号的带宽为

$$B_f \approx 2(1 + \beta_{FM})f_m = 2 \times (1 + 3) \times 100 = 800 \text{Hz}$$

在带宽范围内，只有载波分量和 $n = 1 \sim 4$ 的各次边频分量。查表得到

$$J_0(3) = -0.260, \quad J_1(3) = 0.339, \quad J_2(3) = 0.486, \quad J_3(3) = 0.309, \quad J_4(3) = 0.132$$

则载波分量的功率为

$$P_0 = \frac{1}{2}A^2 J_0^2(\beta_{FM}) = \frac{1}{2} \times 10^2 \times (-0.260)^2 = 3.38 \text{W}$$

边频分量的功率为

$$\begin{aligned}
P_f &= P_1 + P_2 + P_3 + P_4 \\
&= A_0^2 J_1^2(\beta_{FM}) + A_0^2 J_2^2(\beta_{FM}) + A_0^2 J_3^2(\beta_{FM}) + A_0^2 J_4^2(\beta_{FM}) \\
&= 10^2 \times (0.339^2 + 0.486^2 + 0.309^2 + 0.132^2) \\
&\approx 46.4 \text{W}
\end{aligned}$$

（3）当 $A_m = 5\text{V}$ 时，调频指数变为

$$\beta_{FM} = \frac{K_F A_m}{f_m} = \frac{100 \times 5}{200\pi/(2\pi)} = 5$$

则最高边频次数 $n_{max} = 1 + \beta_{FM} = 6$，由卡森公式求得调频信号的带宽为

$$B_f \approx 2(1 + \beta_{FM})f_m = 2 \times (1 + 5) \times 100 = 1200 \text{Hz}$$

在带宽范围内，只有载波分量和 $n = 1 \sim 6$ 的各次边频分量。查表得到

$$J_0(5) = -0.178, \quad J_1(5) = -0.328, \quad J_2(5) = 0.047, \quad J_3(5) = 0.365$$
$$J_4(5) = 0.391, \quad J_5(5) = 0.261, \quad J_6(5) = 0.131$$

则载波分量和边频分量的功率分别为

$$P_0 = \frac{1}{2} \times 10^2 \times (-0.178)^2 \approx 1.58 \text{W}$$

$$\begin{aligned}
P_f &= P_1 + P_2 + P_3 + P_4 + P_5 + P_6 \\
&= A_0^2 J_1^2(\beta_{FM}) + A_0^2 J_2^2(\beta_{FM}) + A_0^2 J_3^2(\beta_{FM}) + A_0^2 J_4^2(\beta_{FM}) \\
&= 10^2 \times [(-0.328)^2 + 0.047^2 + 0.365^2 + 0.391^2 + 0.261^2 + 0.131^2] \\
&\approx 48.12 \text{W}
\end{aligned}$$

3.2.3　调频信号的产生方法

根据上述基本原理，产生调频信号的方法一般有两种，即直接调频法和间接调频法。

1. 直接法调频

所谓直接法，就是用压控振荡器（Voltage Controlled Oscillator，VCO）直接实现频率调制。VCO 是一种电压/频率转换器件，在一定范围内，振荡器输出信号的频率与输入电压的大小成正比。因此，将基带信号作为 VCO 的控制电压，则其输出信号的频率也就随基带信号的幅度而线性变化。

利用 VCO 实现直接调频，线路简单，并且输出调频信号的频偏大。但是 VCO 输出调频信号的载频容易发生漂移。因此，实际系统中需要附加稳频电路，或者利用锁相环构成特殊的调频线路。下面着重介绍间接法调频的基本原理。

2. 间接法调频

所谓间接法调频,指的是利用调相器实现频率调制。具体原理是先利用调相器实现窄带调频,然后通过倍频和混频等方法变换得到宽带调频信号,因此这种方法又称为倍频法调频。图 3-22 所示为间接法调频的原理框图,其中主要包括窄带调频和倍频两个环节。

图 3-22 间接法调频的原理框图

1) 窄带调频

在间接法调频中,基带信号 $m(t)$ 首先通过积分器积分得到 $m^{-1}(t)$。$m^{-1}(t)$ 与晶体振荡器输出的高频载波 $c(t)$ 一起送入调相器。由于调相器的输入为基带信号的积分,因此对于原始基带信号 $m(t)$,调相器输出的是调频信号。

在实际系统中,为了减小调相失真,各种调相器对输出信号相位的变化范围都有一个限制,从而使这种方法输出的调频信号的最大频偏和调频指数都相应有所限制。也就是说,调相器的输出是窄带调频信号。

前面已经知道,在满足最大相移不超过 $\pi/6$ 时,NBFM 信号可以用式(3-27)近似表示。可以得到利用调相器产生 NBFM 信号的一种具体实现方法,其原理如图 3-23 所示。

图 3-23 窄带调频的原理示意图

2) 倍频

NBFM 信号的调频指数减小,抗噪声能力差,因此实际的调频系统中都采用宽带调频。为了获得 WBFM 信号输出,就必须增大调频信号的最大频偏和调频指数。因此,在图 3-23 中,调相器输出的 NBFM 信号再通过倍频器以提高调频指数,从而获得 WBFM 信号输出。

图 3-22 中的 n 倍频器一般用非线性器件实现,如用平方律器件实现 2 倍频。理想平方律器件的输入输出特性可以表示为 $y(t)=Kf^2(t)$。

当输入为调频信号时,有

$$f(t)=A\cos[\omega_c t + \varphi(t)]$$

则平方律器件的输出信号为

$$y(t)=KA\cos^2[\omega_c t + \varphi(t)]=\frac{KA}{2}+\frac{KA}{2}\cos[2\omega_c t + 2\varphi(t)]$$

等式右边第 1 项为直流分量,将其滤除后得到

$$\frac{KA}{2}\cos[2\omega_c t + 2\varphi(t)]$$

由此可见,平方律器件的输出仍然可以认为是一个调频信号,但其载波频率增大为 $2\omega_c$,相偏及其导数频偏也同时增大为原来的 2 倍。

例如,单频调制 FM 信号的时间表达式如式(3-21)所示,经过平方律器件 2 倍频后得到输出

$$y(t) = s_{FM}^2(t) = A^2 \cos^2(\omega_c t + \beta_{FM} \sin\omega_m t)$$

$$= \frac{A^2}{2} + \frac{A^2}{2}\cos(2\omega_c t + 2\beta_{FM}\sin\omega_m t)$$

滤除其中第 1 项直流分量后得到

$$\frac{A^2}{2}\cos(2\omega_c t + 2\beta_{FM}\sin\omega_m t) = A_1\cos(\omega_{c1} t + \beta_{FM1}\sin\omega_m t)$$

该表达式与单频调制 FM 信号具有相同的形式,可以认为表示的是一个新的调频信号,其中,$\omega_{c1} = 2\omega_c$ 和 $\beta_{FM1} = 2\beta_{FM}$ 分别为新调频信号的载波频率和调频指数,而基带信号的频率仍然保持为 ω_m。

由此可见,通过 2 倍频后,得到的仍然是调频信号,只是载波频率和调频指数都增大为原调频信号的 2 倍。由于基带信号的频率保持不变,因此最大频偏也增大为 2 倍。

根据上述原理,用 n 倍频器可以将调频信号的最大频偏、调频指数增大为原来的 n 倍。但是,载波频率也同时增大为原来的 n 倍。为了使输出调频信号的调频指数和载波分量可以分别单独调节,实际的间接法调频中还需要增加混频器,用于调节输出调频信号的载波频率。

3. 阿姆斯特朗法

混频器用于实现两个信号的频率加减运算,相当于实现信号频谱的搬移,但不改变信号的频谱结构。在前述间接法调频的基础上,将混频器和倍频器配合使用,以得到频偏和载波频率都可独立调节的宽带调频信号,这种产生调频信号的方法称为阿姆斯特朗法。

图 3-24 所示为阿姆斯特朗法调频的原理,其中 NBFM 是利用调相器实现窄带调频。NBFM 的输出 $s_{NBFM}(t)$ 首先通过 n_1 倍频器实现 n_1 倍频。由乘法器和带通滤波器 BPF 实现混频。设 $s_1(t)$ 和 $c_1(t)$ 的瞬时频率分别为 f_1 和 f_2,且 $f_1 > f_2$,则 $s_2(t)$ 的瞬时频率为 $f_1 + f_2$(和频)或 $f_1 - f_2$(差频),具体为和频还是差频由 BPF 的参数决定。$s_2(t)$ 再经过 n_2 倍频器,其输出即为所需的宽带调频信号。

图 3-24　阿姆斯特朗法调频的原理示意图

设 NBFM 调制器输出窄带调频信号的载波频率、最大频偏和调频指数分别为 f_0、Δf_0 和 β_0,则通过 n_1 倍频后得到 $s_1(t)$ 仍然为调频信号,且载波频率、最大频偏和调频指数分别变为 $n_1 f_0$、$n_1 \Delta f_0$ 和 $n_1 \beta_0$。混频器输出信号 $s_2(t)$ 的载波频率、最大频偏和调频指数分别

变为 $n_1 f_0 \pm f_2$、$n_1 \Delta f_0$ 和 $n_1 \beta_0$，则 n_2 倍频器输出宽带调频信号的载波频率 f_c、最大频偏 Δf 和调频指数 β 分别为

$$f_c = n_2(n_1 f_0 \pm f_2), \quad \Delta f = n_1 n_2 \Delta f_0, \quad \beta = n_1 n_2 \beta_0 \tag{3-37}$$

例 3-9 已知基带信号为频率 $f_m = 5\text{kHz}$、幅度 $A_m = 2\text{V}$ 的单频余弦信号，窄带调频信号的载频为 $f_0 = 10\text{kHz}$，频偏常数为 $K_F = 50\text{Hz/V}$。采用阿姆斯特朗法实现宽带调频，已知 $n_1 = 100$，混频器的参考频率 $f_2 = 1\text{MHz}$，混频后取和频。

（1）求窄带调频信号的调频指数 β_0。

（2）求 n_1 倍频输出宽带调频信号的调频指数 β_1 和载波频率 f_1。

（3）为使输出宽带调频信号的调频指数 $\beta = 100$，求 n_2。

（4）求输出宽带调频信号的载波频率 f_c。

解 （1）根据已知参数得到

$$\beta_0 = \frac{K_F A_m}{f_m} = \frac{50 \times 2}{5000} = 0.02$$

（2）通过 n_1 倍频后调频指数和载波频率同时增大为原来的 n_1 倍，则

$$\beta_1 = n_1 \beta_0 = 100 \times 0.02 = 2$$

$$f_1 = n_1 f_0 = 100 \times 10 \times 10^3 = 1\text{MHz}$$

（3）由 $\beta = n_2 \beta_1 = 100$ 求得

$$n_2 = \frac{\beta}{\beta_1} = \frac{100}{2} = 50$$

（4）$f_c = n_2(f_1 + f_2) = 50 \times (1+1) = 100\text{MHz}$

3.3 模拟调制系统的解调

已调信号通过信道传送到接收端后，在接收机中再用解调器从中提取出原始基带信号，这就是解调过程。对于不同的已调信号，由于其时域和频域具有不同的特点，因此要能正确恢复原始基带信号，所采用的解调方法不同。归纳起来，典型的解调方式可以分为相干解调和非相干解调两种。

3.3.1 相干解调

DSB、SSB 和 VSB 调制都属于线性调制，可以采用相干解调。如果 AM 的调幅指数大于 1，即工作在过调幅状态，也必须采用相干解调才能恢复基带信号。

1. 相干解调的基本原理

相干解调又称为同步检波，其基本原理如图 3-25 所示。图 3-25 中，$s_m(t)$ 为接收机中接收到的已调信号，$c(t)$ 为解调载波。已调信号与解调载波相乘后得到 $f(t)$，再通过低通滤波器（LPF），输出即为解调得到的基带信号 $m_o(t)$。

在相干解调中，为了正确还原原始基带信号，要求

图 3-25 相干解调的基本原理示意图

解调载波必须与发送端的调制载波完全同频同相,称为相干载波。前面介绍调制过程都是假设调制载波是频率为 ω_c、初始相位为 0 的高频余弦信号,因此这里解调载波也必须为频率为 ω_c、初始相位为 0 的高频余弦信号。

1)DSB 信号的相干解调

先从时域考虑。设基带信号为 $m(t)$,则 DSB 信号的时间表达式为

$$s_{DSB}(t) = m(t)\cos\omega_c t$$

将其与相干解调载波相乘后,得到输出

$$f(t) = s_{DSB}(t)c(t) = m(t)\cos^2\omega_c t$$
$$= \frac{1}{2}m(t) + \frac{1}{2}m(t)\cos 2\omega_c t$$

一般基带信号的带宽远小于载波频率 ω_c,因此等式右边第 2 项为高频分量,通过低通滤波器将其滤除后,得到输出

$$m_o(t) = \frac{1}{2}m(t) \tag{3-38}$$

由此可见,解调器输出信号 $m_o(t)$ 除了幅度为原来的一半以外,波形与发送端的基带信号 $m(t)$ 呈线性关系。这就说明输出信号完全决定于基带信号,从而正确实现了解调。

2)SSB 信号的相干解调

单边带信号的时域表达式如式(3-14)所示,将其送入图 3-24 所示的相干解调器,得到乘法器的输出为

$$f(t) = s_{SSB}(t)c(t)$$
$$= [m(t)\cos\omega_c t \pm \hat{m}(t)\sin\omega_c t]\cos\omega_c t$$
$$= \frac{1}{2}m(t)(1 + \cos 2\omega_c t) \pm \frac{1}{2}\hat{m}(t)\sin 2\omega_c t$$
$$= \frac{1}{2}m(t) + \frac{1}{2}m(t)\cos 2\omega_c t \pm \frac{1}{2}\hat{m}(t)\sin 2\omega_c t$$

等式右边的后两项为高频分量,将其用低通滤波器滤除后,得到输出为

$$m_o(t) = \frac{1}{2}m(t)$$

2. 相干解调过程的频域分析

前面以 DSB 和 SSB 为例,从时域分析了相干解调过程。这里以 DSB 为例,介绍相干解调过程的频域分析方法。

假设基带信号的频谱 $M(j\omega)$ 如图 3-26(a)所示,则对应的 DSB 已调信号的频谱 $S_{DSB}(j\omega)$ 如图 3-26(b)所示。

相干解调时,首先将 DSB 信号与相干载波相乘,因此在频域中也是频谱的搬移,乘法器输出信号 $f(t)$ 的频谱如图 3-26(c)所示。

图 3-26(c)中同时给出了低通滤波器的频率特性 $H(j\omega)$。显然,只要低通滤波器的截止频率 ω_0 满足 $\omega_m < \omega_0 < 2\omega_c - \omega_m$,则滤波器将使 $F(j\omega)$ 中位于 $2\omega_c$ 附近的高频分量全部滤除,只有位于零频附近的低频分量能够通过滤波器,得到输出信号的频谱 $M_o(j\omega)$。$M_o(j\omega)$ 除了幅度相差一半以外,频谱结构与 $M(j\omega)$ 完全相同。

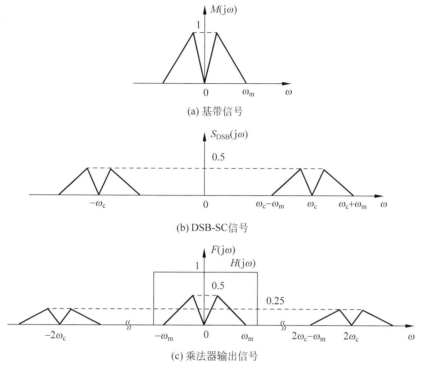

图 3-26　DSB 相干解调各点信号的频谱

对于 AM 信号,也可以采用相干解调。但是由于 AM 信号中含有载波分量,使解调器中利用乘法器将其实现频谱搬移后,在乘法器输出信号中除了有与基带信号相关的低频分量外,还含有直流分量。因此,乘法器的输出应该用带通滤波器,以便同时将直流分量滤除。

3.3.2　非相干解调

对于 AM 信号,当工作在欠调幅和满调幅状态时,其幅度包络与基带信号的幅度变化规律完全相同。因此,只要通过简单的包络检波提取出幅度包络,即可实现解调。对于 WBFM 信号,载波频率的变化与基带信号的幅度变化规律完全相同。因此,只要将载波频率的变化转化为幅度包络的变化,也可以采用包络检波实现解调。由于这种解调方式不需要相干载波,因此称为非相干解调。

1. AM 信号的非相干解调

为了提取出 AM 信号的幅度包络,可以采用包络检波器、平方律检波器等。其中,包络检波器线路简单,实现容易,广泛应用于早期的中波超外差式无线电接收机中。

采用包络检波器实现 AM 信号非相干解调的原理如图 3-27(a)所示。首先用包络检波器提取出 AM 信号的幅度包络,再用低通滤波器(LPF)对波形做进一步平滑处理,即可得到基带信号。

图 3-27(b)所示为包络检波器电路。D 为二极管,用于实现半波整流。当二极管断开时,电容 C 通过电阻 R 放电。当二极管导通时,输入 AM 信号对电容 C 充电,充电速度决定于 AM 信号的幅度包络的大小。通过不断充放电,在电容 C 和电阻 R 两端得到接近锯齿

形状的输出波形。该输出波形再通过低通滤波器,将其中的高频杂波滤除,得到平滑的输出信号,即为 AM 信号的幅度包络。电路中如果再增加隔直电容,将幅度包络中的直流分量滤除,即可恢复得到原始基带信号。

(a) 原理框图

(b) 实现电路　　　　(c) 各点信号波形

图 3-27　AM 信号的非相干解调

对于 DSB 和 SSB 信号,由于其幅度包络不能反映基带信号的幅度变化规律,因此不能直接采用这种包络检波。但是,如果在其中插入一个很大的载波,接收机接收到这种信号后,也可以采用包络检波非相干解调。这种另外插入的大载波称为导频信号。

2. 调频信号的非相干解调

宽带调频信号一般也只能采用非相干解调。实现调频信号非相干解调的部件通常称为鉴频器,通常由微分器和包络检波器构成,如图 3-28 所示。接收机接收到的调频信号 $s_{FM}(t)$ 首先通过限幅器将其转换为幅度恒定的调频信号,然后再送入鉴频器。

图 3-28　调频信号的非相干解调器

假设基带信号的波形如图 3-29(a)所示,对应的调频信号为

$$s_{FM}(t) = A_0 \cos\left[\omega_c t + K_F \int m(\tau) d\tau\right]$$

其波形如图 3-29(b)所示。通过微分器求导后得到输出为

$$f(t) = \frac{d}{dt} s_{FM}(t) = -A_0 [\omega_c + K_F m(t)] \sin\left[\omega_c t + K_F \int m(\tau) d\tau\right]$$

其幅度包络和瞬时角频率分别为

$$y(t) = A_0 [\omega_c + K_F m(t)]$$
$$\omega(t) = \omega_c + K_F m(t)$$

由此可见,微分器输出的信号 $f(t)$ 的幅度包络和瞬时角频率都随基带信号 $m(t)$ 线性变化。因此,$f(t)$ 为调幅调频信号,其中既有调幅,又有调频,其波形如图 3-29(c)所示。

当满足 $\omega_c \gg K_F m(t)$ 时,可以将 $f(t)$ 视为包络为 $y(t)$ 的 AM 信号。因此,通过包络检

波器提取出其包络,并滤除其中的直流成分 $A_0\omega_c$ 后,即得到解调输出

$$m_o(t) = K_d K_F m(t) \tag{3-39}$$

其中,K_d 为鉴频器的鉴频灵敏度。

(a) 基带信号

(b) 调频信号

(c) 微分器输出

图 3-29 FM 信号的非相干解调

3.4 模拟调制系统的抗噪声性能

前面介绍了模拟调制系统中典型的调制和解调,分析过程中都假设系统中没有噪声。实际的通信系统在传输信号时,不可避免地会受到噪声的影响。这里只考虑信道引入的噪声对接收端的影响,介绍前述各种模拟调制传输系统抗噪声性能的分析方法和重要结论。

3.4.1 抗噪声性能分析模型

为了分析传输系统的抗噪声性能,引入如图 3-30 所示的分析模型。加法器用于代表传输信道,带通滤波器 BPF 和解调器合起来代表接收机。

图 3-30 抗噪声性能分析模型

这里假设信道的频率特性是理想的,即发送端送来的已调信号在通过信道传输的过程中没有失真,只是幅度上可能会有衰减,时间上可能会有延迟。此外,信道会引入加性高斯白噪声 $n(t)$,与有用信号 $s(t)$ 叠加在一起后送入接收机。

接收机中的带通滤波器用于选择需要接收的信号,同时会对信道引入的噪声有一定的过滤作用。经过滤波后的信号和噪声一起送入解调器,作为解调器的输入信号 $s_i(t)$ 和输入噪声 $n_i(t)$。显然,解调器对输入的有用信号和噪声进行同样的变换处理,得到解调输出中也同时含有有用信号 $s_o(t)$ 和噪声 $n_o(t)$。

根据上述分析模型和接收解调过程,可以定义抗噪声性能分析过程中常用的 3 个参数,即输入信噪比、输出信噪比和信噪比增益。

1. 输入信噪比

在分析模型中,带通滤波器(BPF)应该让有用信号无失真地通过,因此可以认为解调器输入有用信号 $s_i(t)$ 等于接收机接收到的有用信号 $s(t)$。

另外,BPF 也可以起到滤除部分噪声的作用。由于实际系统中调制和解调载波的频率一般都远大于基带信号和已调信号的带宽,因此,BPF 的带宽远小于其中心频率,则高斯白噪声 $n(t)$ 通过 BPF 后变为窄带高斯白噪声 $n_i(t)$。

输入信噪比 $\mathrm{SNR_i}$ 定义为解调器输入端有用信号 $s_i(t)$ 和噪声 $n_i(t)$ 的平均功率之比。假设有用信号和噪声的平均功率分别用 S_i 和 N_i 表示,则 $\mathrm{SNR_i} = S_i/N_i$。

输入信噪比反映了通信系统发送端到接收端之间传输的条件和环境,或者说接收机接收条件的恶劣程度。例如,发送端发送的有用信号功率越大,信道传输过程中对有用信号的衰减越小,信道引入噪声的强度越小,则解调器输入端有用信号的平均功率 S_i 越大,噪声的平均功率 N_i 越小,$\mathrm{SNR_i}$ 也就越大。

2. 输出信噪比

BPF 输出的已调信号 $s_i(t)$ 和窄带高斯白噪声 $n_i(t)$ 一起送入解调器,经过解调后,在输出端也将同时含有有用信号和噪声。显然,用户希望解调输出信号中有用信号的功率越大越好,而噪声的功率越小越好。

输出信噪比 $\mathrm{SNR_o}$ 定义为解调器输出端有用信号 $s_o(t)$ 的平均功率 S_o 和噪声 $n_o(t)$ 的平均功率 N_o 之比,即 $\mathrm{SNR_o} = S_o/N_o$。输出信噪比不仅取决于调制解调方式,还与接收机输入端引入的信号和噪声的强弱有关。

3. 信噪比增益

对于不同的解调器,在相同的输入信噪比下,输出信噪比也不一样。为了比较各种调制方式解调器的抗噪声性能,引入信噪比增益,又称为调制制度增益,其定义为解调器输出信噪比与输入信噪比的比值,即

$$G = \frac{\mathrm{SNR_o}}{\mathrm{SNR_i}} = \frac{S_o/N_o}{S_i/N_i} \tag{3-40}$$

信噪比增益 G 的物理含义是解调器对信噪比的改善程度。如果 $G>1$,则意味着信号和噪声通过解调器时,有用信号相对于噪声的功率得到放大和提高;反之,如果 $G<1$,则表示通过解调后,有用信号相对于噪声的功率减小了,这当然是不希望的。

在以上各定义中,输入信噪比和输出信噪比都是信号和噪声功率实际数值之间的关系。实际应用中,功率很多时候用分贝值表示,则相应的输入/输出信噪比和信噪比增益也都可以用分贝值表示。显然,此时有

$$\mathrm{SNR_{i,dB}} = 10\lg\frac{S_i}{N_i} = 10\lg S_i - 10\lg N_i$$

$$\mathrm{SNR_{o,dB}} = 10\lg\frac{S_o}{N_o} = 10\lg S_o - 10\lg N_o$$

$$G_{dB} = 10\lg\frac{\mathrm{SNR_o}}{\mathrm{SNR_i}} = \mathrm{SNR_{o,dB}} - \mathrm{SNR_{i,dB}}$$

3.4.2 输入信噪比的计算

输入信噪比指的是解调器输入端有用信号和噪声功率之比。这里首先分析各种调制解调方式下解调器输入端的噪声和有用信号及其功率,并进一步求出相应的输入信噪比。

1. 输入噪声的平均功率

假设信道引入加性高斯白噪声 $n(t)$ 的单边功率谱密度为 n_0,相应的双边功率谱密度为 $n_0/2$,其功率谱如图 3-31(a)所示。高斯白噪声通过带通滤波器 BPF 后变为窄带高斯白噪声 $n_i(t)$,其功率谱如图 3-31(b)所示。由此求得解调器输入端噪声的平均功率为

$$N_i = \frac{1}{2\pi}\int_{-\infty}^{\infty} P_{ni}(\omega)\mathrm{d}\omega = \frac{1}{2\pi}n_0 W = n_0 B \tag{3-41}$$

其中,B 为带通滤波器的带宽,$W = 2\pi B$。

(a) 高斯白噪声

(b) 窄带高斯白噪声

图 3-31 高斯白噪声及窄带高斯白噪声的功率谱

BPF 的带宽必须保证有用信号能全部通过,因此 B 的具体取值取决于接收已调信号的类型。假设基带信号的最高频率都为 f_m,则对于 AM 和 DSB 信号,$B = 2f_m$;对于 SSB 信号,$B = f_m$;对于 FM 信号,$B = 2(1 + \beta_{FM})f_m$。由此得到对各种已调信号进行解调器,解调器输入端噪声的平均功率分别为

$$N_{iAM} = N_{iDSB} = N_{iNBFM} = 2n_0 f_m \tag{3-42}$$

$$N_{iSSB} = n_0 f_m \tag{3-43}$$

$$N_{iFM} = n_0 2(1 + \beta_{FM})f_m = 2n_0(1 + \beta_{FM})f_m \tag{3-44}$$

2. 输入信号的平均功率

设基带信号为 $m(t)$,根据前面得到的各种已调信号时间表达式和频谱,可以分别在时

域或频域求出解调器输入端有用信号的平均功率。前面介绍了单频调制 AM 信号平均功率的频域求解方法,这里介绍任意基带信号作用下 AM 信号平均功率的时域求解方法。

AM 信号的时间表达式为

$$s_{\mathrm{AM}}(t) = [m(t) + A_0]\cos\omega_c t$$

其平均功率为

$$\begin{aligned}
S_{\mathrm{iAM}} = \overline{s_{\mathrm{AM}}^2(t)} &= \overline{[m(t)+A_0]^2\cos^2\omega_c t} \\
&= \overline{\frac{1}{2}[m(t)+A_0]^2(1+\cos 2\omega_c t)} \\
&= \frac{1}{2}A_0^2 + \frac{1}{2}\overline{m^2(t)}
\end{aligned} \tag{3-45}$$

其中,$\overline{m^2(t)}$ 为基带信号 $m(t)$ 的平均功率。

同理,可以求得 DSB 和 SSB 信号的平均功率分别为

$$S_{\mathrm{iDSB}} = \overline{s_{\mathrm{DSB}}^2(t)} = \overline{[m(t)\cos\omega_c t]^2} = \frac{1}{2}\overline{m^2(t)} \tag{3-46}$$

$$S_{\mathrm{iSSB}} = \overline{s_{\mathrm{SSB}}^2(t)} = \overline{[m(t)\cos\omega_c t \pm \hat{m}(t)\sin\omega_c t]^2} = \overline{m^2(t)} \tag{3-47}$$

如果假设基带信号的平均功率相同,注意到根据式(3-46)和式(3-47)得到的 DSB 信号的平均功率是 SSB 信号的一半。

对于调频信号,由于载波幅度恒定为 A,因此其平均功率为

$$S_{\mathrm{iFM}} = \frac{1}{2}A^2 \tag{3-48}$$

3. 输入信噪比

前面求出了各种已调信号的平均功率和解调器输入噪声的平均功率,根据输入信噪比的定义即可得到解调器输入信噪比。例如,DSB 调制传输时解调器的输入信噪比为

$$\mathrm{SNR}_{\mathrm{i}} = \frac{S_{\mathrm{iDSB}}}{N_{\mathrm{iDSB}}} = \frac{\frac{1}{2}\overline{m^2(t)}}{2n_0 f_{\mathrm{m}}} = \frac{\overline{m^2(t)}}{4n_0 f_{\mathrm{m}}}$$

而 FM 调制传输解调器的输入信噪比为

$$\mathrm{SNR}_{\mathrm{i}} = \frac{S_{\mathrm{iFM}}}{N_{\mathrm{iFM}}} = \frac{\frac{1}{2}A^2}{2n_0(1+\beta_{\mathrm{FM}})f_{\mathrm{m}}} = \frac{A^2}{4n_0(1+\beta_{\mathrm{FM}})f_{\mathrm{m}}}$$

3.4.3 输出信噪比和信噪比增益

为了分析输出信号和噪声的平均功率,进一步求出解调器的输出信噪比和信噪比增益,需要分析混有噪声时解调器的解调过程以及输出信号和噪声。这里以 DSB 相干解调为例,介绍分析方法。

1. 考虑噪声时的解调过程

考虑到噪声时,DSB 相干解调器的分析模型如图 3-32 所示。

假设信道在传输过程中对信号没有衰减,则解调器输入端的 DSB 信号仍然可以表示为

图 3-32 DSB 相干解调抗噪声性能的分析模型

$$s_i(t) = m(t)\cos\omega_c t$$

而窄带高斯白噪声的时间表达式为

$$n_i(t) = n_I(t)\cos\omega_0 t - n_Q(t)\sin\omega_0 t$$

其中，ω_0 为带通滤波器 BPF 的中心频率。对于 DSB 信号，有 $\omega_0 = \omega_c$，则

$$n_i(t) = n_I(t)\cos\omega_c t - n_Q(t)\sin\omega_c t$$

上述信号和噪声叠加后再与相干解调载波 $c(t)$ 相乘，得到输出

$$f(t) = [s_i(t) + n_i(t)]\cos\omega_c t$$

$$= [m(t)\cos\omega_c t + n_I(t)\cos\omega_c t - n_Q(t)\sin\omega_c t]\cos\omega_c t$$

$$= \frac{1}{2}m(t) + \frac{1}{2}m(t)\cos2\omega_c t + \frac{1}{2}n_I(t) + \frac{1}{2}n_I(t)\cos2\omega_c t - \frac{1}{2}n_Q(t)\sin2\omega_c t \quad (3\text{-}49)$$

通过低通滤波器(LPF)将式(3-49)中 $2\omega_c$ 的分量滤除，得到输出为

$$s_o(t) + n_o(t) = \frac{1}{2}m(t) + \frac{1}{2}n_I(t) \quad (3\text{-}50)$$

式(3-50)右边第 1 项与基带信号成正比关系，第 2 项只与窄带噪声中的同相分量有关，因此两项分别代表解调输出的有用信号和噪声。

2. 输出信噪比和信噪比增益

根据式(3-50)，可以求得 DSB 相干解调输出有用信号和噪声的平均功率分别为

$$S_o = \overline{s_o^2(t)} = \frac{1}{4}\overline{m^2(t)} \quad (3\text{-}51)$$

$$N_o = \overline{n_o^2(t)} = \frac{1}{4}\overline{n_I^2(t)} = \frac{1}{4}n_0 B = \frac{1}{2}n_0 f_m \quad (3\text{-}52)$$

则输出信噪比和信噪比增益分别为

$$\mathrm{SNR_o} = \frac{S_o}{N_o} = \frac{\frac{1}{4}\overline{m^2(t)}}{\frac{1}{2}n_0 f_m} = \frac{\overline{m^2(t)}}{2n_0 f_m} \quad (3\text{-}53)$$

$$G = \frac{\mathrm{SNR_o}}{\mathrm{SNR_i}} = \frac{\overline{m^2(t)}/(2n_0 f_m)}{\overline{m^2(t)}/(4n_0 f_m)} = 2 \quad (3\text{-}54)$$

表 3-1 总结了各种模拟调制传输系统解调器的输入输出信噪比和信噪比增益。对上述结论做以下几点说明。

(1) 由表 3-1 可知，DSB 相干解调和 SSB 相干解调的信噪比增益是 2 倍关系，但这并不能说明 DSB 的抗噪声性能优于 SSB 相干解调。因为上述结论是在 DSB 和 SSB 输入信号功率不同的情况下得到的。如果输入信号的功率相同，通过分析可知两种传输方式的输出信

噪比完全相同。也就是说，DSB 和 SSB 相干解调具有相同的抗噪声性能。

表 3-1　各种调制解调方式的抗噪声性能

调制解调方式	$\mathrm{SNR_i}$	$\mathrm{SNR_o}$	G
DSB 相干解调	$\dfrac{\overline{m^2(t)}}{4n_0 f_{\mathrm{m}}}$	$\dfrac{\overline{m^2(t)}}{2n_0 f_{\mathrm{m}}}$	2
SSB 相干解调	$\dfrac{\overline{m^2(t)}}{n_0 f_{\mathrm{m}}}$	$\dfrac{\overline{m^2(t)}}{n_0 f_{\mathrm{m}}}$	1
NBFM 相干解调	$\dfrac{A_0^2}{4n_0 f_{\mathrm{m}}}$	$\dfrac{3A_0^2 K_{\mathrm{F}}^2 \overline{m^2(t)}}{8n_0 \pi^2 f_{\mathrm{m}}^3}$	$\dfrac{3K_{\mathrm{F}}^2 \overline{m^2(t)}}{2n_0 \pi^2 f_{\mathrm{m}}^2}$
AM 非相干解调	$\dfrac{A_0^2 + \overline{m^2(t)}}{4n_0 f_{\mathrm{m}}}$	$\dfrac{\overline{m^2(t)}}{2n_0 f_{\mathrm{m}}}$	$\dfrac{2\overline{m^2(t)}}{A_0^2 + \overline{m^2(t)}}$
WBFM 非相干解调	$\dfrac{A^2}{4n_0(1+\beta_{\mathrm{FM}})f_{\mathrm{m}}}$	$\dfrac{3A^2 K_{\mathrm{F}}^2 \overline{m^2(t)}}{8\pi^2 n_0 f_{\mathrm{m}}^3}$	$\dfrac{3K_{\mathrm{F}}^2 \overline{m^2(t)}}{2\pi^2 f_{\mathrm{m}}^2}(1+\beta_{\mathrm{FM}})$

例 3-10　已知接收机接收到的已调信号功率为 1mW，基带信号的带宽为 2kHz，信道噪声双边功率谱密度为 1nW/Hz。当已调信号分别为 DSB 和 SSB 信号时，求相干解调时的输出信噪比。

解　当已调信号为 DSB 信号时，带宽 $B = 2 \times 2 = 4\text{kHz}$，则输入噪声功率为

$$N_{\mathrm{i}} = n_0 B = 2 \times 10^{-9} \times 4 \times 10^3 = 8 \times 10^{-6}\,\mathrm{W}$$

输入信噪比为

$$\mathrm{SNR_i} = \frac{S_{\mathrm{i}}}{N_{\mathrm{i}}} = \frac{1 \times 10^{-3}}{8 \times 10^{-6}} = 125$$

则输出信噪比为

$$\mathrm{SNR_o} = G_{\mathrm{DSB}} \times \mathrm{SNR_i} = 2 \times 125 = 250$$

当已调信号为 SSB 信号时，带宽 $B = 2\text{kHz}$，则输入噪声功率为

$$N_{\mathrm{i}} = n_0 B = 2 \times 10^{-9} \times 2 \times 10^3 = 4 \times 10^{-6}\,\mathrm{W}$$

输入信噪比为

$$\mathrm{SNR_i} = \frac{S_{\mathrm{i}}}{N_{\mathrm{i}}} = \frac{1 \times 10^{-3}}{4 \times 10^{-6}} = 250$$

输出信噪比为

$$\mathrm{SNR_o} = G_{\mathrm{SSB}} \times \mathrm{SNR_i} = 1 \times 250 = 250$$

（2）对于常规调幅 AM 信号的非相干解调，由于实际系统中总有 $A_0 > |m(t)|_{\max}$，因此 G 总是小于 1。以单频调制为例，设基带信号的幅度为 A_{m}，则基带信号的平均功率为

$$\overline{m^2(t)} = \frac{A_{\mathrm{m}}^2}{2}$$

信噪比增益为

$$G = \frac{2\overline{m^2(t)}}{A_0^2 + \overline{m^2(t)}} = \frac{2 \times \dfrac{A_{\mathrm{m}}^2}{2}}{A_0^2 + \dfrac{A_{\mathrm{m}}^2}{2}} = \frac{2A_{\mathrm{m}}^2}{2A_0^2 + A_{\mathrm{m}}^2} = \frac{2\beta_{\mathrm{AM}}^2}{2 + \beta_{\mathrm{AM}}^2} \tag{3-55}$$

对于欠调幅和满调幅,调幅指数不可超过 1,则由式(3-55)可知信噪比增益不超过 2/3。这就意味着通过解调,信噪比没有得到改善,所以 AM 调制传输系统的抗噪声性能是比较差的。

例 3-11 参数同例 3-10,当已调信号为满调幅 AM 信号时,求非相干解调时的输出信噪比。

解 输入噪声功率为
$$N_i = n_0 B = 2 \times 10^{-9} \times 4 \times 10^3 = 8 \times 10^{-6} \, \text{W}$$

则输入信噪比为
$$\text{SNR}_i = \frac{S_i}{N_i} = \frac{1 \times 10^{-3}}{8 \times 10^{-6}} = 125$$

对于满调幅 AM 传输,信噪比增益为
$$G_{\text{AM}} = \frac{2 \times 1}{2 + 1} = \frac{2}{3}$$

则输出信噪比为
$$\text{SNR}_o = G_{\text{AM}} \times \text{SNR}_i = \frac{2}{3} \times 125 = \frac{250}{3}$$

(3)对于单频调制宽带调频非相干解调,可以求得信噪比增益近似为
$$G_{\text{FM}} \approx 3(\beta_{\text{FM}} + 1)\beta_{\text{FM}}^2 \tag{3-56}$$

当调频指数远大于 1 时,得到
$$G_{\text{FM}} \approx 3\beta_{\text{FM}}^3 \tag{3-57}$$

由此可见,调频系统的抗噪声性能与调频指数有关,或者说,调频系统可以通过增大调频指数来获得比较高的抗噪声性能,而 DSB 和 SSB 调制传输时的信噪比增益是恒定不变的常数,AM 调制传输的信噪比增益与基带信号的幅度和平均功率有关。

另外,调频系统的带宽也取决于调频指数,当调频指数 $\beta_{\text{FM}} \gg 1$ 时,带宽近似为 $B \approx 2\beta_{\text{FM}} f_{\text{m}}$。因此,当调频指数增大时,带宽也随之增大,有效性下降。因此,调频系统可以通过增大带宽获取抗噪声性能,即可靠性的提高。

例 3-12 已知基带信号为 4kHz 的单频余弦信号,发送端发射已调信号的功率为 2.4kW,信道噪声单边功率谱密度为 5nW/Hz,信道损耗为 50dB。当调频指数分别为 5 和 10 时,比较传输带宽和输出信噪比。

解 当 $\beta_{\text{FM}} = 5$ 时,带宽为
$$B = 2(1 + \beta_{\text{FM}})f_{\text{m}} = 2 \times (1 + 5) \times 4 = 48 \text{kHz}$$

输入信噪比为
$$\text{SNR}_i = \frac{S_i}{N_i} = \frac{2.4 \times 10^3 / 10^{50/10}}{5 \times 10^{-9} \times 48 \times 10^3} = 100 = 20 \text{dB}$$

信噪比增益为
$$G_{\text{FM}} \approx 3\beta_{\text{FM}}^3 = 3 \times 5^3 = 375$$

则输出信噪比为
$$\text{SNR}_o = G_{\text{FM}} \times \text{SNR}_i = 375 \times 100 = 37500 \approx 45.7 \text{dB}$$

当调频指数 $\beta_{\text{FM}} = 10$ 时,带宽为

$$B = 2(1 + \beta_{\text{FM}})f_{\text{m}} = 2 \times (1 + 10) \times 4 = 88\text{kHz}$$

输入信噪比为

$$\text{SNR}_{\text{i}} = \frac{S_{\text{i}}}{N_{\text{i}}} = \frac{2.4 \times 10^3 / 10^{50/10}}{5 \times 10^{-9} \times 88 \times 10^3} \approx 54.5 \approx 17.4\text{dB}$$

信噪比增益为

$$G_{\text{FM}} \approx 3\beta_{\text{FM}}^3 = 3 \times 10^3 = 3000$$

则输出信噪比为

$$\text{SNR}_{\text{o}} = G_{\text{FM}} \times \text{SNR}_{\text{i}} = 3000 \times 54.5 \approx 52.1\text{dB}$$

（4）表 3-1 中两种非相干解调方式的信噪比增益是在输入信噪比比较大的情况下得到的。当接收条件较差，输入信噪比 SNR_{i} 较小时，输出信噪比将急剧下降，这种现象称为门限效应。所有的非相干解调都将出现门限效应，而所有的相干解调器都不存在这个问题。

3.5　模拟调制应用举例

前面介绍了模拟通信系统中常用的幅度调制和频率调制、相干和非相干解调的基本原理。各种调制解调方式具有不同的有效性和可靠性，其中单边带调制传输所需的带宽最小，具有最好的有效性。调频传输所需的带宽大，有效性差，但解调器的信噪比增益高，具有很强的抗噪声性能。

在各种模拟通信系统中，需要根据实际系统对传输有效性和可靠性的具体要求，基于上述性能特点，合理地选择一种调制传输方式。本节对上述各种调制解调传输方式的一些典型应用做一个概括介绍。

3.5.1　频分复用

频分复用（Frequency Division Multiplexing，FDM）是根据调制的基本原理，利用同一个信道实现多路信号互不干扰地同时传输的一种技术。

频分复用的基本原理是利用调制技术，将需要传输的各路基带信号频谱搬移到不同的载波频率附近，分别占据信道的不同频段范围实现传输。在接收端只需要用中心频率不同的带通滤波器即可将各路信号分开，从而只接收指定的一路信号。

图 3-33 所示为频分复用的基本原理。n 路基带信号在发送端首先经过低通滤波器 LPF 进行低通，将其带宽限定在指定频带范围内。限带以后的基带信号分别对不同频率的载波进行调制，因此各路信号的频谱被搬移到不同的频段。调制器输出的各路已调信号再由带通滤波器 BPF 进一步限带，混合在一起后送到同一个信道中进行传输。

由于复用以后的信号中，各路信号分别占据不同的频段。因此，在接收端，用 BPF 即可将接收到的多路混合信号分开，并送到各自的解调器进行解调，最后由低通滤波器 LPF 滤波还原出对应的基带信号。

FDM 最典型的应用是载波电话，利用同一条电话线同时传输多路电话语音信号。在载波电话通信系统中，各路基带语音信号一般采用单边带调制，每路电话信号的频带限制在 $300 \sim 3400\text{Hz}$。此外，各路信号之间还留有一定的防护频带，总带宽为 4kHz。

在实际系统中，为了获得更高的频带利用率，通过同一条信道能够传输更多路信号，一般采用多级复用的层次结构。首先由 12 路电话复用为一个基群,再由 5 个基群复用为一个超群,10 个超群复用为一个主群。因此,一个主群包含 600 路语音信号。如果需要传输更多路信号,可以将主群再进行复用,组成巨群。

图 3-33 频分复用的原理示意图

图 3-34 所示为多路载波电话系统基群信号的频谱结构。由于每路电话信号的带宽为 4kHz,因此 12 路复用得到基群信号总的频带宽度为 48kHz。复用过程中假设每路信号采用下边带调制,因此对第 n 路信号调制所用的载波频率为 $64+4(n-1)$kHz。复用信号总的频带范围为 $60\sim108$kHz。

图 3-34 多路载波电话系统基群信号的频谱结构

FDM 技术主要用于模拟通信系统,其主要优点是信道利用率高、技术成熟,但是实现 FDM 的设备复杂,滤波器难以制作,在调制解调和传输过程中的非线性失真会导致各路信号之间的相互干扰。

3.5.2 广播电视通信系统

传统的调幅广播一般采用 AM,根据所用的波段分为中波广播和短波广播两种。中波广播的载频为 $535\sim1605$kHz,短波广播的载频为 $3.9\sim18$MHz。在调幅广播中,调制信号的最高频率取 4.5kHz,载频间隔为 9kHz。

广播电视系统中的电视信号是由图像信号和伴音信号经过不同的调制组合而成的,其频谱如图 3-35 所示。其中图像信号是 $0\sim6$MHz 的宽带视频信号,大多采用残留边带调制。为了便于接收机采用包络检波非相干解调,在已调信号中插入很强的图像载波一起传输。伴音信号的最高频率取 15kHz,一般采用最大频偏为 50kHz 的宽带调频,

图 3-35 电视信号的频谱

因此,调频指数为 10/3,伴音信号的带宽近似为 130kHz。图像信号和伴音信号的调制载波频率相差 6.5MHz。合成的电视信号总带宽取 8MHz。

广播电视通信包括地面广播电视和卫星直播电视。由电视塔发射的电视节目称为地面广播电视。在卫星直播电视中,将上述图形信号再采用调频方式传输,最大频偏为 7MHz。卫星广播电视中的伴音信号可以采用不同调制方式实现单路或多路伴音传输,合成的电视信号总带宽为 27MHz。与地面广播电视相比,卫星直播电视以较小的功率实现了更广泛区域的传输,发射功率一般在 10kW 以上,服务半径约为 100km。

3.5.3　调频立体声广播

调频广播包括单声道调频广播和调频立体声广播。在单声道调频广播中,基带信号的最高频率为 15kHz,最大频偏为 75kHz,所以单声道调频信号带宽为 180kHz,各电台之间的频率间隔取 200kHz。

在双声道调频立体声广播中,左(L)、右(R)声道信号的最高频率仍然为 15kHz,两个声道的信号相加减,分别得到和信号 L+R 和差信号 L−R。之后,对差信号进行双边带调制,调制载波频率为 38kHz。经过调制后的差信号与和信号进行频分复用,得到调频立体声信号的频谱如图 3-36 所示。

图 3-36　调频立体声信号的频谱

经过上述复用得到的调频立体声基带信号,再进行调频后送到信道传输。频率调制时的载波频率为 87～108MHz。接收端接收到已调信号后,利用解调器(鉴频器)恢复出上述立体声基带信号,再利用相关电路分离得到左、右声道信号。

3.6　模拟调制解调过程的 MATLAB 仿真

根据本章所述各种调制和解调的基本原理和数学模型,在 MATLAB 中可以通过编程实现调制解调过程的仿真分析,也可以利用 Simulink 库中所提供的基本模块,搭建调制器和解调器的仿真模型,再对其进行仿真分析。

3.6.1　MATLAB 编程仿真

视频讲解

下面举例说明如何编制 MATLAB 程序实现调制解调过程的仿真分析。

例 3-13　编程仿真 AM 系统。其中,基带信号 $m(t)=2\cos 2000\pi t$,载波频率 $f_c=$ 10kHz,直流偏移 $A_0=3$V。

MATLAB 程序如下。

```
fm = 1e3;fc = 10e3;A0 = 3;              % 基带信号频率,载波频率,直流偏移
Fs = 10 * fc;h = 1/Fs;                  % 采样频率,仿真步长
T = 10/fm;                              % 仿真运行时间
t = 0:h:T
% ========================================
% 基带信号的产生及调制
% ========================================
m = 2 * cos(2 * pi * fm * t);           % 基带信号
c = cos(2 * pi * fc * t);               % 载波
s = (A0 + m). * c;                       % AM 信号
subplot(311);plot(t,m,'-- r',t,c,'k');
legend('基带信号','载波');grid on
subplot(312);plot(t,s,'k');
legend('AM 信号');grid on
% =============== 解调 ====================
x = s. * c;                              % 相乘
[b,a] = butter(2,[2 * pi * 200,2 * pi * fm]/Fs/pi)
y = filter(b,a,x);                       % 滤波
subplot(313);plot(t,y,'r');
xlabel('时间/s');
legend('相干解调输出');grid on
```

程序运行结果如图 3-37 所示。

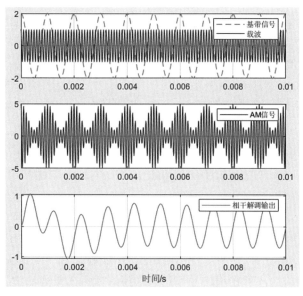

图 3-37　例 3-13 程序运行结果

在上述程序中,设置采样频率为 10 倍载波频率,满足采样定理。另外,设置仿真运行时间为基带信号周期($1/f_m$)的 20 倍,因此运行后,将绘制出 20 个周期的基带信号及对应的 AM 信号波形。

在上述程序中,产生的基带信号和载波信号分别用 m 和 c 表示,之后用数组加和数组乘得到 AM 信号。

在程序中的解调部分,对前面产生的 AM 信号进行相干解调。根据相干解调的原理,首先将 s 中保存的 AM 信号与载波 c 相乘,得到 x 后再进行滤波。程序中调用 butter() 函数产生一个二阶数字带通滤波器,其通带上截止频率等于基带信号频率,下截止频率为200Hz。之所以采用带通滤波器而不是低通滤波器,是为了将信号中的直流分量滤除。

在得到滤波器后,程序中调用 filter() 函数,根据 butter() 函数返回的滤波器系数 b 和 a 构造滤波器,并对相乘结果 x 进行滤波,从而得到解调输出基带信号。注意到在解调输出波形的起始段,输出并不是期望的基带信号波形,这是由滤波器的过渡过程引起的。

视频讲解

3.6.2　Simulink 模型仿真

各种调制解调过程都可以分解为一些基本运算。从建模的角度,利用 Simulink 库中提供的基本模块,可以根据这些基本运算自行搭建调制器和解调器的仿真模型,对其进行仿真分析。下面举例说明。

例 3-14　利用 Simulink 基本模块搭建如图 3-38 所示的仿真模型,对 DSB 调制解调过程进行仿真,并测量输入输出信噪比。

图 3-38　例 3-14 仿真模型

（1）DSB 信号的产生和解调。

仿真模型中,利用乘法器模块实现 DSB 调制。其中,基带信号为幅度为 1、频率为100Hz 的单频正弦信号,载波频率为 800Hz。

两个 BPF 子系统内部都由一个 Zero-Order Hold 模块和一个 Bandpass Filter 模块构成,如图 3-39(a)所示。送入的已调信号经过采样保持后送入带通滤波器。其中零阶保持器模块的 Sample time 参数设为 1e-4,带通滤波器必须是 FIR 滤波器,通带范围为 700~900Hz,等于 DSB 信号的带宽范围。

DSB 信号一方面直接送入 BPF 子系统 1;另一方面通过 AWGN 模块叠加噪声后再送入 BPF 子系统。因此,两个子系统的输出分别是混有噪声的 DSB 信号和没有噪声的 DSB 信号。以上两种信号分别送入解调子系统,解调输出分别得到混有噪声的基带信号和纯净的基带信号。

两个解调子系统实现 DSB 信号的相干解调,其内部结构完全相同,如图 3-39(b)所示。其中,Lowpass Filter 必须是 FIR 滤波器,通带和阻带截止频率分别设为 100Hz 和 120Hz。

(a) 带通滤波器子系统

(b) 解调子系统

图 3-39 子系统内部结构

设置 AWGN Channel 模块的 SNR 参数为 10dB,Input signal power 参数为 0.25W,等于输入 DSB 信号的功率。仿真运行后,得到各点信号波形如图 3-40 所示。

图 3-40 解调器输入输出信号的时间波形

(2) 信噪比的测量。

仿真模型中下面的两个子系统分别实现解调器输入输出信噪比的测量。两个子系统内部结构相同,如图 3-41 所示。其中,在子系统的仿真模型中,混有噪声的信号与纯净的 DSB 信号或解调输出纯净的基带信号送入子系统,相减后得到噪声,分别送到上、下两个支路,实现噪声和有用信号功率的测量。测量得到的有用信号和噪声功率相除,得到信噪比。

图 3-41 信噪比测量子系统

设置 AWGN Channel 模块的 SNR 参数为 10dB。仿真运行后,在顶层模型的 Dispaly 模块上显示出解调器输入信噪比和输出信噪比分别近似为 183.5 和 387.1。注意这里显示的信噪比没有转换为分贝值。

视频讲解

3.6.3 Simulink中的调制解调模块

在 Communications Toolbox/Modulation 模块库中提供了 3 类调制解调模块,分别位于 Analog Passband Modulation(模拟带通调制)、Analog Baseband Modulation(模拟基带调制)和 Digital Baseband Modulation(数字基带调制)3 个子库中。这里首先解释带通调制和基带调制的概念,再分别介绍模拟带通调制解调模块和模拟基带调制解调模块及其用法。

1. 带通调制和基带调制

在 MATLAB 和 Simulink 通信工具箱提供的各种调制解调模块中,有两种调制方式,即带通调制(Passband Modulation)和基带调制(Baseband Modulation)。

1) 带通调制

在带通调制中,各种调制方式得到的已调信号都用前面介绍的方式进行描述。这些已调信号都是频谱位于载波频率附近的高频信号,又称为射频信号。而调制解调过程中的基带信号频率都是远低于载波频率的低频信号。

在用 MATLAB 和 Simulink 对调制解调过程进行仿真分析时,为了能正确计算得到所有信号的波形数据,并据此正确绘制所有的波形,必须根据所有信号中的最高频率确定合适的采样速率和仿真步长。根据采样定理,采样速率必须至少取为所有信号中最高频率的 2 倍。因此,如果对这样的带通已调信号直接进行采样和仿真分析,采样速率将至少取为载波频率的 2 倍,甚至更高,这样将极大降低仿真效率。

2) 基带调制

这里以模拟调频信号为例,介绍 MATLAB 中基带调制和解调的概念和基本原理。

根据前面的介绍,调频信号的时间表达式为

$$s(t) = A\cos\left(2\pi f_c t + 2\pi K_{FM}\int m(\tau)\mathrm{d}\tau\right) = A\cos[2\pi f_c t + \varphi(t)] \tag{3-58}$$

其中,$\varphi(t) = 2\pi K_{FM}\int m(\tau)\mathrm{d}\tau$ 与基带信号 $m(t)$ 的积分成正比,称为相位偏移;A 为载波幅度;f_c 为未调载波频率;K_{FM} 为频偏常数,单位为 Hz/V。

式(3-58)为调频信号的带通调制表示。将其进行下变频,即乘以复指数函数 $\mathrm{e}^{-\mathrm{j}2\pi f_c t}$ 后,得到

$$s_b(t) = s(t)\mathrm{e}^{-\mathrm{j}2\pi f_c t} = \frac{A}{2}[\mathrm{e}^{\mathrm{j}(2\pi f_c t + \varphi(t))} + \mathrm{e}^{-\mathrm{j}(2\pi f_c t + \varphi(t))}]\mathrm{e}^{-\mathrm{j}2\pi f_c t}$$

$$= \frac{A}{2}[\mathrm{e}^{\mathrm{j}\varphi(t)} + \mathrm{e}^{-\mathrm{j}(4\pi f_c t + \varphi(t))}]$$

忽略其中的高频分量后得到

$$s_b(t) = \frac{A}{2}\mathrm{e}^{\mathrm{j}\varphi(t)} = \frac{A}{2}\mathrm{e}^{\mathrm{j}2\pi K_{FM}\int_0^t m(\tau)\mathrm{d}\tau} \tag{3-59}$$

在式(3-59)中,$\varphi(t)$ 只取决于基带信号,与载波频率无关,因此是频率远低于载波频率的低频信号。对应的 $s_b(t)$ 为低频复数信号,在 MATLAB 中称为基带调频信号。

下面介绍根据基带调频信号如何进行解调。将 $s_b(t)$ 延迟一个采样间隔 T 后取共轭,再与 $s_b(t)$ 相乘,得到

$$y(t) = s_{\mathrm{b}}(t)s_{\mathrm{b}}^{*}(t-T) = \frac{A^{2}}{4}\mathrm{e}^{\mathrm{j}\varphi(t)}\mathrm{e}^{-\mathrm{j}\varphi(t-T)} = \frac{A^{2}}{4}\mathrm{e}^{\mathrm{j}\left[\varphi(t)-\varphi(t-T)\right]} = \frac{A^{2}}{4}\mathrm{e}^{\mathrm{j}\psi(t)} \quad (3\text{-}60)$$

这是一个复变函数,其模恒为 $A^{2}/4$,而相角 $\psi(t) = \varphi(t) - \varphi(t-T)$。

对于固定步长的采样间隔 T,可以近似认为 $\psi(t)$ 与 $\mathrm{d}\varphi(t)/\mathrm{d}t$ 成正比,即

$$\psi(t) = \varphi(t) - \varphi(t-T) \propto \frac{\varphi(t) - \varphi(t-T)}{T} \approx \frac{\mathrm{d}\varphi(t)}{\mathrm{d}t}$$

而 $\varphi(t)$ 为 FM 信号中载波的相位偏移,因此其导数 $\mathrm{d}\varphi(t)/\mathrm{d}t$ 等于 FM 信号中载波的频率偏移。对于 FM 调制,载波的频率偏移与基带信号成正比,因此,$\psi(t)$ 也就反映了基带信号。从得到的复变函数 $y(t)$ 中提取出其相角,即可解调还原出基带信号 $m(t)$,这就是 MATLAB 中 FM 基带解调的基本原理。

2. 模拟带通调制模块

在 Analog Passband Modulation 子库中,提供了 5 种基本的模拟带通调制及其解调模块,包括模拟幅度调制和解调模块、FM 调制及解调模块和 PM 调制及解调模块。

1) 模拟带通幅度调制解调模块

在模块库中,实现 AM、DSB-SC 和 SSB 模拟幅度调制的模块分别命名为 DSB AM Modulator Passband、DSBSC AM Modulator Passband 和 SSB AM Modulator Passband,对应的解调器模块分别为 DSB AM Demodulator Passband、DSBSC AM Demodulator Passband 和 SSB AM Demodulator Passband。

图 3-42 所示为 DSB-SC 调制器和解调器的参数对话框,其中需要设置调制器主要参数为 Carrier frequency(载波频率)和 Initial phase(载波的初始相位)。DSBSC AM Demodulator Passband 模块对输入的 DSB-SC 已调信号进行相干解调,内部由一个乘法器和一个低通滤波器(LPF)组成。因此,在图 3-42(b)所示的解调器模块的参数对话框中,除了载波频率和初始相位以外,还需要设置解调器中所需低通滤波器的参数。

(a) 调制器

(b) 解调器

图 3-42　DSB-SC 调制器和解调器模块的参数设置对话框

　　模拟 AM 调制与 DSB-SC 调制的区别：实现 AM 调制时，需要将基带信号 $m(t)$ 首先进行直流偏置，即叠加上一个直流信号 A_0，再与载波相乘。因此，在 AM 调制器和解调器模块中，除了上述参数以外，还需要设置参数 Input signal offset（输入信号偏移）。此外，AM 解调器内部采用的是非相干解调，因此要求送入的 AM 信号必须是欠调幅或满调幅信号。

　　单边带调制器模块根据相移法的基本原理，利用希尔伯特变换实现单边带调制。因此，在调制器模块中，需要通过 Sideband to modulate 参数选择 Upper（上边带）还是 Lower（下边带）。除此之外，与 AM 和 DSB-SC 调制解调器模块的参数相同。

　　2）FM 和 PM 调制和解调模块

　　在模块库中，FM Modulator Passband 实现模拟带通频率调制，其参数对话框如图 3-43 所示。其中，除了需要设置载波频率和载波的初始相位以外，还有一个参数 Frequency deviation（频率偏移），该参数也就是式(3-58)中的 K_{FM}。

　　FM Demodulator Passband 实现 FM 信号的解调，解调过程利用希尔伯特变换实现，因此在其参数对话框中，除了需要设置载波频率和初始相位、频率偏移以外，还需要设置 Hilbert transform filter order（希尔伯特变换滤波器阶数）。

图 3-43　FM Modulator Passband 模块的参数对话框

　　例 3-15　超外差式接收机的仿真。搭建如图 3-44 所示仿真模拟，对超外差式接收机的工作过程及频分复用进行仿真分析。

图 3-44　例 3-15 仿真模拟框图

　　超外差式接收机广泛应用在早期的无线通信系统中，其基本工作原理如图 3-45 所示。来自接收天线的射频（Radio Frequency，RF）信号是多个电台发射的 AM 信号的混合，通过混频器将混合信号的频谱搬移到中频频段，然后用同一个解调器实现各路电台基带信号的解调。

　　混频器实现信号频率的加减运算或者频谱的搬移。调节本地振荡器的参数，使本振频

率 f_{LO} 与各电台信号进行混频运算时,只有希望接收的某个电台发射的 AM 信号频谱被搬移到带通滤波器 BPF 的通带范围内,进而送入解调器。实际系统中,AM 信号的调幅指数接近于 1,一般接收机中的解调器都采用简单的非相干解调。

图 3-45　超外差式接收机的工作原理示意图

（1）电台子系统。

仿真模型中,假设共有 3 个子系统,分别用 3 个相同的子系统进行模拟。子系统内部结构如图 3-46 所示。其中,用 Random Integer Generator 模块产生四进制随机整数,经带通滤波后用于模拟电台发射的基带信号。设置 Random Integer Generator 模块的 Size 参数为4,Sample time 参数为 0.1ms。Bandpass Filter 设计为 IIR 巴特沃斯带通滤波器,其通带范围为 100～300Hz。

图 3-46　电台子系统

基带信号送入 DSB AM Modulator Passband 模块实现 AM 调制,设置其 Input signal offset 参数为 1。对于 3 个子系统,Carrier frequency（载波频率）分别设为 2kHz、3kHz和 4kHz。

根据上述参数设置,3 个电台发送的基带信号带宽都近似为 300Hz,发射的 AM 信号频谱相距 1kHz,带宽都为 600Hz。在顶层仿真模型中,3 个电台信号通过加法器进行叠加,模拟所有电台的信号通过频分复用后,通过同一个空间电磁场信道进行传输。

（2）接收机子系统。

接收机子系统内部结构如图 3-47 所示。其中,Bandpass Filter 模块设置为 IIR 椭圆滤波器,通带范围为 500～1500Hz,通带和阻带衰减分别为 0.1dB 和 80dB。

图 3-47　接收机子系统

顶层模型中的 Sine Wave 模块用于产生本地载波,与 3 个电台的频分复用信号一起送入混频器。假设本地载波频率为 2kHz,通过混频,只有电台 2 的信号频谱落在带通滤波器的通带范围内,因此能够通过混频器送入后面的解调器模块。此外,混频器只是实现频谱的搬移,不改变频谱的结构。因此,混频器输出信号仍然是 AM 信号,只不过载波频率固定为 1kHz。

在接收机子系统中,解调器用 DSB AM Demodulator Passband 模块实现。其中,参数 Carrier frequency 设为 1kHz,等于混频器输出 AM 信号的载波频率。设置解调器中低通滤波器为 8 阶 Chebyshev I 型,截止频率等于各电台基带信号的带宽 300Hz,Passband ripple 参数(通带纹波)为 0.01dB。

设置本地载波频率为 2kHz,仿真运行时间 0.5s,运行后在频谱分析仪窗口观察到 FDM 信号、混频器输出信号和解调输出基带信号的功率谱密度,如图 3-48 所示。

图 3-48   各点信号的功率谱密度

图 3-48 中,位于 2kHz、3kHz 和 4kHz 附近的是 3 个电台发射的 AM 信号合成的 FDM 信号。经过混频后,位于 1kHz 附近的功率谱是由位于 3kHz 附近电台 2 信号的功率谱搬移过来的。仔细比较可知,两者具有相同的频谱结构。混频器输出信号经过解调后,得到基带信号的功率谱位于 0Hz 附近,与电台 2 对应的 AM 信号功率谱中的上边带近似相同。

3. 模拟基带调制模块

在 Analog Baseband Modulation 子库中,提供了 4 个 FM 基带调制和解调模块,分别是 FM Modulator Baseband(FM 基带调制器)、FM Demodulator Baseband(FM 基带解调器)、FM Broadcast Modulator Baseband(FM 广播基带调制器)、FM Broadcast Demodulator Baseband(FM 广播基带解调器)模块。这里主要介绍前面两个模块。

FM Modulator Baseband 和 FM Demodulator Baseband 模块的参数对话框相同,如图 3-49 所示,其中只有一个 Frequency deviation(频率偏移)参数,而不需要设置载波的相关参数。这是由于基带调制与载波无关。

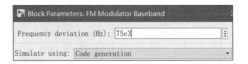

图 3-49   FM 基带调制器的参数设置对话框

下面通过举例,体会 FM 带通调制和基带调制的区别。

例 3-16 搭建如图 3-50 所示的仿真模型,比较 FM 基带调制和 FM 带通调制的区别。

模型中分别用了一个带通 FM 调制模块和一个基带 FM 调制模块,设置这两个模块的 Frequency deviation 参数为 500Hz。设置带通 FM 调制模块的 Carrier frequency(载波频率)参数为 2kHz。设置输入正弦基带信号的幅度为 1V,频率为 100Hz,采样间隔为 50μs。运行后得到各信号的波形如图 3-51 所示。

图 3-50 例 3-16 仿真模型

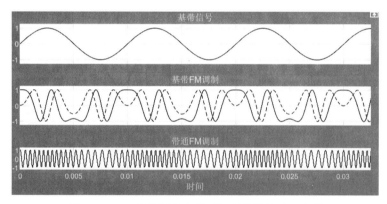

图 3-51 FM 基带调制和带通调制信号的时间波形

根据式(3-59),FM 基带调制信号的时间表达式为

$$s_{\mathrm{b}}(t) = \frac{A}{2} \mathrm{e}^{\mathrm{j}\varphi(t)} = \frac{A}{2}\cos\varphi(t) + \mathrm{j}\frac{A}{2}\sin\varphi(t)$$

由此可见,FM 基带调制信号是一个复数信号。因此,模块的输出有两个信号,分别表示 FM 基带调制信号的实部和虚部,如图 3-51 中的实线和虚线所示。实部和虚部都是与输入基带信号频率相当的低频信号。而 FM 带通调制模块输出的 FM 带通调制信号频率远高于 FM 基带调制信号。

图 3-52 所示为 FM 基带调制和带通调制信号的功率谱。观测时注意对图形窗口做适当缩放调节。根据功率谱可以求得 FM 信号带宽近似为 1.2kHz。由卡森公式可以验证其正确性。

在观测带宽时,需要注意以下两点。

(1) 由基带调制和带通调制信号的功率谱测量信号带宽的方法有区别。根据带通调制信号观测信号带宽时,只能由正频率或负频率部分确定,称为单边带宽。由于基带调制信号是带通调制信号经过下变频得到的,因此带宽同时取决于功率谱正负频率两部分。

图 3-52　FM 基带调制和带通调制信号的功率谱

（2）用频谱分析仪得到的功率谱密度为分贝值,因此功率很小的分量对应分贝值趋向于 $-\infty$,在功率谱图上无法精确表示。因此,观测时都需要对功率谱图进行适当的缩放调节。

课程思政阅读材料

社会主义革命和建设时期的中国电信

中华人民共和国成立后,中央人民政府政务院设邮电部,领导全国邮电通信事业。根据国家政策,邮电部以不同的方式先后接管了外国电信公司企业在我国的全部邮电设施,收回了国家通信主权,迅速建成了中国邮电通信历史上第 1 张覆盖全国的电网,标志着电信网络建设和业务发展都开始了一个新时代。

中国通信业在邮电部的领导下,在科研、电信工业、电信建设方面都取得了非凡的成就。20 世纪 50 年代至 70 年代末,通信科技人员提出了"积极开展科学试验,打破洋框框,走自己的路""做到外国有的我们要有,外国没有的我们也要有""迅速摆脱通信技术落后,赶上和超过世界先进水平"的宣言,走上了独立自主、自力更生的电信科研之路。

在这一历史时期,邮电部制定了"迅速、准确、安全、方便"的八字方针,体现了"人民邮电"的根本宗旨;建设和完善了国家通信干线网,为国家和民众提供更全面、广泛的电信服务;实现了电信网络初步的陆地明线、微波、卫星和海底光缆立体化,传输系统从人工传递实现半自动化和部分全自动化。这一通信事业历史性的变化,是中国通信业工技人员与全国人民一起以独立自主、艰苦奋斗、自力更生、勤俭建国精神而创造的伟大历史成就!

1957 年 4 月,邮电部开始了载波技术的研发工作,在架空明线、同轴电缆载波系统等方面取得了一系列成果。1974 年,1800 路同轴电缆微波通信系统通过国家鉴定,对改变中国通信的落后状况,加速我国干线通信建设具有重要意义。

1966 年研制成功的 CB1 型编码纵横制长途电话自动交换设备,在京津两地经过长时间试验和使用后,于 1974 年通过国家鉴定。1975 年由邮电部 10 所研制成功终局容量为 6000~12000 线的 JT801 型长途电话自动交换设备,为中国长途电话自动拨号业务的发展创造了条件。

　　此外,20世纪60年代末,我国试制成功了30kW自动调谐单边带发信机,提前实现国际电信联盟无线电咨询委员会的要求;试制成功第1部国产的360转/分高速真迹传真机;试制成功第1部国产电子管16路调频制音频载波电报机;研制成功第1台双机头自动交叉发报机。

　　1974年,邮电部启动光纤通信科研工作。1978年4月,邮电部科技局召开光通信会展会议,提出了光纤通信"三年突破、八年应用"的战略目标。1979年12月,上海市话局建成第1条全长1.8km二次群120路光纤试验阶段光缆,传输速率为8.44Mb/s,这是我国最早建立的光通信系统。

习题3

3-1 填空题

(1) 已知某发射机输出AM信号的调幅指数为1,其中载波功率为10kW,则上边带功率为_____。

(2) 已知AM信号中载波的最大和最小振幅分别为5V和3V,则该AM信号的调幅指数为_____。

(3) 某AM信号的带宽为10kHz。为了提高传输的有效性,拟改用LSB传输,则所需占用信道的带宽至少为_____。

(4) 已知单频基带信号的幅度为5V,角频率为200π rad/s,调频灵敏度为200Hz/V,则对应FM信号的最大频偏为_____,调频指数为_____。

(5) 对最高频率为1kHz的基带信号进行调频,已知输出FM信号的带宽为10kHz,则调频指数为_____。

(6) 某FM电路的频偏常数为1kHz/V,已知输入基带信号的最大幅度为12V,最高频率为3kHz,则该电路输出FM信号的带宽为_____。

(7) 对于调幅指数为1的AM传输,已知接收机输入信噪比为150,则接收机输出信噪比为_____dB。

(8) 假设载波频率为10kHz,基带信号的带宽为300Hz,则对LSB信号进行相干解调时,接收机中带通滤波器的中心频率为_____,带宽为_____。

(9) 已知DSB相干接收机的输出信噪比为10dB,则输入信噪比为_____dB。

(10) 在输入噪声功率相同的条件下,为达到相同的输出信噪比,解调器输入SSB信号的功率必须为DSB信号功率的_____倍。

3-2 某AM信号$s_{AM}(t)$的频谱$S_{AM}(j\omega)$如图3-53所示。

(1) 求载波频率f_c;

(2) 画出$s_{AM}(t)$的功率谱图$P(\omega)$;

(3) 求载波分量和边带分量的功率;

(4) 求调制效率η。

3-3 已知基带信号为$m(t)=4\cos200\pi t+2\cos400\pi t$,载频为1000Hz。

(1) 分析并画出DSB-SC信号的频谱图$S_D(jf)$;

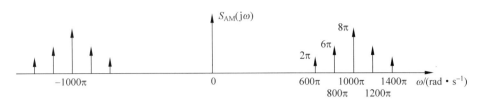

图 3-53 习题 3-2 示意图

（2）采用滤波法调制,分析并画出 LSB 信号的频谱图 $S_L(jf)$,并写出其时间表达式 $s_1(t)$;

（3）如果采用相移法调制得到 LSB 信号,推导写出 LSB 信号的时间表达式 $s_2(t)$。

3-4　已知基带信号 $f(t)=40\mathrm{Sa}^2 20\pi t\cos50\pi t$,载波角频率为 $1000\pi\mathrm{rad/s}$,对其采用滤波法进行 USB 调制,分析画出基带信号和 USB 信号 $s(t)$ 的频谱。

3-5　已知某调角波为

$$s(t)=10\cos(2\times10^7\pi t+4\sin1000\pi t)$$

（1）假设 $s(t)$ 是相移常数 $K_P=2\mathrm{rad/V}$ 的调相波,求基带信号 $m(t)$;

（2）假设 $s(t)$ 是频偏常数 $K_F=1000\pi\ \mathrm{rad/(s\cdot V)}$ 的调频波,求基带信号 $m(t)$ 的时间表达式;

（3）求调频波的调频指数 β_{FM} 和最大频偏 Δf_{max}。

3-6　已知基带信号为频率 $f_m=5\mathrm{kHz}$ 的单频正弦信号,对其进行 FM 调制,最大频偏 $\Delta f_{max}=10\mathrm{kHz}$。

（1）求 FM 信号的近似带宽;

（2）若将基带信号的幅度放大一倍,求 FM 信号的带宽;

（3）若将基带信号的频率增大一倍,求 FM 信号的带宽;

（4）若将基带信号的幅度和频率都增大一倍,求 FM 信号的带宽;

（5）若将最大频偏增大一倍,求 FM 信号的带宽。

3-7　已知基带信号 $m(t)=2\cos200\pi t$,对其进行调频传输,载波幅度 $A=4\mathrm{V}$,频偏常数 $K_F=100\mathrm{Hz/V}$。

（1）求调频信号的总功率 P;

（2）求已调信号中载波分量的功率 P_c;

（3）求调制效率 η。

3-8　已知发送端发送的 DSB 信号为 $s(t)=f(t)\cos\omega_c t$,接收机中相干解调器的解调载波为 $c(t)=\cos[(\omega_c+\Delta\omega)t+\Delta\varphi]$,其中 $f(t)$ 的角频率和 $\Delta\omega$ 远小于 ω_c。分别推导出以下两种情况下的解调输出信号 $y(t)$:

（1）$\Delta\omega=0$;

（2）$\Delta\varphi=0$。

3-9　已知某单频调制的调频波调频指数为 5,基带信号频率为 5kHz,信道噪声单边功率谱密度为 $10\mu\mathrm{W/Hz}$,发送端发射功率为 30kW,信道衰减 10dB。

（1）求输出 FM 信号的带宽 B;

（2）输出信噪比为多少分贝?

（3）若将调频指数增大到 9,其他参数保持不变,重新计算上述结果;

（4）根据计算结果，总结调频指数对传输有效性和可靠性的影响。

3-10　已知基带信号带宽为10kHz，信道双边噪声功率谱密度0.1mW/Hz，接收端接收到已调信号的功率为1kW。

（1）求DSB调制传输时的输出信噪比；

（2）求SSB调制传输时的输出信噪比；

（3）如果采用FM传输，要求输出信噪比达到45dB，确定所需的调频指数。

实践练习3

3-1　搭建如图3-54所示的仿真模型，实现任意基带信号的USB调制过程仿真。Random Integer Generator 模块产生速率为1kBd的八进制随机整数，经过5阶切比雪夫Ⅱ型带通滤波后（阻带衰减80dB）得到频率范围为50～500Hz的模拟信号，作为基带信号。

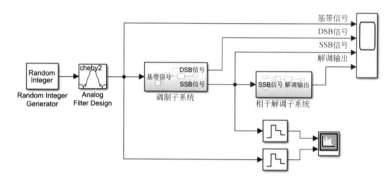

图 3-54　实践练习 3-1 仿真模型

（1）假设载波频率为2kHz，搭建调制和相干解调子系统的仿真模型；

（2）仿真运行，观察各点信号的时间波形和频谱。

3-2　模仿例3-14，搭建仿真模型，对SSB调制解调传输的抗噪声性能进行仿真分析。

3-3　利用FM Modulator Baseband模块产生单频调频信号，并观察FM信号的带宽。改变频偏常数、基带信号的频率和幅度，观察FM信号带宽的变化。

3-4　利用FM Modulator Passband模块产生单频调频信号，并利用Simulink基本模块搭建仿真模型，实现FM信号的非相干解调。假设基带信号频率为100Hz，调频指数为5，载波频率为1kHz。

3-5　搭建仿真模型，实现将FM Modulator Baseband模块输出的基带调频信号转换为带通调制信号，并将转换结果与FM Modulator Passband模块输出的FM信号进行比较。

提示：将式（3-59）所示基带调频信号进行上变频，即乘以 $e^{j2\pi f_c t}$，再取实部即可得到对应的带通调频信号，其中 f_c 为带通调制时的载波频率。

第4章

模拟信号的数字化传输

思维导图

相对于传统的模拟通信，数字通信有很多优点。例如，数字通信系统的抗噪声性能好，便于实现保密通信，设备制造简单、体积小巧、功耗低等。然而，在目前的通信系统中，需要传输的原始消息信号还有很多是模拟信号。要利用数字通信系统传输这些模拟信号，就需要在发送端将其转换为数字信号。

将模拟信号转换为数字信号，称为模拟信号的数字化，一般需要经过抽样、量化和编码3个步骤，转换得到的数字信号可以直接在数字基带系统中传输，也可以将其进行调制后通过数字调制系统中传输。

图4-1为模拟信号数字化传输的基本过程。在发送端，先经过抽样将模拟信号转换为离散的抽样信号，再经过量化使信号的幅度取值也离散化。量化信号经过编码后，输出数字

图 4-1　模拟信号数字化传输的基本过程

信号,送到数字通信系统进行传输。在接收端,接收到的数字信号通过解码得到幅度和时间上都离散的抽样量化信号,经过重构还原为模拟信号。各信号的时间波形如图 4-2 所示。

图 4-2 抽样、量化和数字信号

4.1 抽样及抽样定理

抽样(Sample)是在发送端将模拟信号转换为离散信号的过程。与之相反,在接收端得到离散信号后,需要通过重构(Reconstruction)还原出原始模拟信号。

4.1.1 抽样

理想的抽样过程可以抽象为将模拟信号 $m(t)$ 与理想的周期冲激序列 $\delta_T(t)$ 进行相乘运算,即

$$m_s(t) = m(t)\delta_T(t) \tag{4-1}$$

其中,T 为周期冲激序列的周期,称为抽样间隔。

抽样过程的输出 $m_s(t)$ 称为抽样信号(Sampled Signal)。抽样信号仍然为冲激序列,其时间波形如图 4-3(a)所示。其中,$t=kT(k=0,1,2,\cdots)$ 称为抽样时刻,各冲激的强度称为抽样值。显然,各时刻的抽样值随模拟信号的幅度而变化,因此抽样信号中携带有原模拟信号的信息。

假设模拟信号的频谱为 $M(f)$,则根据傅里叶变换的频域卷积性质可以得到对应的抽样信号频谱为

$$M_s(f) = M(f) * f_s \sum_{n=-\infty}^{\infty} \delta(f-nf_s) = f_s \sum_{n=-\infty}^{\infty} M(f-nf_s) \tag{4-2}$$

其中,$f_s=1/T$,称为抽样频率;$\omega_s=2\pi f_s=2\pi/T$,称为抽样角频率。

以上结论表示,对信号进行理想抽样,在时域中是将模拟信号的波形进行离散化,而在频域是将模拟信号的频谱沿频率轴方向进行周期重复,重复的频率间隔等于抽样频率。模拟信号及对应的抽样信号频谱如图 4-3(b)所示。

(a) 时间波形　　　　　(b) 频谱

图 4-3　抽样信号波形及其频谱

显然,抽样信号的频谱一定是周期函数,这就从频域证明了通过抽样可以将模拟信号转换为离散信号。

例 4-1 已知模拟信号 $m(t)=2\mathrm{Sa}^2(20\pi t)$,抽样间隔 $T=20\mathrm{ms}$,画出理想抽样信号 $m_\mathrm{s}(t)$ 的频谱图。

解 模拟信号 $m(t)$ 的频谱如图 4-4(a)所示。抽样频率 $f_\mathrm{s}=1/T=50\mathrm{Hz}$,则根据式(4-2)得到理想抽样信号的频谱如图 4-4(b)所示。

(a) 模拟信号

(b) 抽样信号

图 4-4　例 4-1 频谱图

4.1.2 抽样定理

在接收端接收到抽样信号后,用低通滤波器即可将其还原为模拟信号。例如,对例 4-1 中得到的抽样信号,将其送入低通滤波器进行低通滤波。根据抽样信号的频谱,如果低通滤波器的带宽为 $20\sim30\mathrm{Hz}$,则低通滤波后输出信号的频谱将与原始模拟信号的频谱完全相同,只是幅度上有区别。

但是,如果抽样频率过低,将无法用低通滤波器实现模拟信号的重构和还原。例如,如果对例 4-1 中的模拟信号 $m(t)$ 用 $30\mathrm{Hz}$ 的频率进行抽样,在对模拟信号的频谱进行周期重复时,相邻两个频谱波形在频率轴方向将出现重叠,如图 4-5 所示。这种现象称为频谱混叠。

将各重复的频谱波形叠加后,得到抽样信号的频谱。显然,此时用低通滤波器将无法由抽样信号的频谱得到源模拟信号的频谱,也就无法实现原始模拟信号的重构。

图 4-5 频谱混叠现象

抽样定理的主要作用就是确定合适的抽样频率,以避免频谱混叠,确保接收端能正确重构模拟信号。在实际系统中,根据被抽样的模拟信号特性,又分为低通抽样定理和带通抽样定理。

1. 低通抽样定理

低通抽样定理的主要内容:对最高频率为 f_H 的模拟信号进行抽样,只要抽样频率 f_s 满足

$$f_s \leqslant 2f_H \tag{4-3}$$

即可由抽样信号无失真地重构原始模拟信号。

上述抽样定理只是给出了抽样频率的下限。实际系统中,考虑到接收端用于重构的滤波器不可能是理想的低通滤波器,模拟信号中还有部分高频分量等,为了确保传输精度和可靠性,抽样频率必须取得足够高。当然,提高抽样频率,也将对传输系统的性能提出更高的要求。

例如,在语音通信系统中,传输语音信号的最高频率为 3.4kHz,则抽样频率至少应取为 6.8kHz,在实际的数字语音通信传统中,一般取为 8kHz。

2. 带通抽样定理

通信系统中大量遇到各种带通信号,其频谱位于一个很高的频率 f_0 附近,并且带宽 $B = f_H - f_L \ll f_0$,如图 4-6 所示。对于这种信号,可以根据上述抽样定理确定抽样频率至少应为 $2f_H$。但这样确定的抽样频率太高,对传输系统的性能要求也很高。

图 4-6 带通信号

为了尽可能降低抽样频率,同时又能避免频谱混叠,对这种模拟带通信号,一般根据式(4-4)确定抽样频率 f_s。

$$\frac{2f_H}{N} \leqslant f_s \leqslant \frac{2f_L}{N-1} \tag{4-4}$$

其中,f_L 和 f_H 分别为带通信号的最低频率和最高频率;N 为不超过 f_H/B 的最大正整数。

带通抽样的基本思想是将带通信号频谱中频率较低的低频段空白部分利用起来。在进行频谱周期重复时,原模拟带通信号的频谱将有部分移动到这些空白部分,因此也不会出现

频谱混叠。但是,对于带通抽样得到的信号,在接收端必须采用带通滤波器,将移动到低频空白段的频谱分量也要过滤掉,才能恢复原带通信号。

例 4-2 已知模拟信号的频率范围为 $3\sim5\text{kHz}$,为避免频谱混叠,求抽样频率 f_s 应该满足的条件。

解 模拟信号的最高频率 $f_H=5\text{kHz}$,最低频率 $f_L=3\text{kHz}$,带宽 $B=f_H-f_L=2\text{kHz}$,则 $f_H/B=5/2=2.5$,$N=2$,由此求得

$$\frac{2f_H}{N}=\frac{2\times 5}{2}=5\text{kHz},\qquad \frac{2f_L}{N-1}=\frac{2\times 3}{2-1}=6\text{kHz}$$

因此,抽样频率必须满足 $5\text{kHz}\leqslant f_s\leqslant 6\text{kHz}$。

对本例中所给的带通模拟信号,根据低通抽样定理,得到的抽样频率至少应为 10kHz,而根据带通抽样定理,最低抽样抽样频率可以降低到 5kHz。

实际上,低通抽样定理可以认为是带通抽样定理的特例。对于不满足 $B<f_0$ 的低通信号,其带宽 B 等于信号的最高频率 f_H,则带通抽样定理中的 $N=1$,因此根据式(4-4)得到抽样频率应满足 $2f_H\leqslant f_s\leqslant\infty$,与根据低通抽样定理得到的结论完全一致。

4.1.3　实际抽样

在实际系统中,理想的周期冲激序列不可能得到,通常只能采用窄脉冲串作为抽样脉冲,称为实际抽样。前面用理想的周期冲激序列作为抽样脉冲进行的抽样称为理想抽样。具体实现时,实际抽样又可分为自然抽样和平顶抽样两大类。

1. 自然抽样

如果抽样脉冲是具有一定占空比的周期性窄脉冲,则对应的抽样称为自然抽样。在实际系统中,通常用周期性窄脉冲控制电子开关的通断,从而实现自然抽样。

数学模型上,自然抽样仍然可以用乘法运算表示,即

$$m_s(t)=m(t)p_T(t) \tag{4-5}$$

其中,$p_T(t)$ 为周期窄脉冲序列,其周期 T 为抽样间隔,每个脉冲的宽度为 τ,占空比为 τ/T。

假设被抽样的模拟信号和抽样脉冲序列如图 4-7(a)所示,则对应的自然抽样信号如图 4-7(b)所示。由此可见,自然抽样信号是窄脉冲序列,其周期和占空比保持不变,而脉冲的幅度随着模拟信号的幅度而变化。

假设抽样脉冲的幅度为 1,则周期窄脉冲序列的频谱为

$$P_T(f)=\tau f_s\sum_{n=-\infty}^{\infty}\text{Sa}(n\pi\tau f_s)\delta(f-nf_s)$$

因此,自然抽样信号的频谱为

$$M_s(f)=M(f)*P_T(f)=\tau f_s\sum_{n=-\infty}^{\infty}\text{Sa}(n\pi\tau f_s)M(f-nf_s) \tag{4-6}$$

其中,$M(f)$ 为模拟信号的频谱;f_s 为抽样频率。

由此可见,自然抽样与理想抽样的频谱非常相似,也是由模拟信号的频谱周期重复叠加而成。不同的是,自然抽样对每个重复的频谱波形有一个加权,使每个重复波形的高度按照 Sa 函数的规律变化。

在式(4-6)中,当 $n=0$ 时,对应的项为 $\tau f_s M(f)$,这意味将频谱中各点高度乘以加权系数 τf_s,但频谱波形的形状与模拟信号的频谱 $M(f)$ 完全相同,因此仍然可以用低通滤波器实现模拟信号的重构。

2. 平顶抽样

自然抽样是很容易实现的,但实际系统中,为了对抽样信号进行正确的量化和编码,要求在对每个抽样值进行编码期间,脉冲的幅度保持恒定不变,如图 4-7(c)所示,这样的抽样称为平顶抽样。

在实际系统中,平顶抽样信号通过自然抽样和保持电路实现,二者通常用一个电路同时实现,称为采样/保持电路。通过零阶保持器使每个抽样时刻脉冲的幅度保持恒定。每个抽样时刻脉冲的幅度称为抽样值。

与理想抽样和自然抽样相比,平顶抽样信号的频谱中也有加权,但加权项是频率的函数,因此会导致频率失真,使频谱的形状发生改变。为了正确还原和重构原始模拟信号,在接收端需要采用专门的电路进行频率补偿,以抵消平顶保持所造成的频率失真。

(a) 模拟信号和抽样脉冲序列

(b) 自然抽样信号

(c) 平顶抽样信号

图 4-7　自然抽样和平顶抽样

4.2　量化及量化信噪比

抽样信号(抽样值序列)在时间上是离散的,但其幅度是连续的,在一定范围内可取任意值,无法用有限位的数字信号表示。因此,必须在编码之前,将各时刻的抽样值幅度用预先规定的有限个取值表示,这一过程称为量化(Quantization),实现量化的电路称为量化器。

在实际系统中,广泛采用两种量化,即均匀量化(Uniform Quantization)和非均匀量化(Nonuniform Quantization)。均匀量化是非均匀量化的基础,下面首先介绍均匀量化的基本原理和相关概念。

4.2.1 均匀量化

量化器的输入为模拟信号的抽样值,输出称为量化电平。抽样值与量化电平之间的关系称为量化特性,通常用量化特性曲线表示,如图 4-8 所示。

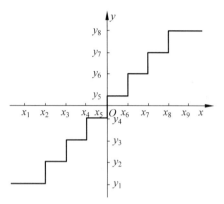

在图 4-8 中,横轴和纵轴分别代表量化器输入的抽样值 x 和输出的量化电平 y。沿横轴方向,将抽样值划分为若干个取值区间,称为量化区间。各量化区间交界处的电平 $x_i(i=1,2,\cdots,9)$ 称为分层电平,各量化区间对应电平幅度的变化范围称为量化间隔,用 Δ 表示。

如果所有量化区间的量化间隔都相等,即将抽样值总的变化范围进行等分,则称为均匀量化;否则称为非均匀量化。

量化时,量化器根据输入抽样值所处的量化区间,输出相应的量化电平 $y_j(j=1,2,\cdots,8)$。例

图 4-8 量化特性曲线

如,如果某时刻的抽样值为 $x_6 \sim x_7$,则量化器输出电平为 y_6。

实际系统中,量化电平一般取为对应量化区间两个分层电平的平均值,即等于量化区间的中点电平。例如,在图 4-8 中,$y_6=(x_6+x_7)/2$。量化电平的个数等于量化区间的个数,称为量化级数。因此,对于所有可能的输入抽样值,量化器输出的量化电平只有离散的有限个取值,从而实现了幅度的离散化。

在图 4-8 中,量化器输出的最小量化电平为 y_1,最大量化电平为 y_8。考虑到实际系统中大多数信号都是双极性的,因此一般有 $x_1=-x_9$,$y_1=-y_8$。设 $x_1=-M$,则 $x_9=+M$,$(-M,+M)$ 称为量化器的量化范围。

当量化器输入的抽样值小于 x_1 或大于 x_9 时,量化器将分别输出最小电平 y_1 和 y_8,这种情况称为量化过载。实际系统中,应当根据输入抽样值可能的幅度变化范围,为量化器确定一个合适的量化范围,以确保量化不过载。

例 4-3 已知均匀量化器的量化范围为 $-2 \sim +2\text{V}$,量化区间个数 $L=8$。

(1) 列出所有的分层电平和量化电平。

(2) 假设抽样器输入信号为 $f(t)=2\sin(2\pi t-\pi/4)$,将其以 $T=0.1\text{s}$ 的抽样间隔进行理想抽样后送入上述量化器,写出 $t=0 \sim 0.9\text{s}$ 时间范围内的抽样值序列及对应的量化器输出量化电平。

解 (1) 将量化范围等分为 8 个量化区间,则量化间隔

$$\Delta = \frac{2-(-2)}{8} = 0.5\text{V}$$

因此,分层电平为 $\pm 2\text{V}$、$\pm 1.5\text{V}$、$\pm 1\text{V}$、$\pm 0.5\text{V}$、0V,量化电平为 $\pm 1.75\text{V}$、$\pm 1.25\text{V}$、$\pm 0.75\text{V}$、$\pm 0.25\text{V}$。

(2) 抽样值序列及对应的量化器输出量化电平如表 4-1 所示。

表 4-1　抽样值序列及对应的量化器输出量化电平

t/s	抽样值/V	量化电平/V	t/s	抽样值/V	量化电平/V
0.0	-1.41	-1.25	0.5	1.41	1.25
0.1	-0.31	-0.25	0.6	0.31	0.25
0.2	0.91	0.75	0.7	-0.91	-0.75
0.3	1.78	1.75	0.8	-1.78	-1.75
0.4	1.98	1.75	0.9	-1.98	-1.75

在本例中,阶梯形状的量化特性曲线在 0V 处是与纵轴重合的垂直线,称为中升型量化。实际系统中还有另一种量化特性,在 0V 处是与横轴重合的水平线,称为中平型量化,这里就不详细介绍了。

4.2.2　量化误差和量化信噪比

由例 4-3 可知,量化器输出的量化电平与输入抽样值之间存在误差,这种误差是由量化过程产生的,称为量化误差。对于模拟信号的数字化传输,量化误差是影响传输精度和可靠性的一个重要因素。

1. 量化误差

量化误差等于输入模拟信号抽样值与量化器输出量化电平之差。由于量化电平一般取为对应量化区间的中点电平,因此,在不过载的情况下,每个抽样值对应的量化误差大小都不会超过量化间隔的一半,即 $\Delta/2$。当量化范围给定后,量化间隔将随量化间隔数的增加而减小,量化误差也将随之减小。

在实际的通信系统中,语音和图像等都是随机信号,因此,抽样值和量化误差也是随时间随机变化的,可以将量化误差认为是一种随机信号,通常又称为量化噪声。根据随机信号的相关知识,对量化间隔 Δ 足够小的均匀量化,在不过载的前提下,可以求得量化噪声的平均功率为

$$N_q = \frac{\Delta^2}{12} \tag{4-7}$$

由此可见,对于均匀量化,量化噪声的功率 N_q 只与量化间隔 Δ 有关。一旦给定量化间隔,无论抽样值大小如何,量化噪声功率 N_q 都保持不变。

2. 量化信噪比

量化信噪比描述的是量化误差相对于量化信号平均功率的大小,其具体定义为量化器输出量化信号的平均功率与量化噪声的平均功率之比。当抽样频率足够高、量化间隔足够小时,量化信号的平均功率 S_q 近似等于抽样器输入模拟信号的平均功率,则量化器输出的量化信噪比可以近似为

$$SNR = \frac{S_q}{N_q} \tag{4-8}$$

显然,量化信噪比与输入信号的功率成正比,与量化噪声的功率成反比。

以模拟正弦信号为例,假设其幅度为 A_m,令正弦信号的归一化有效值为

$$D = \frac{A_m}{\sqrt{2}M} \tag{4-9}$$

其中，M 为量化器的最大量化电平。对该正弦信号进行均匀量化，则量化信噪比为

$$\mathrm{SNR} = \frac{S_q}{N_q} = \frac{A_m^2/2}{N_q} = \frac{(\sqrt{2}MD)^2/2}{\Delta^2/12} = 12\left(\frac{MD}{\Delta}\right)^2$$

假设量化间隔数为 L，则量化间隔 $\Delta = 2M/L$，由此得到量化信噪比为

$$\mathrm{SNR} = 12\left(\frac{MD}{2M/L}\right)^2 = 3D^2L^2$$

或者用分贝值表示为

$$\mathrm{SNR}_{dB} = 10\lg\mathrm{SNR} \approx 4.77 + 20\lg D + 20\lg L$$

模拟信号经过抽样量化后，需要再对量化器输出的每个量化电平用若干位二进制代码表示。假设量化电平数 $L = 2^n$，则需要 n 位编码，其中 n 为正整数。此时量化信噪比为

$$\mathrm{SNR}_{dB} \approx 4.77 + 20\lg D + 6.02n \tag{4-10}$$

其中，$20\lg D$ 代表正弦信号相对于满载时的归一化功率。在满载时，$A_m = M$，则 $20\lg D = 20\lg(1/\sqrt{2}) \approx -3.01\mathrm{dB}$。

3. 量化信噪比曲线

根据式(4-10)，得到量化信噪比与正弦信号的归一化功率 $20\lg D$ 和编码位数之间的关系，可以用图 4-9 所示的曲线表示，称为量化信噪比曲线。

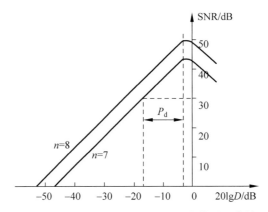

图 4-9   正弦信号均匀量化时的量化信噪比曲线

需要说明以下几点。

(1) 式(4-10)中的 $20\lg D$ 随正弦信号幅度 A_m 的变化而变化，实际上代表的是正弦信号平均功率的分贝值。量化信噪比随正弦信号平均功率的减小而线性减小。

(2) 满载时，能够达到的最大量化信噪比为

$$\mathrm{SNR}_{dB,max} = 1.76 + 6.02n \tag{4-11}$$

由此可知，最大量化信噪比取决于量化编码位数 n。编码位数每增加一位，最大量化信噪比近似增大 6dB。例如，当 $n = 7$ 和 $n = 8$ 时，最大量化信噪比分别近似等于 44dB 和 50dB，这就是图 4-9 中虚线位置对应的量化信噪比。

(3) 实际系统中，通常要求量化信噪比必须大于某个给定值，也就要求正弦信号的功率不能太低。满足一定量化信噪比要求所允许的信号功率的变化范围称为信号的动态范围，也就是在量化信噪比曲线上，当从最大值降到给定量化信噪比时，对应正弦信号功率的变化范围。

假设要求量化信噪比不低于 30dB,量化编码位数 $n=7$,由图 4-9 可以得到正弦信号的动态范围近似为 14dB。

（4）当量化器过载时,量化误差将急剧增大,从而导致量化信噪比急剧下降,如图 4-9 中虚线以右的部分所示。

（5）对实际通信系统中的语音信号进行量化编码时,量化信噪比曲线与图 4-9 类似。在不过载的前提下,量化信噪比曲线与信号功率呈线性关系;过载时,量化信噪比将明显下降。

例 4-4 对正弦信号进行均匀量化,要求满载时的最大量化信噪比达到 46dB。

（1）求量化级数 L 和编码位数 n。

（2）当输入正弦信号的幅度下降到满载时的一半时,求量化信噪比。

（3）要求量化信噪比不低于 26dB,求信号的动态范围。

解 （1）由式(4-11)求得

$$n = \frac{46 - 1.76}{6.02} \approx 7.35$$

取 $n=8$,则 $L=2^8=256$。

（2）当输入正弦信号的幅度下降到满载时的一半时,归一化有效值 D 也降为满载时的一半,则由式(4-10)得到

$$\text{SNR}_{\text{dB}} \approx 4.77 + 20\lg\frac{1}{2\sqrt{2}} + 6.02 \times 8 = 43.9\text{dB}$$

（3）当 $n=8$ 时,最大量化信噪比为

$$\text{SNR}_{\text{dB,max}} = 1.76 + 6.02 \times 8 \approx 50\text{dB}$$

则由 $\text{SNR}_{\text{dB,max}} - P_{\text{d}} \geqslant 26$ 求得动态范围为

$$P_{\text{d}} \leqslant \text{SNR}_{\text{dB,max}} - 26 = 24\text{dB}$$

4.2.3 非均匀量化

对于均匀量化,量化噪声的平均功率都恒定不变,从而导致量化信噪比随信号功率的减小而减小。当信号幅度过小时,量化信噪比太小。或者,为满足给定的量化信噪比要求,信号的动态范围不能满足实际系统的要求。

为保证当信号功率在足够宽的范围内变化时,量化信噪比都能满足要求,可以减小量化间隔,或者增加量化间隔数。但是随着量化间隔数和编码位数的增加,所需编码电路将变得复杂,并且对量化编码输出信号数字化传输性能的要求也将随之提高。为了解决这一问题,提出了非均匀量化。

1. 非均匀量化的基本原理

非均匀量化的基本思想:当信号幅度比较小时,适当减小量化间隔,从而同步减小量化误差;当信号幅度大时,适当增大量化间隔,以避免量化级数和量化编码位数增加太多。

实现非均匀量化的基本原理:将抽样值先通过压缩,然后再进行均匀量化。也就是说,在发送端,抽样信号 x 首先经过压缩器处理,得到输出 y 后,再用均匀量化器对其进行均匀量化。在接收端,只需将解码后的输出信号送入扩张器进行反变换,即可恢复原始信号。实现非均匀量化的原理框图如图 4-10 所示。

压缩器的压缩特性一般是一条向上拱的非线性曲线,如图 4-11 所示。当输入信号 x 比较小时,曲线的斜率大于 1;当 x 比较大时,曲线的斜率小于 1。

均匀量化器对压缩器的输出 y 进行均匀量化,假设量化间隔为 Δy。由于压缩器的非线性特性,使相同的量化间隔映射到 x 轴方向成为非均匀的量化间隔 Δx,从而在整个量化范围内,得到不相等的量化间隔,实现了非均匀量化。

图 4-10　非均匀量化的基本原理

图 4-11　压缩特性

2. 压缩特性

目前,在语音信号的数字化传输过程中,常用的压缩特性有 A 律压缩特性和 μ 律压缩特性,这里重点介绍国内使用的 A 律压缩特性。

令量化器的满载电压为归一化值 1,相当于将输入信号 x 对量化器的最大量化电平 M 进行归一化处理,则 A 律压缩特性可以表示为

$$y = \begin{cases} \dfrac{Ax}{1+\ln A}, & 0 \leqslant x \leqslant \dfrac{1}{A} \\ \dfrac{1+\ln(Ax)}{1+\ln A}, & \dfrac{1}{A} \leqslant x \leqslant 1 \end{cases} \tag{4-12}$$

其中,x 和 y 为压缩器输入输出电平的归一化值;A 为压缩参数,表示压缩的程度。A 越大,压缩效果越明显,在国际标准中取 $A=87.6$。

压缩特性是一条非线性曲线,曲线上各点具有不同的斜率,斜率的大小反映了采用非均匀量化时量化信噪比的改善量。对于 $A>1$ 的压缩特性,随着信号功率的减小,曲线斜率逐渐增大。因此,信号功率越小,对量化信噪比的改善量越大。但是,随着信号功率增大,量化信噪比没有得到改善,甚至有一定程度的下降。

图 4-12 所示为采用 $A=87.6$ 的 A 律对数压缩特性实现非均匀量化时的量化信噪比曲线,图中同时给出了 8 位均匀量化时的量化信噪比曲线。由此可见,假设要求量化信噪比不低于 25dB,采用非均匀量化时,信号的动态范围将从 8 位均匀量化时的 25dB 扩大到近似 52dB。

3. 压缩特性的 13 折线近似

A 律压缩特性是一条连续的曲线,早期用非线性模拟电路实现,其精度和稳定性都不够理想,后来逐渐采用分段的折线逼近曲线。折线近似的基本实现方法如下。

在 x 轴方向,将 $0\sim1$ 的归一化取值范围以 $1/2$ 递减规律分为 8 个不均匀的段,其中第 1 段和第 2 段长度相等,都为 $1/128$。在 y 轴方向,将 $0\sim1$ 的归一化取值范围等分为 8 段,各段长度都为 $1/8$。将 x 轴和 y 轴方向的 8 段中各相应段的交点连接起来,得到 8 条直线构成的折线,如图 4-13 所示。

图 4-12　非均匀量化的量化信噪比曲线

图 4-13　A 律压缩特性的 13 折线近似

根据上述分段的方法,可以得到 8 段折线的斜率依次为 16、16、8、4、2、1、1/2 和 1/4。由于第 1 段和第 2 段斜率相同,可以合并为一条直线。此外,在负极性方向的第 1 段和第 2 段斜率也为 16。最终,在正负极性两个方向,得到 13 条斜率不同的折线,因此称为 A 律压缩特性的 13 折线近似。

4.3　编码

通过抽样得到时间上离散的抽样值序列,通过量化将各抽样值的幅度再进行离散化。所谓编码(Coding),就是将量化器输出量化信号在各离散时刻的取值用指定位数的二进制代码表示,从而得到数字信号。

4.3.1　常用的二进制码组

最基本的编码方法是将所有量化电平按照大小排序,从最小值到最大值,每个量化电平分别对应一个整数序号,再将各序号用指定位数的二进制代码表示,称为码字(Codeword)。根据各时刻送来模拟信号抽样值对应的量化电平,编码器输出相应的二进制代码码字。

根据各电平排序的方法及其与输出码字的对应关系,语音信号的编码方法常用的有自然码、折叠码和格雷码等。以 16 级量化为例,量化器输出共有 16 个量化电平,则编码器需要的编码位数为 $n=4$,也就是每个量化电平用 4 位二进制代码表示,对应的 3 种编码如表 4-2 所示。

表 4-2　常用的二进制编码

极性	量化电平序号	自然码	折叠码	格雷码	极性	量化电平序号	自然码	折叠码	格雷码
正	15	1111	1111	1000	负	7	0111	0000	0100
	14	1110	1110	1001		6	0110	0001	0101
	13	1101	1101	1011		5	0101	0010	0111
	12	1100	1100	1010		4	0100	0011	0110
	11	1011	1011	1110		3	0011	0100	0010
	10	1010	1010	1111		2	0010	0101	0011
	9	1001	1001	1101		1	0001	0110	0001
	8	1000	1000	1100		0	0000	0111	0000

由表 4-2 可知,自然码就是量化电平序号的二进制表示。编码器根据送来的量化电平确定其在所有量化电平中对应的十进制整数序号后,直接转换为 4 位二进制,即可得到该量化电平对应的自然码编码。格雷码的特点是任何相邻的两个量化电平对应的码字,只有一位代码不同。

折叠码类似于计算机中对有符号数的补码表示,每个码字的最高位表示量化电平的极性,最高位为 0 表示负极性,1 表示正极性。除此之外,码字的低 3 位表示量化电平的绝对值大小。除最高位外,对应量化电平的正负极性,折叠码的上半部分与下半部分呈倒影对称关系,即折叠关系。

与自然码相比,折叠码具有以下两个优点。

(1) 对于语音这样的双极性信号,只要绝对值相同,用最高位码表示极性后,则可以采用单极性编码的方法,使编码过程大大简化。

(2) 在传输过程中出现误码,对小信号影响较小。例如,小信号的 1000 误传为 0000,对于自然二进码误差是 8 个量化级,而对于折叠二进码误差却只有 1 个量化级。

例 4-5 对例 4-3 中均匀量化器输出的量化电平进行编码。

(1) 确定编码位数 n。

(2) 列表给出所有量化电平对应的自然码和折叠码。

解 (1) 量化区间的个数 $L=8$,则编码位数为 $n=\text{lb}L=3$。

(2) 例 4-3 中已经得到了所有的量化电平,将 8 个量化电平顺序排列,得到对应的自然码和折叠码编码如表 4-3 所示。

表 4-3　3 位自然码和折叠码编码

量化电平/V	自然码	折叠码	量化电平/V	自然码	折叠码
1.75	111	111	−0.25	011	000
1.25	110	110	−0.75	010	001
0.75	101	101	−1.25	001	010
0.25	100	100	−1.75	000	011

4.3.2 均匀量化编码方法

在实际系统中,一般将量化和编码合并,统一用一个电路实现,如 A/D(模/数)转换器。这里介绍一种手工进行均匀量化自然码和折叠码编码的方法。

1. 自然码编码

根据上述自然码的编码方法,如果已知量化器的量化范围($-M$,$+M$)、量化级数 L 和抽样值 x,可以通过如下步骤求得其自然码编码:首先根据量化范围和量化间隔数计算量化间隔数和编码位数 n,其中量化间隔 $\Delta = 2M/L$;然后计算 $[x-(-M)]/\Delta$,得到商的整数部分,再将其转换为 n 位二进制。

2. 折叠码编码

为了得到折叠码,首先由抽样值 x 的正负确定最高位。然后,将 x 的绝对值与量化间隔 Δ 相除,并将商的整数部分转换为 $n-1$ 位二进制代码。与最高位拼起来得到 n 位折叠码编码。

例 4-6 已知均匀量化器的量化范围为 $-4 \sim +4\text{V}$,编码位数 $n=6$,抽样值 $x = -1.2\text{V}$。

(1) 求 x 对应的自然码和折叠码编码。

(2) 求解码输出及量化误差。

解 (1) $M=4$,量化级数为 2^6,则量化间隔为

$$\Delta = \frac{4-(-4)}{2^6} = 0.125\text{V}$$

由

$$\frac{x-(-4)}{\Delta} = \frac{-1.2-(-4)}{0.125} = 22.4$$

将整数部分 22 转换为 6 位二进制,得到自然码编码为 010110。

由于 $x<0$,则 6 位折叠码编码的最高位为 0。由

$$\frac{|x|}{\Delta} = \frac{1.2}{0.125} = 9.6$$

将整数部分 9 转换为 5 位二进制为 01001,最后得到折叠码编码为 001001。

(2) 根据上述编码方法,容易得到译码输出电平的计算方法。对于自然码编码,接收端的解码输出为

$$\hat{x}_1 = 22\Delta + (-4) + \Delta/2 = 22 \times 0.125 - 4 + 0.125/2$$
$$= -1.1875\text{V}$$

量化误差为

$$x_{q1} = x - \hat{x}_1 = (-1.2)-(-1.1875) = -0.0125\text{V} = -12.5\text{mV}$$

对于折叠码编码,接收端的解码输出为

$$\hat{x}_2 = -(9\Delta + \Delta/2) = -(9 \times 0.125 + 0.125/2)$$
$$= -1.1875\text{V}$$

量化误差为

$$x_{q1} = x - \hat{x}_1 = (-1.2) - (-1.1875) = -0.0125\text{V} = -12.5\text{mV}$$

注意,解码输出电平要叠加上量化间隔的一半,使量化误差不超过 $\Delta/2$。

4.3.3   A 律 13 折线编码

A 律 13 折线编码是专门针对上述 A 律压缩特性进行非均匀量化提出的一种非线性编码方法。在这种编码方法中,将 A 律折线近似中的各段再等分为 16 个小的量化区间,每个小的量化区间对应一个量化电平,再对各量化电平进行编码。显然,由于正负方向共有 16 段折线,因此总的量化电平数为 $16 \times 16 = 256$,一共需要 8 位编码。

在对 256 个量化电平进行编码时,一般采用 8 位折叠二进码,其中,最高位为极性位,用 1 和 0 分别表示量化电平的正负极性;中间 3 位为段落码,用于表示量化电平所处的段落;最低 4 位采用自然码编码,用于表示量化电平位于该段落的第几个量化电平,称为段内码。

在上述编码方法中,由于各段落长度不相等,使不同段落内的量化间隔也是不相等的。其中,第 1 段落和第 2 段落长度为归一化值的 1/128,将其等分为 16 小段后,得到的量化间隔等于归一化值的 $(1/128) \times (1/16) = 1/2048$。这是最小的量化间隔,称为量化单位,仍然用 Δ 表示,即 $\Delta = 1/2048$。而第 8 段落中的量化间隔最大,等于归一化值的 $(1/2) \times (1/16) = 1/32 = 64\Delta$。为便于统一编码方法,将各段落的起始电平和量化间隔都用量化单位表示,如表 4-4 所示。

表 4-4   段落序号及其对应的起始电平和量化间隔

段落序号	1	2	3	4	5	6	7	8
段落码	000	001	010	011	100	101	110	111
段落起始电平/Δ	0	16	32	64	128	256	512	1024
段内量化间隔/Δ	1	1	2	4	8	16	32	64

如果已知抽样值或量化电平 x,利用表 4-4 即可得到相应的编码输出,具体步骤如下。

(1) 由 x 的正负确定极性码(0 为负,1 为正)。

(2) 将 $|x|$ 与各段落起始电平 x_i 比较,确定段落码。

(3) 计算 $(|x| - x_i)/\Delta_i$,其中 Δ_i 为第 i 段落中的量化间隔。

(4) 将商的整数部分转换为 4 位二进制得到段内码。

(5) 将极性码、段落码和段内码顺序排列在一起,得到 8 位 A 律折线编码。

下面举例说明根据表 4-4 进行手工编码的方法和步骤。

例 4-7   已知抽样值 $x_1 = +150\Delta$,$x_2 = -200\Delta$,分别求出对应的 A 律 13 折线编码、解码输出和量化误差。

解   (1) 由于 $x_1 > 0$,则极性码为 1;由于 $128\Delta < x_1 < 256$,因此位于第 5 段落,段落码为 100;由于 $(x_1 - 128)/8 = 2.75$,则段内码为 0010。最后得到 A 律 13 折线编码为 11000010。

解码输出和量化误差分别为

$$\hat{x}_1 = +(128 + 2 \times 8 + 8/2) = +148\Delta$$

$$x_{q1} = x_1 - \hat{x}_1 = 2\Delta$$

(2) 由于 $x_2 < 0$,则极性码为 0;由于 $128\Delta < |x_2| < 256$,因此位于第 5 段落,段落码为

100；由于$(|x_2|-128)/8=9.0$，则段内码为 1001。最后得到 A 律 13 折线编码为 01001001。

解码输出和量化误差分别为

$$\hat{x}_2=-(128+9\times8+8/2)=-204\Delta$$

$$x_{q2}=x_2-\hat{x}_2=4\Delta$$

例 4-8　设 A 律压缩非均匀量化器的量化范围为 $-2\sim+2V$，求抽样值 $x=-0.12V$ 对应的编码输出、解码输出电平和量化误差。

本例中已知的是抽样值的实际电平，为了能够根据表 4-4 进行编码，必须先将其转换为以量化单位 Δ 表示的归一化值。

解　根据已知数据求得 $\Delta=2/2048V$，则

$$x=-0.12/\Delta=-0.12/(2/2048)\approx-123\Delta$$

查表求得编码输出为 00111110。

解码输出和量化误差分别为

$$\hat{x}=-(64+14\times4+4/2)=-122\Delta\approx-0.119V$$

$$x_q=x-\hat{x}=-0.12-(-0.119)\approx1mV$$

4.4　脉冲编码调制系统

通过抽样、量化和编码将模拟信号转换为数字信号，这一过程可以认为是用模拟信号作为基带信号，以二进制脉冲序列作为载波，通过调制改变脉冲序列中各二进制码元的取值，因此上述模拟信号到数字信号的转换过程又称为脉冲编码调制（Pulse-Code Modulation，PCM）。

通过 PCM 输出的二进制代码序列称为 PCM 编码信号，编码输出信号经过数字通信系统传输到接收端后，解码（译码）得到量化信号，再由滤波器和频率失真补偿等电路即可重构原始模拟信号。

4.4.1　PCM 系统的码元速率

码元速率是描述数字传输系统有效性的一个重要指标。经过抽样量化编码后输出的代码序列，其码元速率的高低也直接决定了通过数字通信系统传输时的性能。

根据上述转换过程，抽样器每隔一个抽样间隔 T 输出一个抽样值。通过量化编码，每个抽样值对应输出 n 位二进制代码。由此求得，输出代码序列中，每个码元的宽度（即码元间隔）为 $T_c=T/n$，则码元速率为

$$R_s=\frac{1}{T_c}=\frac{n}{T}=nf_s \tag{4-13}$$

其中，$f_s=1/T$ 为抽样频率，或称为抽样速率。

由此可知，编码输出码元速率与抽样器的抽样频率和量化编码器的编码位数都成正比关系。其中，抽样频率根据抽样定理确定，编码位数决定了量化误差和量化信噪比的大小。

例 4-9　某模拟信号的频谱范围为 $50\sim60kHz$，对其抽样后进行 32 级和 64 级的均匀量化编码，求编码输出的码元速率。

解 已知的模拟信号为带通信号,根据带通抽样定理求得最低抽样频率为

$$f_s = \frac{2 \times 60}{6} = 20\text{kHz}$$

当量化级数 $L = 32$ 时,编码位数为 $n = \text{lb}L = 5$,编码输出码元速率为

$$R_s = nf_s = 5 \times 20 = 100\text{kBd}$$

当量化级数 $L = 64$ 时,编码位数为 $n = \text{lb}L = 6$,编码输出码元速率为

$$R_s = nf_s = 6 \times 20 = 120\text{kBd}$$

4.4.2 PCM 系统的抗噪声性能

影响 PCM 系统传输可靠性的主要噪声源有两种:量化噪声和信道噪声。其中,量化噪声对传输系统的影响用量化信噪比描述,量化信噪比随着编码位数按指数规律增加。也就是说,通过增加编码位数可以提高量化信噪比。但是,编码位数增加,编码输出的码元速率也随之增大。因此,与模拟 FM 传输一样,PCM 传输系统可以通过牺牲有效性换取传输可靠性的提高。

信道噪声对 PCM 系统性能的影响表现在接收端的判决误码上。由于 PCM 信号中每个码字代表着一定的量化值,所以若出现误码,被恢复的量化值将与发送端原抽样值不同,从而引起误差,带来新的输出噪声,即误码噪声。

假设加性噪声为高斯白噪声,每个码字中出现的误码可以认为是彼此独立的,并设每个码元的误码率都为 P_e。此外,假设编码器采用均匀量化自然码编码。经过分析推导可知,由于信道噪声引起的平均误码噪声功率为

$$N_e = \frac{2^{2n}\Delta^2}{3}P_e \qquad (4\text{-}14)$$

其中,n 为编码位数;Δ 为量化间隔。

假设输入模拟信号为幅度均匀分布的随机信号,当量化器满载时,对应的误码信噪比为

$$\frac{S_q}{N_e} = \frac{2^{2n}\Delta^2/12}{2^{2n}\Delta^2 P_e/3} = \frac{1}{4P_e} \qquad (4\text{-}15)$$

4.5 预测编码

在 PCM 编码传输系统中,编码输出的码元速率与抽样频率和编码位数成正比,为了降低码元速率,在实际通信系统中广泛采用预测编码,如差分脉冲编码调制和增量调制编码。

在预测编码中,不是独立地对每个抽样值进行量化编码,而是根据前面若干个抽样值计算得到一个预测值,再与当前抽样值进行比较,对其差值(预测误差)进行编码。

对于语音等连续变化的信号,其抽样值之间具有一定的相关性,使抽样值与预测值之间的预测误差非常小,远小于抽样值的变化范围。因此,对于预测误差进行编码,可以极大减少编码位数,从而降低编码输出码元速率。

4.5.1 差分脉冲编码调制

差分脉冲编码(Differential Pulse Code Modulation,DPCM)就是利用语音信号的相关

性,根据过去的信号抽样值预测当前时刻的抽样值,得到当前抽样值与预测值之间的差值,并对该预测误差进行量化编码。

图 4-14 所示为 DPCM 系统的原理框图。在发送端,模拟信号经过抽样后得到抽样值 x_k,该抽样值与延迟器的输出 x_{k1} 相减后得到误差 e_k,经过量化后得到 r_k,再送入编码器进行编码。量化器的输出同时与 x_{k1} 相加,作为延迟器的输入,延迟一个抽样间隔后得到新的输出 x_{k1}。

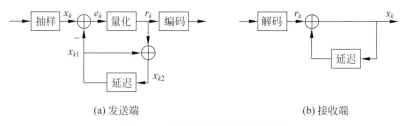

(a) 发送端   (b) 接收端

图 4-14 DPCM 系统的原理框图

假设量化器的量化误差为零,即 $r_k = e_k$,则由原理图得到

$$x_{k2} = r_k + x_{k1} = e_k + x_{k1} = (x_k - x_{k1}) + x_{k1} = x_k$$

这就说明延迟器的输入等于模拟信号的抽样值,是对模拟信号抽样值的预测。该预测值延迟一个抽样间隔后再与当前抽样值相减,从而得到 e_k 为预测误差。

在接收端,延迟器和加法器的组成结构与发送端相同。如果信道传输没有误码,则解码器输出与发送端中量化器的输出完全相同。因此,解码输出信号与发送端延迟器的输入信号相同,等于模拟信号的抽样值。如果考虑到发送端量化器的量化误差,则解码输出信号是带有量化误差的抽样信号。

4.5.2 增量调制

增量调制(Delta Modulation,DM 或 ΔM)可以视为 DPCM 的一个特例,是一种两电平量化的差分脉冲编码调制。

在增量调制中,量化器的输出只有正、负两个电平,经过编码后输出一位二进制代码。当预测误差大于 0 时,量化器输出正电平,编码输出 1 码;当预测误差小于 0 时,量化器输出负电平,编码输出 0 码。

在接收端,每收到一个 1 码,解码器的输出相对于前一个时刻的抽样值就上升一个量化间隔;每收到一个 0 码,解码器的输出相对于前一个时刻的抽样值就下降一个量化间隔。

在实际系统中,通常将发送端和接收端的延迟器和加法器合并用一个积分器实现,并将发送端中的抽样器放到移到加法器后面,与量化器合并为抽样判决器,从而得到增量调制编码传输系统的原理框图,如图 4-15 所示。

(a) 发送端   (b) 接收端

图 4-15 增量调制的原理框图

图 4-15 中,输入模拟信号 $x(t)$ 与预测值 $m(t)$ 相减后得到预测误差 $e(t)$。预测误差经过抽样后,对每个抽样值的极性进行比较判决。若抽样值为正,则判决输出 $+\sigma$;若抽样值为负,则判决输出 $-\sigma$。$+\sigma$ 和 $-\sigma$ 分别用 1 码和 0 码表示,则输出 $y(t)$ 为二进制数字信号。

在接收端,积分器每接收到一个 1 码,就使其输出电平增大 σ;每接收到一个 0 码,就使其输出电平减小 σ,积分器经低通滤波和平滑处理后,输出与 $x(t)$ 逼近的模拟信号。各点信号的时间波形如图 4-16 所示。

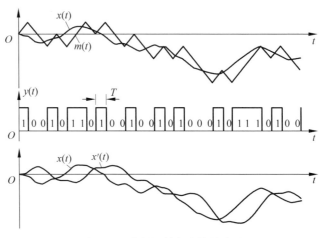

图 4-16　增量调制各点信号波形

由于在每个抽样间隔只量化编码输出一位码元,因此增量调制编码输出的码元速率在数值上等于抽样频率。

根据上述工作原理,当输入模拟信号 $x(t)$ 变化速度太快时,积分器输出将跟不上其变化,导致误差 $e(t)$ 明显增大,引起解码后信号的严重失真,这种现象称为增量调制编码的斜率过载现象。

4.6　时分复用和复接

在早期的模拟通信系统中,大都利用调制技术实现频分复用,将多路信号在时域合并后,在频域相互独立传输。而在模拟信号的数字化传输过程中,根据抽样量化编码的基本过程可以很方便地实现时分复用,多路信号在时域彼此不重叠,但信号的频谱是重叠在一起的。

4.6.1　时分复用的基本原理

时分复用(Time Division Multiplexing,TDM)的基本原理是将一条通信线路的传输时间周期性地划分为若干互不重叠的时间片段,称为时隙(Time Slot),各信号分别利用不同的时隙进行传输。

实现时分复用的基础是抽样,各路信号在不同的时刻进行抽样,并将其抽样值插入所分配的时隙中,在接收端再按各时隙选出相应的抽样值,并恢复为原来的信号。

以 3 路语音信号为例,实现时分复用的基本原理如图 4-17 所示。各路语音信号分别经过抗混叠低通滤波器(LPF)滤波,将其带宽限定在指定范围内。然后,利用旋转开关 K_1 轮流对各信号进行抽样。

图 4-17 时分复用基本原理

假设各路语音信号的抽样频率为 f_s,并令 K_1 旋转一周所需的时间等于抽样间隔 $T=1/f_s$,则在 T 这段时间内,通过开关 K_1 依次将 3 路信号的一个抽样值在时间上错开,送入后面的量化编码器。量化编码器每接收到一个抽样值,立即进行编码,并通过信道传输到接收端。

假设每个抽样值编码输出 n 位二进制,则在 T 这段时间内,共编码输出 $3n$ 位二进制。因此,通过时分复用后,量化编码输出的码元速率为 $R_s = 3n/T = 3nf_s$。

推广到一般情况,假设共有 m 路信号进行时分复用,每路信号抽样频率为 f_s,量化编码位数为 n,则码元速率为

$$R_s = mnf_s \tag{4-16}$$

旋转开关旋转一周,分别将各路信号轮流抽样一次,对应的时间称为一帧(Frame)。显然,一帧的时间(称为帧周期)等于各路信号的抽样间隔。一般情况下,开关匀速旋转,也就意味着传输每路信号的抽样量化编码所需的时间为 T/m,这就是一个时隙的时间宽度。

在接收端,对接收到的每个编码进行解码后,得到的是各路信号合在一起的抽样值序列。只要旋转开关 K_2 与发送端的 K_1 开关同步,就能将各路信号的抽样值从混合序列中提取出来,分别送到各自低通滤波器,从而还原出各路信号。

与频分复用相比,时分复用的主要优点是便于实现数字通信、设备易于制造、易于实现集成化、生产成本低。

4.6.2 复接

在通信网中,为了充分利用信道的传输能力,一般需要经过多级复用,由各链路送来的低级复用信号(低次群)可能需要再次进行复用,构成速率更高的高级复用信号(高次群)。这种将低次群合并为高次群的过程称为复接(Multiplexing)。

在数字复接系列中,根据传输速率的不同,将复用后的数据流分别称为基群(一次群)、二次群、三次群和四次群等。图 4-18 所示为我国采用的 A 律数字复接系列的复接等级,又称为 E 体系。

图 4-18 中,每个一次群由 30 路语音信号和帧同步码、话路信令构成。其中,每路语音信号的 A 律 PCM 编码分别占据 $TS_{1\sim15}$ 和 $TS_{17\sim31}$ 时隙,帧同步码和话路信令分别利用时隙 TS_0 和 TS_{16} 进行传输,共 32 个时隙。

由于 PCM 编码传输系统的抽样频率为 8kHz,因此帧周期为 $125\mu s$。每路语音信号的

PCM 编码和帧同步码、话路信令都包括 8 位编码,因此一帧共有 256 个编码,速率为 $8 \times 256 = 2048 \text{kb/s} = 2.048 \text{Mb/s}$。

图 4-18 A 律数字复接等级

在将一次群复用为二次群时,还需要加入群同步、信令码元等,因此得到的二次群速率为 8.448Mb/s。以此类推,分别得到速率为 34.368Mb/s 的三次群和速率为 139.264Mb/s 的四次群。

在上述复接体系中,由于各路信号可能来自不同地点,并且通常各路信号的抽样和编码时钟不可能保持完全同步,因此在低次群合并为高次群时,需要将各路信号的时钟调整统一。这种复接技术称为准同步数字系列(Plesiochronous Digital Hierarchy,PDH)。

随着光纤通信的发展,四次群已经不能满足大容量高速率传输的要求。因此,提出了四次群以上的同步复接系列(Synchronous Digital Hierarchy,SDH)。同步复接的含义是在整个网络中,各设备的时钟来自同一个时间标准,没有 PDH 中各设备定时存在的误差问题。与 PDH 相比,SDH 具有同步复用、标准光接口和强大的网络管理能力等优点,逐渐在光纤、微波和卫星等多种通信系统中得到广泛应用。

在 SDH 中,信息以同步传输模块(Synchronous Transfer Module,STM)的信息结构进行传送,按照模块的大小和传输速率的不同,分为若干等级,每级容量扩大 4 倍,速率也是 4 倍关系,在各级之间没有群同步等额外开销。其中,第 1 级 STM-1 速率为 155.52Mb/s,4 个 STM-1 复接为速率等于 622.08Mb/s 的 STM-4,4 个 STM-4 复接为 STM-16,4 个 STM-16 复接为 STM-64。

4.7   抽样量化编码过程的 MATLAB 仿真

本节介绍 MATLAB 中利用 Simulink 模块搭建仿真模型,实现量化信噪比的测量和 PCM 传输系统仿真分析的基本方法,以便进一步熟悉前面各节的相关内容。

4.7.1   量化信噪比的测量

视频讲解

这里以模拟正弦信号的抽样和均匀量化为例,介绍在 Simulink 仿真模型中如何测量量化信噪比。

例 4-10 搭建如图 4-19 所示的仿真模型,实现模拟正弦信号的均匀量化,并测量量化信噪比。

仿真模型中,Sine Wave 模块产生频率为 10Hz、幅度为 1V 的正弦波模拟信号,经 Zero-Order Hold(零阶保持器)模块抽样后得到抽样值序列。设置零阶保持器的 Sample time 参数为 1ms,则抽样频率为 1kHz,满足抽样定理。

1. 均匀量化编码器模块

仿真模型中的 Quantizer(量化器)模块位于 Simulink/Discontinuities 库中。该模块实现均匀量化,模块输入 u 与输出 y 之间的关系可以表示为

$$y = q * \text{round}(u/q) \tag{4-17}$$

其中,q 为模块的 Quantization interval(量化间隔)参数;round($\cdot$)表示四舍五入取整。

设置量化器模块的 Quantization interval 参数为 $2/2^4$,其中 2 为模拟正弦信号的幅度范围,也就是量化范围;2^4 表示输出量化电平的个数,指数 4 为量化编码的位数。

图 4-19 例 4-10 仿真模型

除了 Quantizer 模块外,在 DSP System Toolbox/Quantizers 库中,还提供了功能类似的 Uniform Encoder(均匀编码器)模块。该模块对输入模拟信号的抽样值进行量化,并编码为整数输出。在量化过程中,模块将输入信号的幅度在 $[-M, (1-2^{1-n})M]$ 等分为 2^n 个均匀间隔的量化电平,其中 n 和 M 分别为模块的 Bits 和 Peak 参数。

在编码过程中,量化电平映射为 2^n 个整数值输出。如果 Uniform Encoder 模块的 Output type 参数设为 Unsigned integer(无符号整数),则输入信号的最小幅度 $-M$ 和最大幅度 $(1-2^{1-n})M$ 分别映射为 0 和 2^n-1,其余幅度线性映射到 $[0, 2^n-1]$。如果模块的 Output type 参数设为 Signed integer(有符号整数),则输入信号的最小和最大幅度分别映射为 -2^{n-1} 和 $2^{n-1}-1$。

在搭建仿真模型时,Uniform Encoder 模块的输出可以再送入 Integer to Bit Converter 模块,将编码输出的每个十进制整数再转换为二进制序列。

2. 量化信噪比的测量

在仿真模型中,模拟正弦信号和 Add 模块输出的量化误差同时送入 Subsystem 子系统。该子系统实现量化误差和量化信噪比的测量,其内部模型如图 4-20 所示。

图 4-20 量化信噪比测量子系统

子系统模型中,RMS 模块用于求输入信号的有效值,注意在其参数对话框中勾选 Running RMS 选项。此外,RMS 模块的输入必须是经过采样后的离散信号,因此前面都必须有 Zero-Order Hold 模块实现采样。设置两个 Zero-Order Hold 模块的 Sample time 参数为 1ms,等于模拟正弦信号的抽样间隔。

模型中两个 RMS 模块输出的有效值经平方运算分别得到量化误差和模拟信号的功率,再利用 dB Conversion(分贝转换)模块将其转换为分贝值。注意设置该模块的 Input signal 参数为 Power(功率)。

测量得到的量化误差和模拟信号功率分别由两个 Out 端口输出,同时相减后得到量化信噪比。在顶层仿真模型中,用 3 个 Display 模块分别显示上述测量结果。

仿真运行后,在示波器窗口显示各信号的波形如图 4-21 所示,同时在 3 个 Display 模块上显示模拟信号、量化误差信号的功率分别为 -3.032dB、-28.75dB,量化信噪比为 25.72dB。对这些测量结果可以做如下验证。

(1) 模拟信号的幅度设为 1V,则功率为 0.5W,即 -3dB;

(2) 量化器的量化间隔设为 $\Delta=2/2^4$,则量化误差功率为 $N_q=\Delta^2/12\approx0.0013\text{W}=1.3\text{mW}=-28.86\text{dB}$;

(3) 量化信噪比 $\text{SNR}_q=1.76+6.02n=1.76+6.02\times4=25.84\text{dB}$。

图 4-21   运行结果

如果将模拟信号的幅度重新设为 0.5V,则其功率降低为 0.125W,即 -9.03dB,运行结果显示模拟信号功率变为 -9.05dB。量化误差的功率为 -29.27dB,近似保持不变。量化信噪比相应降低为 20.22dB。

如果将模拟信号的幅度重新设为 1V,量化器的量化间隔修改为 $2/2^8$,运行后显示此时的量化信噪比为 50.44dB,近似等于理论上 8 位量化的最大量化信噪比 49.92dB。

4.7.2   PCM 传输系统仿真

视频讲解

在 PCM 传输系统中,利用 A 律或 μ 律压缩特性将原始模拟信号(或其抽样值)进行压缩。对压缩后的抽样值进行均匀量化,即可得到非线性 PCM 编码。在接收端,进行 PCM 解码和滤波重构后,还原出原始模拟信号。

在实际的通信系统中,A 律压缩特性用 13 折线近似实现,而量化编码合起来用 A/D 转换器实现。下面介绍利用 Simulink 模块搭建 PCM 传输系统仿真模型的基本方法。

例 4-11   搭建如图 4-22 所示的仿真模型,实现 PCM 传输系统仿真。

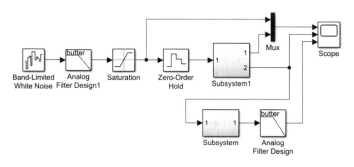

图 4-22 例 4-11 仿真模型

在图 4-22 所示的仿真模型中,Band-Limited White Noise(带限白噪声)模块产生带限白噪声,经过模拟滤波和限幅后作为随机的原始模拟信号。设置 Band-Limited White Noise 模块的 Noise power(噪声功率)参数为 0.01W,Sample time 参数为 0.1s。Analog Filter Design1 模块用于实现一个二阶 Butterworth 低通滤波器,截止频率为 10Hz。

Saturation(饱和)模块用于实现限幅,以确保模拟信号幅度对后面的量化编码不过载,设置其 Upper limit(上限)和 Lower limit(下限)参数分别设为 +1V 和 -1V,由此决定 PCM 量化编码的量化范围为 $-1\sim+1$V。

1. PCM 编码子系统

模型中的 Zero-Order Hold 模块对模拟信号进行抽样,抽样间隔设为 0.01s。经过抽样后的信号送入 Subsystem1 子系统,实现 PCM 编码。该子系统内部结构如图 4-23 所示。

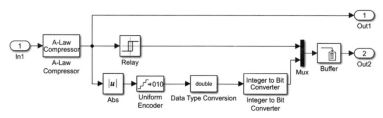

图 4-23 PCM 编码子系统

在 PCM 编码子系统中,A-Law Compressor 为 A 律压缩器,其 A value 参数默认设为 87.6,即实现 $A=87.6$ 的 A 律压缩特性。Peak signal amplitude 参数决定送入压缩器的信号峰值幅度,必须与上述 Saturation 模块的 Upper limit 和 Lower limit 参数一致,默认为 1V。

压缩器的输出分两路,其中一路送入 Relay 模块,其参数 Output when on 和 Output when off 分别设为 1 和 0,则当送入抽样值为正和负极性时,分别输出 1 和 0,作为 8 位 PCM 编码的极性码。另外,压缩器的输出送入 Abs 模块,取绝对值后进行 128 级均匀量化编码。均匀量化由模型中的 Uniform Encoder 模块实现。设置该模块的 Bits 参数为 7,Peak 参数设为 1V,Output type 参数设为 Unsigned Integer。

量化编码器模块的输出由 Data Type Conversion 模块转换为双精度数据,设置其 Output data type 参数为 double。Integer to Bit Converter 模块实现整数到比特(二进制码)的转换,也就是对送入的整数进行二进制编码。设置该模块的 Number of bits per integer 为 7,则将送入的每个无符号整数转换为 7 位二进制代码。

最后,将上述极性码和 7 位二进制编码输出利用 Mux 模块合并后,得到 8 位 PCM 编码,一起送入 Buffer 模块。设置 Buffer 模块的 Output buffer size 参数为 1,则 8 位 PCM 编码将逐位串行输出。

2. PCM 解码子系统

图 4-22 中的 Subsystem 为 PCM 解码子系统,该子系统的内部模型如图 4-24 所示。其中 Buffer 模块的 Output buffer size 参数为 8,则将输入的 PCM 编码二进制序列每 8 位一组送入 Demux 模块。

图 4-24　PCM 解码子系统

Demux 是分路器模块,将输入的每组 8 位编码分为 8 路输出,其中最高极性位送入 Relay 模块,判决输出±1。低 7 位经 Mux 模块送入 Bit to Integer Converter 模块,转换为 0～127 的整数。设置模块的 Number of bits per integer 参数为 7。

Bit to Integer Converter 模块的输出送入 Uniform Decoder(均匀解码器)。该模块的功能与 Uniform Encoder 模块相反,用于将输入的整数解码转换为信号电平幅度。模块输出再经过 A 律扩张后与 Relay 模块的输出相乘,从而得到解码输出。解码输出再送入顶层模型中的模拟低通滤波器,经滤波后恢复原始模拟信号幅度。

仿真运行后,在示波器窗口显示各信号的时间波形如图 4-25 所示。在上面第 1 个图形窗口中,实线为模拟信号对应的抽样信号,波形上每个小台阶代表一个抽样值,宽度等于一个抽样间隔,即 0.01s;虚线为 A 律压缩器的输出信号。

图 4-25　仿真运行结果

由于模拟信号的抽样间隔为 0.01s,每个抽样间隔编码输出 8 位二进制代码,因此 PCM 编码输出二进制代码序列的码元速率为 8/0.01＝800Bd。将信号波形放大后,可以读出每个抽样值对应的 PCM 编码。例如,在 0.11～0.12s 抽样间隔内,抽样值为 0.21V,对应的 PCM 编码输出为 11011010。

4.7.3 增量调制编解码仿真

增量调制编码是一种最简单的预测编码。根据其原理,容易搭建出编译码仿真模型。

例 4-12 搭建如图 4-26(a)所示的仿真模型,实现增量调制编码传输过程的仿真和性能分析。

(a) 顶层模型

(b) 增量调制器子系统

(c) 解码子系统

图 4-26 例 4-12 仿真模型

模型中,信源模块以 0.01s 的采样间隔产生随机四进制整数,与常数 1.5 相减后得到双极性随机整数,经模拟低通滤波后作为原始模拟信号。模拟滤波器为带宽等于 10Hz 的 5 阶 Butterworth 低通滤波器。

增量调制器子系统如图 4-26(b)所示。其中,Zero-Order Hold 模块对输入模拟信号进行采样,采样间隔设为 10ms。Relay 模块用于实现一位二电平量化,设置其 Switch on point 和 Switch off point 参数都为 0V,Output when on 和 Output when off 参数分别设为 20V 和 −20V。Relay1 模块实现二进制编码,输出 1V 和 0V 电平,表示编码输出的一位二进制代码。

解码子系统的内部模型如图 4-26(c)所示。其中,Relay 模块的作用是将送入的单极性二进制编码转换为双极性,并调节输出双极性脉冲的幅度,再送入后面的积分器。设置其 Switch on point 和 Switch off point 参数都为 0.5V,Output when on 和 Output when off 参数分别设为 20V 和 −20V。

设置仿真时间为 5s,仿真运行后得到模型中各点信号的时间波形如图 4-27 所示。由此可见,重构信号与发送的模拟信号波形几乎完全相同。

图 4-27   例 4-12 运行结果

课程思政阅读材料

改革开放时期的中国电信

1978 年 3 月,全国科学大会在北京隆重召开,大会宣布并通过了全国科学技术发展规划,其中光纤通信、卫星通信、程控自动交换技术被列为国家重大新兴技术和带头学科,中国电信进入改革开放时代。

在改革开放时期电信/信息通信的传递和沟通中,中国通信科技秉承"引进、吸收、消化、创新"的科技发展之路,开始了中国通信网络百年巨变的航程。

1982 年 11 月 27 日,中国第 1 套万门程控电话交换系统在福州开通,这是建设中国第 1 张将市内电话、农村电话和长途电话全面联通,并实现自动计费的现代化通信网的开端。到 1997 年,我国县级以上城市全部实现程控化,而当年日本、美国和英国的程控化率分别为 56%、79% 和 84%。

1984 年 4 月 8 日,我国"东方红二号"试验通信卫星成功发射,通过该卫星完成了电视传输、声音广播、电话传送等试验。中国成为世界上少数几个掌握轨道转移、同步定点技术的国家之一,并结束了长期租用国外通信卫星的历史。

1987 年 11 月,邮电部数据通信技术研究所引进法国 SESA 分组设备开始组建分组网,在北京设置了网控中心,构成了中国数据网络汇接中心,可以与世界上各公用分组交换网互通。

1991 年 1 月 15 日,在宁汉光缆正式通过工程验收后的第 3 天早晨,中央人民广播电台向全世界转播了《人民邮电报》披露的邮电部的一项重大决定——"今年中国将不再建设同轴电缆通信干线,而将逐步建成以光缆为主的骨干通信网"。一张建设中国光缆通信事业的蓝图,在通信干线建设中逐渐展开。

1993年9月11日,为加强无线电管理,维护空中电波秩序,有效利用无线电频谱资源,保证各种无线电业务的正常运行,国务院、中央军事委员会联合发布《中华人民共和国无线电管理条例》,条例中主要对无线电台(站)的设置和使用、频谱资源和频率管理、管理机构及其职责等方面进行了全面的规定。1994年3月26日,邮电部成立移动通信局,标志着中国通信事业从最初的人工有线长途通信网、无线电通信网、市内电话网,发展成为全自动的集长途电话、市内电话、移动电话、数据通信于一体的全功能通信网。

习题 4

4-1　填空题

(1) 模拟信号要通过数字通信系统传输,必须经过抽样、_____和_____ 3个阶段将其转换为数字信号。

(2) 将模拟信号转换为时间上离散的信号,这一过程称为_____。

(3) 对于_____信号,只能进行低通抽样;对于_____信号,既可以进行低通抽样,也可以进行带通抽样。

(4) 发送端进行带通抽样时,接收端必须用_____滤波器进行重构。

(5) 已知某低通抽样器的抽样频率为200Hz,输入模拟信号的频谱如图4-28所示,则 ω_H 必须满足_____。

(6) 已知模拟信号的频谱如图4-29所示,则对其进行理想抽样时所允许的最低抽样频率为_____。

图 4-28　填空题(5)

图 4-29　填空题(6)

(7) 对模拟信号抽样后进行5位均匀量化,已知量化器输入信号的最大幅度为4V,则量化间隔为_____,量化噪声的功率为_____ dB。

(8) 对正弦信号抽样后进行6位均匀量化,为保证量化信噪比不低于30dB,要求输入正弦信号的归一化功率不低于_____ dB。

(9) 对频率范围为300~3400Hz的模拟信号进行抽样量化和 A 律非线性PCM编码,编码输出二进制序列的最低码元速率为_____。

(10) 将32模拟信号进行时分复用 A 律PCM编码,要求编码输出的码元速率不超过1.28MBd,则各路模拟信号所允许的最高频率为_____。

4-2　已知模拟信号 $m(t)$ 的频谱为

$$M(f)=\begin{cases}1-|f|/200, & |f|<200\\ 0, & 其他\end{cases}$$

(1) 画出 $m(t)$ 的频谱图;

(2) 对 $m(t)$ 进行理想抽样,分别画出当抽样间隔为 2ms 和 5ms 时抽样信号的频谱;

(3) 分析说明以上两种情况能否正确还原模拟信号。

4-3　已知模拟信号 $m(t)=60\mathrm{Sa}(30\pi t)\cos(100\pi t)$,对其进行理想抽样。

(1) 画出 $m(t)$ 的频谱图 $M(\mathrm{j}f)$;

(2) 求所允许的最低抽样频率 f_{s}。

4-4　已知均匀量化器输出的最大量化电平为 $+4\mathrm{V}$,某抽样值经量化后的编码输出为 010000。

(1) 若采用自然码编码,求接收端对应的解码输出电平 V_1;

(2) 若采用折叠码编码,求接收端对应的解码输出电平 V_2。

4-5　对模拟正弦信号进行均匀量化,已知量化范围为 $-2\sim+2\mathrm{V}$,要求最大量化信噪比达到 18dB。

(1) 求编码位数 n 和量化间隔 Δ;

(2) 列出所有的量化电平;

(3) 求抽样值 $x=0.3\mathrm{V}$ 对应的自然码编码和量化误差。

4-6　对模拟正弦信号进行 64 级均匀量化编码。

(1) 求编码位数 n 和最大量化信噪比 $\mathrm{SNR}_{\mathrm{max\ dB}}$;

(2) 实际工作时,输入正弦信号峰值只能达到量化器量化范围的一半,求此时的量化信噪比 $\mathrm{SNR}_{\mathrm{dB}}$。

4-7　已知 A 律压缩非均匀量化器的量化范围为 $-4\sim+4\mathrm{V}$,输入抽样值 $x=0.6\mathrm{V}$,量化输出信号再进行非线性 PCM 编码。

(1) 求 PCM 编码输出序列;

(2) 求解码输出电平;

(3) 求量化误差。

4-8　某模拟信号进行抽样量化编码,已知信号的幅度变化范围为 $-8.192\sim8.192\mathrm{V}$。

(1) 采用 A 律非线性 PCM 编码,求各段落起始电平和量化间隔分别为多少? 填在表 4-5 中;

表 4-5　各段落起始电平和量化间隔

段落号	段落起始电平/V	量化间隔/mV	段落号	段落起始电平/V	量化间隔/mV
1			5		
2			6		
3			7		
4			8		

(2) 若以段落 1 的量化间隔对同样的模拟信号进行均匀量化线性 PCM 编码,求量化电平数和量化信噪比;

(3) 若以段落 8 的量化间隔对同样的模拟信号进行均匀量化线性 PCM 编码,求量化电平数和量化信噪比。

4-9　已知模拟信号的幅度范围为 $-2\sim2\mathrm{V}$,对其进行理想抽样和量化编码,抽样频率

为 10kHz,量化间隔为 1/32V。求:

(1) 理想低通抽样时所允许的模拟信号最高频率 f_m;

(2) 量化误差的平均功率 N_q(分贝值);

(3) 编码输出的信息速率 R_b。

4-10 对 20 路模拟信号进行理想抽样、量化编码和时分复用传输,已知每路模拟信号的抽样频率为 10kHz,量化级数为 256,传输二进制编码过程中的误码率为 10^{-6}。求:

(1) 帧周期 T_f;

(2) 每个时隙的时间宽度 T_s;

(3) 传输每个二进制码元的时间间隔 T_c;

(4) 传输 1s 的平均误码个数 N_e。

实践练习 4

4-1 搭建如图 4-30 所示的 Simulink 仿真模型,实现模拟信号的抽样量化编解码。

图 4-30 实践练习 4-1 仿真模型

(1) 仿真模型中,Uniform Random Number 模块产生均匀分布的随机信号,经 Analog Filter Design 模块滤波后,得到带宽为 100Hz 的模拟信号。设置 Uniform Random Number 模块的 Minimum 和 Maximum 参数分别为 -1 和 $+1$,Sample time 参数为 0.01s。设置 Analog Filter Design 模块为 8 阶 Butterworth 低通滤波器,通带截止频率为 100Hz。

(2) 参考例 4-10,搭建量化信噪比测量子系统,实现上述模拟信号的抽样量化,并测量不同量化编码位数时的最大量化信噪比。

(3) 参考例 4-11,搭建抽样量化编码子系统、解码和重构子系统,实现上述模拟信号的抽样量化、均匀编解码和重构。观察各点信号的时间波形,以及不同抽样频率、不同编码位数时输出编码序列的码元速率。

4-2 编写 MATLAB 程序,实现 A 律压缩特性,在同一个图形窗口同时绘制出 $A=1$、10、50 和 87.6 时的压缩特性曲线,并进行比较。

4-3 根据 PCM 手工编码和解码方法,编制 MATLAB 程序实现 PCM 编码和解码,并求量化误差。要求将 PCM 编码和 PCM 解码程序分别编制为 MATLAB 函数。

4-4   搭建例 4-12 中的仿真模型,实现增量调制编码传输过程的仿真和性能分析。

(1) 修改模型中 Zero-Order Hold 模块的 Sample time 参数,观察并分析编码输出的码元速率如何变化。

(2) 修改编码子系统中 Relay 模块的 Output when on 和 Output when off 参数分别为 ±1V 和 ±10V,观察斜率过载现象。

第5章

数字基带传输

思维导图

　　数字传输系统中传输的是各种进制的数字信息,这些数字信息可能来自计算机、数字传感器或其他数字设备,也可能是模拟信号经过抽样量化编码得到的数字代码。传输时,首先必须将这些抽象的数字信息用离散的电信号波形表示,得到的原始电脉冲信号中主要包含很多低频分量,甚至是直流分量,称为数字基带信号。

　　在某些有线信道中,当传输距离较近时,可以直接传送数字基带信号,这样的传输系统称为数字基带传输系统。对于带通型信道,如光信道和无线信道,必须像模拟通信系统一样,先将数字基带信号进行调制才能在信道中传输,这样的传输系统称为数字调制传输系统。

　　本章在介绍数字基带信号的码型和频谱特性的基础上,主要介绍数字基带传输系统的典型传输特性、数字通信系统中的码间干扰以及减小码间干扰的措施,同时介绍数字基带传输系统的抗噪声性能以及均衡技术。

5.1   数字基带传输系统的基本组成

最简单的数字基带传输系统可以用双绞线、同轴电缆等直接将发送端和接收端连接起来。但是,利用这样的有线信道直接将发送端送来的电脉冲进行传输,当传输速率较高或传输的数字基带信号不能与信道特性相匹配时,将导致传输性能(可靠性、有效性等)的恶化,甚至不能准确实时地进行传输。

图 5-1 所示为一个实际的数字基带传输系统的基本结构,其中主要包括码型编码、发送滤波器、信道、接收滤波器和抽样判决器等部件。此外,为了确保系统能够准确有序地工作,实际系统中还包括同步提取电路。下面结合图 5-2 所示的传输系统中各信号的波形,介绍各部件的作用。

图 5-1   数字基带传输系统的基本结构

(1) 信道信号形成器。码型编码和发送滤波器合起来称为信道信号形成器,其作用是将原始代码序列表示为电脉冲,并转换为适合在信道中传输的波形。其中,码型编码将输入的原始基带信号转换为适合在信道传输的码型,再利用发送滤波器转换为适合在信道传输的波形,以提高信号的抗码间干扰能力和频带利用率。

信源发送的原始代码序列一般是宽度等于码元间隔的单极性码,如图 5-2(a)所示。这样的电信号不适合在低通信道中传输,接收端也无法从中提取出位同步信号。因此,需要经过码型编码转换为适合传输且具有位定时信息的传输码型,如图 5-2(b)所示。为使传输信号的特性与信道特性匹配,再利用发送滤波器将其转换为合适的传输波形,如图 5-2(c)所示。

(2) 信道。数字基带传输系统中的信道可以等价为具有一定带宽的低通滤波器。此外,在传输信号的过程中,信道中会引入噪声和各种随机干扰。图 5-2(d)所示为信道输出信号波形,其中叠加有高频噪声。

(3) 接收滤波器。滤除信道噪声,对信道特性进行均衡校正,使输出波形有利于抽样判决。由于接收滤波器带宽有限,信道噪声不可能完全滤除,传输过程中还会出现码间干扰,使波形发生一定程度的畸变和失真。接收滤波器输出信号波形如图 5-2(e)所示。

(4) 同步提取电路。从接收滤波器输出的信号中提取位同步信号,用于控制抽样判决时刻,图 5-2(f)所示为同步提取电路提取得到的位同步信号(抽样脉冲)。

(5) 抽样判决器。在位同步信号的控制下,对接收滤波器输出的信号进行抽样,然后根据预先确定的判决规则对抽样值进行判决,以恢复或再生数字基带信号,判决输出数字代码序列。判决器输出波形如图 5-2(g)所示。当传输过程的码间干扰和噪声达到一定程度时,抽样判决输出的代码序列将发生错误,形成误码。

(a) 原始代码序列

(b) 具有位定时信息的传输码型

(c) 传输波形

(d) 信道输出信号波形

(e) 接收滤波器输出信号波形

(f) 位同步信号

(g) 判决器输出波形

图 5-2 数字基带传输系统各点信号波形

5.2 数字基带信号及其频域特性

数字通信系统必须首先将需要传输的数字代码用相应的电脉冲表示,通常把这一过程称为码型变换或码型编码。不同形式的数字基带信号(又称为码型)具有不同的频域特性,所以实现基带传输首先要考虑的问题是如何合理设计数字基带信号的码型,以便将需要传送的信息和数字基带信号转换为适合给定信道传输特性的频谱结构和波形。

5.2.1 基本码型

在数字电路系统中,数字代码 1 和 0 的基本表示方法是用标准矩形脉冲的高、低电平或正、负电平表示,根据具体波形特点和表示形式可以分为单极性、双极性、归零码和非归零码等。

1. 单极性非归零码

单极性非归零(Non-Return-to-Zero,NRZ)码是一种最简单、最常见的基带信号。在这种码型中,用高、低电平脉冲表示数字代码中的 1 码或 0 码,并且每个脉冲都持续一个码元间隔 T_s,如图 5-3(a)所示。

图 5-3   4 种基本码型数字基带信号

单极性 NRZ 码数字基带信号中直流分量不为零,在近距离传输(如在同一个电路系统的各印刷电路板或芯片之间)时常采用此波形。

2. 双极性非归零码

在双极性非归零码中,用幅度相同但极性相反的两个矩形脉冲表示 1 码或 0 码,并且各脉冲的宽度都等于码元间隔 T_s。一般用正脉冲表示 1 码,负脉冲表示 0 码,如图 5-3(b)所示。

当 1 码和 0 码等概率出现时,双极性 NRZ 码基带信号中没有直流分量,常在国际电报电话咨询委员会的 V 系列接口标准或 RS-232C 接口标准中使用。

3. 单极性归零码

与单极性非归零码类似,单极性归零(Return Zero,RZ)码也是用脉冲的有无来表示信息,不同的是单极性归零码的脉冲宽度小于码元间隔。也就是说,在传输 1 码期间,高电平脉冲只持续一段时间(如 $T_s/2$),然后回到零电平,如图 5-3(c)所示。

在码元间隔相等的条件下,归零码的脉冲宽度小于非归零码的脉冲宽度,因而这种码型的基带信号,其带宽要大于 NRZ 码信号的带宽。此外,RZ 码中含有丰富的位定时成分,一般用作其他码型传输时提取位定时信号的过渡码型。

4. 双极性归零码

双极性归零码基带信号的波形如图 5-3(d)所示。与单极性 RZ 码类似,脉冲的正负电平持续一段时间后回到零电平。因此,在码元间隔相等的条件下,其带宽要大于用双极性非归零码表示的带宽。

对于上述 4 种基本码型,一般用占空比表示在一个码元间隔内脉冲持续的时间,其定义为 $s=\tau/T_s$,其中 τ 为脉冲持续的时间,T_s 为码元间隔,显然有 $0<s\leqslant 1$。对于单极性或双极性 NRZ 码基带信号,$s=1$。当 $s=0.5$ 时,称为半占空脉冲。在码元间隔给定后,基带信号的带宽将取决于脉冲的占空比。

5.2.2   常用码型

以上 4 种码型是最基本的基带信号码型,这些码型中含有丰富的低频分量甚至直流分量,因而不适合在有交流耦合的信道中传输。此外,当需要传输的数字代码序列中连续出现比较多的 1 码或 0 码时,NRZ 码波形中将出现长时间连续相同的电平,没有电平的跳变,因而不便于从中提取位同步信号。由于这些原因,这些码型一般只用于近距离的数字基带传输。

实际系统中确定基带信号的码型时,主要考虑以下几点。

(1)绝大多数基带信道的低频传输特性不好,不利于含有直流分量、低频分量的信号传输,所以要使数字基带信号中没有直流成分和低频成分。

（2）数字传输系统的接收端还原原始信号必须有位定时信息。在某些应用中位定时信息占用单独的信道与基带信号同时传输，但远距离传输时这常常是不经济的，因而要求能从基带信号中自动提取出位定时信息。

（3）要求基带信号具有自检错能力，以便接收端检测并纠正传输过程中的错误代码。

（4）应尽量减少基带信号频谱中的高频分量，以节省传输带宽，提高信道的频谱利用率，并减小码间干扰。

（5）编解码设备应尽量简单。

上述几点要求并不是任何基带传输码型都能满足，实际使用时往往根据要求满足其中的若干项。下面介绍实际系统中常用的几种码型。

1. 差分码

差分码不是用码元本身表示消息代码，而是用相邻码元是否产生变化表示原数字信息，其编码规则为当相邻码元发生变化时，表示原数字代码序列中的 1 码；当相邻码元不发生变化时，表示原数字代码序列中的 0 码。据此可以得到差分码 b_n 与原数字代码 a_n 之间的关系为

$$b_n = a_n \oplus b_{n-1} \tag{5-1}$$

其中，$\oplus$ 表示异或运算，又称为模 2 加运算。

例 5-1　求二进制数字信息序列 1011010 的差分码。

解　由给定的数字序列，可得

$$a_1 = 1, \quad a_2 = 0, \quad a_3 = 1, \quad a_4 = 1, \quad a_5 = 0, \quad a_6 = 1, \quad a_7 = 0$$

假设差分码的初始码元 $b_0 = 1$，则根据式（5-1）可得

$$b_1 = a_1 \oplus b_0 = 1 \oplus 1 = 0, \quad b_2 = a_2 \oplus b_1 = 0 \oplus 0 = 0$$
$$b_3 = a_3 \oplus b_2 = 1 \oplus 0 = 1, \quad b_4 = a_4 \oplus b_3 = 1 \oplus 1 = 0$$
$$b_5 = a_5 \oplus b_4 = 0 \oplus 0 = 0, \quad b_6 = a_6 \oplus b_5 = 1 \oplus 0 = 1$$
$$b_7 = a_7 \oplus b_6 = 0 \oplus 1 = 1$$

所以，二进制数字信息 1011010 的差分码为 10010011。

得到差分码后，再将其中的 1 码和 0 码分别用上述基本码型表示，可以采用单极性码或双极性码、非归零码或归零码。图 5-4 所示为将上述第 1 种情况用单极性 NRZ 码表示。由此可见，差分码是用脉冲电平的相对变化区分数字信息中的 1 码和 0 码，因此又称为相对码，而将原数字信息称为绝对码。

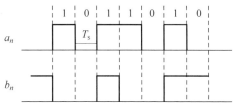

图 5-4　绝对码和相对码

在接收端接收到差分码后，必须进行相反的变换以恢复原始数字代码。根据式（5-1）可以求得接收端由相对码 b_n 恢复绝对码 a_n 的变换规则为

$$a_n = b_n \oplus b_{n-1} \tag{5-2}$$

例 5-2　已知接收到的差分码为 0010011,求其对应的绝对码。

解　由差分码可得

$$b_1 = 0, \quad b_2 = 0, \quad b_3 = 1, \quad b_4 = 0, \quad b_5 = 0, \quad b_6 = 1, \quad b_7 = 1$$

根据式(5-2)可得

$$a_2 = b_2 \oplus b_1 = 0 \oplus 0 = 0, \quad a_3 = b_3 \oplus b_2 = 1 \oplus 0 = 1$$

$$a_4 = b_4 \oplus b_3 = 0 \oplus 1 = 1, \quad a_5 = b_5 \oplus b_4 = 0 \oplus 0 = 0$$

$$a_6 = b_6 \oplus b_5 = 1 \oplus 0 = 1, \quad a_7 = b_7 \oplus b_6 = 1 \oplus 1 = 0$$

所以,由差分码 0010011 所还原的绝对码为 011010,注意绝对码比相对码少一位 a_1。

2. 数字双相码

数字双相码又称为曼彻斯特码。在这种码型中,用宽度等于码元间隔 T_s、相位完全相反的两个方波分别表示原数字信息中的 1 码和 0 码,两个方波都是双极性脉冲。

图 5-5　数字双相码

图 5-5 所示为数字代码序列为 1011001 时对应的数字双相码波形。这种码型在每个码元间隔的中心都有电平的跳变,所以其中存在丰富的位定时成分。

由于在每个码元间隔内正电平和负电平各占一半,所以数字双相码基带信号中不存在直流分量。但是,这种码型的带宽与归零码类似,要比非归零码大一倍。数字双相码适合数据终端设备的短距离传输。

3. 密勒码

在密勒码中,1 码用码元间隔中间的正跳变或负跳变表示,码元的起始边界上无跳变。0 码用宽度等于一个码元间隔的正负电平表示。如果是连续的 0 码,则在后续 0 码的每个起始边界上跳变一次。

根据上述编码规则,当两个 1 码之间只有一个 0 码时,密勒码中将出现最大宽度等于 2 倍码元间隔的脉冲,利用这一特点可以实现传输过程中的检错纠错。

假设发送端代码序列为 1011001,图 5-6 所示为对应的密勒码基带信号波形。比较图 5-6 和图 5-5 可知,数字双相码的下降沿(或上升沿)正好对应密勒码波形的跳变。因此,用数字双相码的下降沿(或上升沿)触发双稳电路,即可输出密勒码。

图 5-6　密勒码

4. 传号反转码

在传号反转(Coded Mark Inversion,CMI)码中,1 码交替地用宽度等于码元间隔 T_s 的正、负电平表示,称为传号;而 0 码固定用码元间隔中间的正跳变表示,称为空号。CMI 码波形如图 5-7 所示。

CMI 码也没有直流分量,但是波形中频繁出现跳变,便于恢复定时信号。此外,根据上述编码规则,在正常情况下,CMI 码波形中,不可能在码元间隔的中间出现负跳变,也不会出现连续的正负电平。利用这种相关性可以检测信道传输过程中的部分码元错误。

图 5-7　CMI 码

CMI 码易于实现,并具有以上特点,因此在高次群脉冲编码调制终端设备中广泛用作接口码型,并在速率低于 8.448Mb/s 的光纤数字传输系统中被推荐为线路传输码型。

5. 极性交替码

极性交替码也称为 AMI(Alternate Mark Inversion)码,其编码规则为 0 码用零电平表示,1 码用正、负脉冲交替表示,如图 5-8 所示。绘制波形时,可自行设定第 1 个 1 码的脉冲极性,一旦设定,后面 1 码的脉冲极性依次交替变换。此外,正负脉冲都可以为归零或非归零脉冲。

图 5-8　AMI 码

在这种码型中,无论原数字信息中的 1 码和 0 码是否等概,AMI 码基带信号中都没有直流分量。因此,常常把 AMI 码看作对双极性码的一种改进。

AMI 码的主要缺点是码型的功率谱与信源统计特性相关,1 码出现的概率将影响其功率谱形状。另外,当出现连续 0 码时,由于 AMI 码中长时间不出现电平跳变,因而影响定时信号的提取。

6. HDB$_n$ 码

HDB$_n$ 码是 n 阶高密度双极性码的简称。与 AMI 码类似的是,在 HDB$_n$ 码中 1 码也交替地用正、负脉冲(可以为归零码或非归零码)表示。但与 AMI 码不同的是,HDB$_n$ 码中的连续 0 码数被限制为小于或等于 n。当传输信息中出现 $n+1$ 个连续 0 码时,就用特定码组取代,这种特定码组称为取代节。为了能够在接收端识别出取代节,在取代节中设置破坏点,在这些破坏点将不满足传号极性交替的规律。

HDB$_n$ 码中使用最广泛的是 3 阶高密度双极性码,又称为 HDB$_3$ 码。HDB$_3$ 码是 AMI 码的改进码型,其编码规则如下。

(1) 原始代码序列中的每 4 个连续 0 码用取代节 B00V 或 000V 代替,其中 V 码为破坏点。

(2) 当前一个取代节后有奇数个 1 码时,当前取代节选用 000V;当前一个取代节后有偶数(包括 0)个 1 码时,当前取代节选用 B00V。

(3) 将原始代码序列中的 1 码和 B 码一起作类似于 AMI 码的极性交替。

（4）所有 V 码的极性与前面最近一个 1 码或 B 码的极性相同,从而破坏极性交替规律。

例 5-3　设有二进制代码序列 1000010000110000,求其对应的 HDB_3 码。

解　首先用取代节替换已知的代码序列中的 4 连 0 串。

代码序列：1　0　0　0　0　1　0　0　0　0　1　1　0　0　0　0

HDB_3 码：1　0　0　0　V　1　0　0　0　V　1　1　B　0　0　V

再确定代码序列中各位码元的极性,得到 HDB_3 码的波形,如图 5-9 所示。

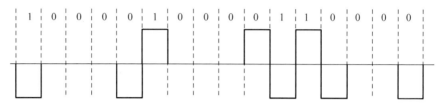

图 5-9　HDB_3 码

HDB_3 码具有和 AMI 码一样的优点,此外,还具有使连续 0 码个数减少为至多 3 个的优点。这个特性非常有利于定时信号的恢复。而且 HDB_3 码具有检错能力,当传输过程中出现单个误码时,传输序列的极性交替规律将受到破坏,所以可以在不中断通信的情况下检测信号误码率。

(a) 单极性NRZ码

(b) 双极性NRZ码

图 5-10　三角脉冲传输波形

以上介绍的各种常用码型都是以矩形脉冲为基础。由于矩形脉冲中存在比较丰富的高频分量,因而这样的基带信号带宽较大。当传输信道带宽有限时,传输过程中波形的失真比较严重,使相邻码元之间存在相互干扰,影响传输的可靠性。因此,在发送之前必须通过波形变换,将基带信号的波形变换为适合信道传输的形式。实际系统中常用的传输波形有升余弦脉冲、钟形脉冲、三角脉冲等。

图 5-10 所示为传输波形为三角脉冲时的基带信号。每个三角脉冲的宽度都等于一个码元间隔,因此都属于 NRZ 码。在图 5-10(a)中,用三角脉冲的有无表示 1 码和 0 码,信号波形中各时刻的幅度都大于或等于 0,因此为单极性码。在图 5-10(b)中,用三角脉冲的正、负两个极性表示 1 码和 0 码,因此属于双极性码。

5.2.3　数字基带信号的功率谱

由于数字基带信号是一个随机的脉冲序列,没有确定的频谱函数,因而只能用功率谱描述其频谱特性。

在前面介绍的 4 种基本码型基带信号中,分别用两种不同的波形表示原始数字信息中的 1 码和 0 码,称为二元码基带信号。在二元码基带信号中,假设表示 1 码和 0 码的信号基本波形分别为 $g_1(t)$ 和 $g_2(t)$,并且 1 码和 0 码相互独立,出现的概率分别为 P 和 $1-P$。另外,假设码元速率为 R_s,码元间隔为 $T_s = 1/R_s$。

经过数学推导和分析可知,二元码基带信号的功率谱由两部分叠加而成,即

$$P(\omega) = P_c(\omega) + P_d(\omega) \tag{5-3}$$

其中

$$P_c(\omega) = R_s P(1-P) \mid G_1(j\omega) - G_2(j\omega) \mid^2 \tag{5-4}$$

$$P_d(\omega) = 2\pi R_s^2 \sum_{n=-\infty}^{\infty} \mid P G_1(jn\Omega_s) + (1-P)G_2(jn\Omega_s) \mid^2 \delta(\omega - n\Omega_s) \tag{5-5}$$

其中,$\Omega_s = 2\pi R_s = 2\pi/T_s$；$G_1(j\omega)$ 和 $G_2(j\omega)$ 分别为基本波形 $g_1(t)$ 和 $g_2(t)$ 的频谱。

1. 连续谱

由于 $g_1(t)$ 和 $g_2(t)$ 都是持续时间不超过 T_s 的非周期信号,因此其频谱 $G_1(j\omega)$ 和 $G_2(j\omega)$ 都是连续谱,则式(5-4)中的 $P_c(\omega)$ 是以 ω 为自变量的连续函数,所以称为连续谱。

实际系统中,表示和区分 1 码和 0 码的两种基本波形 $g_1(t)$ 和 $g_2(t)$ 一定不相同,则 $G_1(j\omega)$ 和 $G_2(j\omega)$ 一定不相等,因此基带信号功率谱中的连续谱是一定存在的。

大多数基带信号的连续谱都具有 Sa 函数的波形形状,因此功率谱中连续谱的波形一般都按 Sa 函数的平方而变化。一般将基带信号连续谱第 1 次达到横轴对应的频率定义为该基带信号的带宽,称为谱零点带宽。

2. 离散谱

式(5-5)中,$P_d(\omega)$ 由无穷多个冲激函数构成,各冲激函数都位于 Ω_s 的整数倍位置,因而称为离散谱。其中,各冲激函数的强度取决于 $G_1(j\omega)$ 和 $G_2(j\omega)$ 在此位置的频谱函数值,可能在 $\omega = n\Omega_s$ 的某些位置等于零,因此基带信号中可能不存在离散谱。

1) 基带信号中的直流分量

在离散谱中,$n=0$ 对应的分量频率等于 0,称为直流分量。对应的冲激为

$$P_0(\omega) = 2\pi R_s^2 \mid P G_1(j0) + (1-P)G_2(j0) \mid^2 \delta(\omega)$$

由此求得则直流分量的功率为

$$P_0 = \frac{1}{2\pi} \int_{-\infty}^{\infty} P_0(\omega) d\omega = R_s^2 \mid P G_1(j0) + (1-P)G_2(j0) \mid^2 \tag{5-6}$$

而幅度为

$$A_0 = \sqrt{P_0} = R_s \mid P G_1(j0) + (1-P)G_2(j0) \mid \tag{5-7}$$

2) 基带信号中的位定时分量

离散谱中频率等于码元速率 R_s 的分量,称为位定时分量,也就是在式(5-5)中 $n = \pm 1$ 时对称的两个冲激合起来构成的离散分量。将这两项冲激积分,可以求得基带信号中位定时分量的功率为

$$P_1 = R_s^2 \mid P G_1(j\Omega_s) + (1-P)G_2(j\Omega_s) \mid^2 + R_s^2 \mid P G_1(-j\Omega_s) + (1-P)G_2(-j\Omega_s) \mid^2$$

考虑实信号频谱的对称性,显然有

$$P_1 = 2R_s^2 \mid P G_1(j\Omega_s) + (1-P)G_2(j\Omega_s) \mid^2 \tag{5-8}$$

位定时分量是频率等于 R_s 的正弦信号,因此其幅度为

$$A_1 = \sqrt{2P_1} = 2R_s \mid P G_1(j\Omega_s) + (1-P)G_2(j\Omega_s) \mid \tag{5-9}$$

例 5-4　求 0,1 等概的单极性归零码基带信号的功率谱。假设码元间隔为 T_s,脉冲的幅度为 A。

图 5-11　基本波形

解　所谓 $0,1$ 等概，即原始数字代码序列中 1 码和 0 码的概率相等，因此 $P=0.5$。设 1 码对应的基本波形 $g_1(t)$ 如图 5-11 所示，而 0 码对应的基本波形 $g_2(t)=0$，则

$$G_1(\mathrm{j}\omega)=\frac{AT_s}{2}\,\mathrm{Sa}\!\left(\frac{\omega T_s}{4}\right),\quad G_2(\mathrm{j}\omega)=0$$

代入式(5-4)和式(5-5)，得到连续谱和离散谱分别为

$$P_c(\omega)=\frac{1}{T_s}\times\frac{1}{2}\times\frac{1}{2}\left(\frac{AT_s}{2}\right)^2\mathrm{Sa}^2\!\left(\frac{\omega T_s}{4}\right)=\frac{A^2T_s}{16}\mathrm{Sa}^2\!\left(\frac{\omega T_s}{4}\right)$$

$$P_d(\omega)=2\pi\frac{1}{T_s^2}\sum_{n=-\infty}^{\infty}\left[\frac{1}{2}\times\frac{AT_s}{2}\,\mathrm{Sa}\!\left(\frac{n\Omega_s T_s}{4}\right)\right]^2\delta(\omega-n\Omega_s)$$

$$=\frac{\pi A^2}{8}\sum_{n=-\infty}^{\infty}\mathrm{Sa}^2\!\left(\frac{n\pi}{2}\right)\delta(\omega-n\Omega_s)$$

其中，$\Omega_s=2\pi/T_s$。

得到单极性归零码基带信号的功率谱，如图 5-12 所示。由图 5-12 的连续谱求得基带信号的带宽为 $B=2\Omega_s/(2\pi)=2/T_s$，等于码元速率的 2 倍。

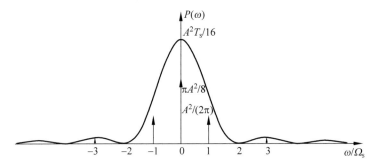

图 5-12　单极性归零码基带信号的功率谱

此外，在 $\omega=0$ 处存在离散谱，因此基带信号中存在直流分量，其功率和幅度分别为

$$P_0=\frac{1}{2\pi}\times\frac{\pi A^2}{8}=\frac{A^2}{16},\quad A_0=\frac{A}{4}$$

在 $\omega=\pm\Omega_s$ 处存在冲激，说明该基带信号中存在位定时分量，其功率和幅度分别为

$$P_1=2\times\frac{1}{2\pi}\times\frac{\pi A^2}{8}\times\mathrm{Sa}^2\!\left(\frac{\pi}{2}\right)=\frac{A^2}{2\pi^2},\quad A_1=\sqrt{2P_1}=\frac{A}{\pi}$$

例 5-5　求 $0,1$ 等概的双极性 NRZ 码基带信号的功率谱。假设码元间隔为 T_s，脉冲的幅度为 A。

解　因为 $0,1$ 等概，则 $P=0.5$。根据双极性非归零码的编码规则，设 1 码和 0 码对应的基本波形 $g_1(t)$ 和 $g_2(t)$ 如图 5-13 所示，显然 $g_2(t)=-g_1(t)$，则

$$G_1(\mathrm{j}\omega)=AT_s\,\mathrm{Sa}\!\left(\frac{\omega T_s}{2}\right),\quad G_2(\mathrm{j}\omega)=-G_1(\mathrm{j}\omega)=-AT_s\,\mathrm{Sa}\!\left(\frac{\omega T_s}{2}\right)$$

代入式(5-4)和式(5-5)得到连续谱和离散谱分别为

$$P_c(\omega)=R_sP(1-P)\,|\,2G_1(\mathrm{j}\omega)\,|^2=4R_sP(1-P)\,|\,G_1(\mathrm{j}\omega)\,|^2$$

$$= 4 \times \frac{1}{T_s} \times \frac{1}{2} \times \frac{1}{2} \left[(AT_s)^2 \mathrm{Sa}^2 \left(\frac{\omega T_s}{2} \right) \right]$$

$$= A^2 T_s \mathrm{Sa}^2 \left(\frac{\omega T_s}{2} \right)$$

$$P_d(\omega) = 2\pi R_s^2 \sum_{n=-\infty}^{\infty} | PG_1(\mathrm{j}n\Omega_s) + (1-P)G_2(\mathrm{j}n\Omega_s) |^2 \delta(\omega - n\Omega_s)$$

$$= 2\pi R_s^2 \sum_{n=-\infty}^{\infty} | PG_1(\mathrm{j}n\Omega_s) - (1-P)G_1(\mathrm{j}n\Omega_s) |^2 \delta(\omega - n\Omega_s)$$

$$= 0$$

其中，$\Omega_s = 2\pi/T_s$。

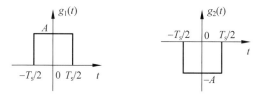

图 5-13 双极性非归零码的基本波形

由此可见，0,1 等概的双极性非归零码的功率谱中没有离散谱，只有连续谱，因此，这种基带信号中没有直流分量，也没有位定时分量。图 5-14 所示为其功率谱。由图 5-14 可知，这种基带信号的带宽为 $B = \Omega_s/(2\pi) = 1/T_s$，数值上等于码元速率。

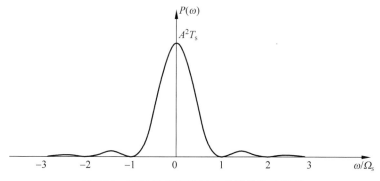

图 5-14 双极性非归零码基带信号的功率谱

需要注意的是，在上述计算过程中，1 码和 0 码分别用两种不同的基本波形信号 $g_1(t)$ 和 $g_2(t)$ 表示。而对于多元码基带信号（如 AMI 码和 HDB$_3$ 码），各码元间隔内的时间波形有多种情况，因此无法利用上述公式计算其功率谱，需要利用其他方法或借助计算机仿真软件进行分析。

图 5-15 所示为 AMI 码基带信号的功率谱。由此可见，这种码型的基带信号，其功率主要集中在 $\Omega_s/2$ 附近，直流成分和高频成分都比较小。因此，AMI 码特别适合在低频特性不好、具有交流耦合的信道中传输。

此外，在上述计算方法中，并没有限定 $g_1(t)$、$g_2(t)$ 和 $v(t)$ 的波形，因此对于实际系统中采用的升余弦脉冲基带信号、三角脉冲基带信号等，也可以利用上述方法计算其功率谱。

图 5-15　AMI 码基带信号的功率谱

　　根据功率谱可以分析基带信号的带宽、其中是否存在直流分量、位定时分量等,这些结论对设计基带传输系统是相当重要的。下面再做些总结。

　　(1) 单极性基带信号中一定存在直流分量。

　　(2) 0,1 等概的双极性基带信号中不存在离散谱,也就没有直流分量和位定时分量。

　　(3) 在 4 种基本码型的基带信号中,只有单极性归零码基带信号中存在位定时分量。对于不存在位定时分量的基带信号,在接收端可以通过一些非线性变换将其变为单极性归零信号,然后从中提取位定时信息。

　　(4) 归零码基带信号的带宽都大于非归零基带信号。对于半占空归零码,其带宽在数值上等于码元速率的 2 倍,是非归零码基带信号带宽的 2 倍。

5.3　码间干扰

　　在数字通信系统中,由于传输信道的特性不理想,将造成码间干扰。码间干扰达到一定程度时,将使抽样判决发生错误,形成误码,从而影响传输的可靠性。

5.3.1　码间干扰的概念

　　为了说明码间干扰的概念,先假设数字基带传输系统中没有发送滤波器和接收滤波器。在发送端和接收端之间通过有线信道直接连接,并假设信道具有低通特性。

　　假设发送端发送的数字基带信号为双极性 NRZ 码矩形脉冲基带信号,其谱零点带宽等于码元速率。信号中位于频谱主瓣(即带宽范围)内的低频分量具有比较大的幅度和功率,此外,还含有大量的位于频谱旁瓣内的高频分量。

　　当信道带宽远大于基带信号的带宽时,意味着主瓣内的分量和旁瓣内幅度和功率较大的分量都能够通过信道,在接收端合成的波形与发送的基带信号波形之间失真很小。此时,接收端接收到的波形也近似为标准的矩形脉冲,如图 5-16 所示。

　　当信道带宽小于基带信号的带宽时,基带信号中幅度和功率比较大的低频分量也将受到一定程度的过滤和衰减,导致信道输出波形出现较大的失真和畸变,如图 5-17 所示。

　　由于信道特性不理想,带宽不够大,导致传送的数字基带信号中高频分量和部分位于带宽范围内的低频分量被大幅度衰减,从而使各码元引起的信道输出信号时间波形被展宽和拖尾,相互造成干扰,使信号波形出现畸变和失真。这种现象称为码间干扰(Inter-Symbol

Interference,ISI），又称为码间串扰或符号间干扰。

(a)时间波形   (b)功率谱

图 5-16 信道带宽大于信号带宽时的输入输出信号

(a)时间波形   (b)功率谱

图 5-17 信道带宽小于信号带宽时的输入输出信号

显然，为了避免或减少码间干扰，需要信道提供足够大的带宽。但是，这将使频带利用率降低，传输的有效性变差。因此，有必要探寻更有效的方法，以尽可能降低对信道传输带宽的要求，又能获得足够高的传输速率。常用的方法是在发送端采用发送滤波器，将传输的基带信号转换为与信道特性相匹配的传输波形。

5.3.2 无码间干扰传输的条件

为分析无码间干扰传输的条件，将数字基带传输系统中的发送滤波器、信道和接收滤波器的串联合起来，称为成形网络。发送端发送的数字基带信号通过发送滤波器后得到基带信号的传输波形。

1. 时域条件

考虑到数字通信系统接收端中的抽样判决，为简化分析，可以将发送端发送的代码序列 $\{a_n\}$ 对应的基带信号表示为相距一个码元间隔 T_s、强度等于 a_n 的冲激序列 $a(t)$，即

$$a(t) = \sum_{n=-\infty}^{\infty} a_n\delta(t-nT_s)$$

在 $a(t)$ 作用下，成形网络的输出为

$$s(t) = a(t) * h(t) = \sum_{n=-\infty}^{\infty} a_n h(t - nT_s) \tag{5-10}$$

其中，$h(t)$为成形网络的单位冲激响应。

$s(t)$送入抽样判决器进行抽样判决，得到输出代码序列$\{b_n\}$。不考虑传输延时，为实现正确判定，假设第k个码元的抽样判决时刻为$t_k = kT_s$。则由式(5-10)可以得到该时刻的抽样值为

$$s(t_k) = \sum_{n=-\infty}^{\infty} a_n h(t_k - nT_s) = \sum_{n=-\infty}^{\infty} a_n h(kT_s - nT_s) = a_k h(0) + \sum_{n=-\infty, n \neq k}^{\infty} a_k h(kT_s - nT_s)$$

等式右边第 2 项累加和表示其他码元对第 k 个码元 a_k 抽样值造成的影响，因此这一项即代表码间干扰。如果不考虑传输损耗等因素，上述抽样值 $s(t_k)$ 应等于发送端 $\{a_n\}$ 中第 k 个码元对应冲激的强度 a_k。这就要求 $h(0) = 1$，并且第 2 项累加和为 0。

根据上述分析，为消除码间干扰，应使成形网络的单位冲激响应 $h(t)$ 满足

$$h(kT_s) = h(t) \mid_{t=kT_s} = \begin{cases} 1, & k = 0 \\ 0, & k \neq 0 \end{cases} \tag{5-11}$$

式(5-11)表明 $h(t)$ 的值除 $t = 0$ 外，在其他所有抽样点上均为零。也就是说，$h(t)$ 应具有周期性的过零点，并且相邻两个过零点之间的时间间隔刚好等于码元间隔 T_s。这就是传输无码间干扰时成形网络应该满足的时域条件。

假设成形网络的单位冲激响应 $h(t)$ 具有周期性的过零点，并具有如图 5-18(a) 所示的波形。此外，发送端采用单极性传输，发送的代码序列为 1101，则成形网络的输出 $s(t)$ 波形如图 5-18(b) 中的实线所示。

(a) 单位冲激响应

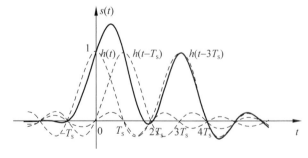

(b) 成形网络输出

图 5-18　成形网络的单位冲激响应及输出波形

接收端对成形网络的输出 $s(t)$ 每隔一个码元间隔 T_s 抽样一次,如图 5-18(b)的小黑点所示。每个抽样值再与门限电平相比较,判决得到代码序列。对于单极性传输,判决门限电平取为信号幅度最大值的一半,则判决输出代码序列为 1101,与发送的代码序列完全相同,这就说明没有码间干扰和传输误码。

如果成形网络的单位冲激响应如图 5-19(a)所示,显然此时 $h(t)$ 不满足式(5-11)。如图 5-19(b)所示,接收端对成形网络的输出信号 $s(t)$ 在 $t=kT_s(k=0,1,2,3)$ 时刻抽样,判决结果为 1110,这就说明出现了码间干扰,并且其中后两个码元出现了误码。

(a) 单位冲激响应

(b) 成形网络输出

图 5-19　有码间干扰的情况

2. 奈奎斯特第一准则

为保证没有码间干扰,成形网络的单位冲激响应必须具有周期性的过零点,并且传送的码元间隔刚好等于相邻两个过零点之间的时间间隔。由于成形网络的单位冲激响应 $h(t)$ 与其传输特性 $H(j\omega)$ 互为傅里叶变换对,经过数学推导和分析可知,为避免码间串扰,成形网络的传输特性应满足

$$\sum_k H\left[j\left(\omega+\frac{2k\pi}{T_s}\right)\right]=C, \quad |\omega| \leqslant \frac{\pi}{T_s} \tag{5-12}$$

其中,C 为任意常数。

式(5-12)称为奈奎斯特第一准则,是为消除码间干扰,成形网络的传输特性应该满足的条件,称为无码间干扰的频域条件。该准则表示的含义:将成形网络的传输特性 $H(j\omega)$ 沿频率轴以 $2\pi/T_s$ 为周期进行周期延拓,然后将各延拓波形进行叠加。如果在 $|\omega| \leqslant \pi/T_s$ 区间内,叠加后的波形为水平线,则这样的成形网络以 T_s 为码元间隔传输基带信号时,就不会有码间干扰。

假设成形网络传输特性 $H(j\omega)$ 的波形如图 5-20 所示,将其以 ω_1 为周期延拓再叠加。可见,在整个频率范围内,叠加后的波形都为一条水平线。因此,当取 $2\pi/T_s=\omega_1$,即码元速率 $T_s=2\pi/\omega_1$ 时,满足上述奈奎斯特第一准则,此时将没有码间干扰。

满足上述条件的传输特性很多,一种典型的情况是奇对称滚降特性。所谓奇对称滚降特性,是指具有如图 5-21 所示波形的传输特性。$H(j\omega)$ 的波形从 a 点开始随着 ω 的增大而

逐渐下降(称为滚降),最终在 c 点下降到零。

图 5-20   成形网络的传输特性

图 5-21   奇对称滚降特性

如果在这一段波形上能够找到一点 b,将 ab 段波形围绕 b 点旋转180°,能够与 cb 段波形完全重合,则将 b 点称为奇对称点,这样的传输特性就具有奇对称滚降特性。

显然,上述奇对称滚降特性能够满足奈奎斯特第一准则,只要保证 $2\pi/T_s = \omega_0$,即码元间隔 $T_s = \pi/\omega_0$,码元速率 $R_s = 1/T_s = \omega_0/\pi$。

需要说明的是,在传输特性确定后,满足奈奎斯特第一准则所需的码元间隔有很多,以上得到的 T_s 是为了保证没有码间干扰所需的最小码元间隔,R_s 为能够达到的最高码元速率。

对于如图 5-21 所示传输特性,$B = \omega_H/(2\pi)$ 为成形网络的传输带宽。因此,在没有码间干扰的前提下,能够达到的最高频带利用率为

$$\eta_s = \frac{R_s}{B} = \frac{2\omega_0}{\omega_H} \mathrm{Bd/Hz} \tag{5-13}$$

例 5-6   已知基带传输系统成形网络的传输特性如图 5-22 所示。求无码间干扰的最高码元速率 R_s 和最高频带利用率 η_s。

解   由图 5-22 求得传输特性奇对称点的频率为

$$\omega_0 = \frac{1000\pi + 2000\pi}{2} = 1500\pi \mathrm{rad/s}$$

则无码间干扰的最高码元速率为

$$R_s = \omega_0/\pi = 1500 \mathrm{Bd}$$

图 5-22   例 5-6 成形网络传输特性

此外,由图 5-22 求得传输带宽 $B = 2000\pi/(2\pi) = 1000\mathrm{Hz}$,则最高频带利用率为

$$\eta_s = \frac{R_s}{B} = \frac{1500}{1000} = 1.5 \mathrm{Bd/Hz}$$

5.3.3   无码间干扰的典型传输波形

满足奈奎斯特第一准则的成形网络传输特性和基带信号传输波形有很多,典型的有理想低通特性和升余弦滚降特性。

1. 理想低通特性

理想低通特性是满足奈奎斯特第一准则的一种最简单的情况。此时，成形网络的传输特性如图 5-23(a)所示。由此得到

$$H(j\omega) = \begin{cases} \dfrac{1}{2B}, & |\omega| < 2\pi B \\ 0, & |\omega| > 2\pi B \end{cases} \tag{5-14}$$

其中，B 为传输带宽。将 $H(j\omega)$ 取傅里叶反变换得到成形网络的单位冲激响应(即传输波形)为

$$h(t) = \text{Sa}(2\pi Bt) \tag{5-15}$$

其波形如图 5-23(b)所示。

(a) 理想低通特性曲线　　　　(b) 单位冲激响应波形

图 5-23　理想低通特性曲线及其单位冲激响应波形

由此可见，理想低通成形网络的单位冲激响应每隔 $1/(2B)$ 有一个零点。如果令

$$T_s = \frac{1}{2B} \tag{5-16}$$

则

$$h(kT_s) = \text{Sa}(2\pi BkT_s) = \text{Sa}(\pi km) = \begin{cases} 1, & k = 0 \\ 0, & k \neq 0 \end{cases}$$

这就满足了式(5-11)所示的条件。因此，采用理想低通特性可以消除码间干扰。

式(5-16)是在成形网络的传输特性确定(即传输带宽 B)确定后，为了消除码间干扰，能够达到的最小码元间隔。由此求得无码间干扰的最高码元速率为

$$R_s = \frac{1}{T_s} = 2B \text{ Bd} \tag{5-17}$$

最高频带利用率为

$$\eta_s = \frac{R_s}{B} = 2\text{Bd/Hz} \tag{5-18}$$

这是所有数字基带传输系统所能达到的最高频带利用率，称为奈奎斯特频带利用率。相应地，将 $2B$ 称为奈奎斯特速率，对应的码元间隔 $1/(2B)$ 称为奈奎斯特间隔。

理想低通传输特性具有最高频带利用率。但是，在实际应用中理想低通系统存在两个问题：一方面，理想低通特性无法实现；另一方面，其单位冲激响应 $h(t)$ 的拖尾往往很长，衰减缓慢。定时稍有偏差，可能会产生比较严重的码间干扰。

2. 升余弦滚降特性

升余弦滚降特性及其单位冲激响应分别如式(2-8)和式(2-9)所示。图 5-24 给出了升余弦滚降信号的频谱和单位冲激响应。

(a) 升余弦滚降特性曲线

(b)时间波形

图 5-24 升余弦滚降特性和时间波形

比较图 5-23(b)和图 5-24(b)可知,升余弦滚降特性的单位冲激响应与理想低通特性具有类似的波形,即都随时间呈衰减振荡,并且沿横轴方向具有周期性的过零点,每隔 π/ω_0 的时间间隔穿过一次横轴。与理想低通特性相比,升余弦滚降特性的单位冲激响应衰减得快一些,并且 α 越大,衰减越快。这对减小码间干扰和定时误差的影响是有利的。

显然,对升余弦滚降特性,其传输带宽为

$$B = \frac{(1+\alpha)\omega_0}{2\pi} \text{Hz} \tag{5-19}$$

因此,最高码元速率和最高频带利用率分别为

$$R_s = \frac{\omega_0}{\pi} \text{ Bd} \tag{5-20}$$

$$\eta_s = \frac{2}{1+\alpha} \text{ Bd/Hz} \tag{5-21}$$

例 5-7 已知某数字基带传输系统成形网络具有升余弦滚降特性,滚降系数 $\alpha = 0.5$,带宽为 3kHz。求无码间干扰的最高码元速率 R_s。

解 由式(5-21)求得该基带传输系统的最高频带利用率为

$$\eta_s = \frac{2}{1+\alpha} = \frac{4}{3} \text{Bd/Hz}$$

则最高码元速率为

$$R_s = \eta_s B = \frac{4}{3} \times 3 = 4\text{kBd}$$

5.4　部分响应和均衡技术

在实际系统中,码间干扰不可避免,但是可以采取各种技术以尽量减小码间干扰的影响,提高频带利用率。部分响应技术和均衡技术就是常用的两种典型技术。

5.4.1　部分响应技术

为了消除码间干扰,根据奈奎斯特第一准则,可把基带系统的传输特性设计为理想低通特性。但是理想低通特性系统的冲激响应拖尾严重,对接收端抽样定时的要求很高。采用升余弦滚降特性,拖尾的衰减速度快,可以降低对定时精度的要求,但系统的频带利用率低。为了降低到对定时精度的要求,同时又保证具有足够高的频带利用率,在高速、大容量的传输系统中,提出了部分响应传输系统,简称部分响应系统。

1. 奈奎斯特第二准则

奈奎斯特第二准则的具体含义:通过有意识地在指定的某些码元抽样时刻引入码间干扰,而在其他码元的抽样时刻无码间干扰,那么就能使频带利用率提高到理论上的最大值,同时又可以降低对定时精度的要求。

根据上述奈奎斯特第二准则得到的传输波形称为部分响应波形。利用这种波形进行传输的基带传输系统称为部分响应系统。

在理想低通特性中,当码元间隔取为理想低通传输波形中相邻两个零点之间的时间间隔时,$T_s = 1/(2B)$,则 $B = 1/(2T_s)$,代入式(5-15)得到

$$h(t) = \mathrm{Sa}\left(\frac{\pi t}{T_s}\right) \tag{5-22}$$

如果将时间上相隔 T_s 的两个波形叠加,则得到部分响应波形,如图 5-25(a)所示,其时间表达式为

$$s(t) = h(t) + h(t - T_s) = \mathrm{Sa}\left(\frac{\pi t}{T_s}\right) + \mathrm{Sa}\left[\frac{\pi(t - T_s)}{T_s}\right] \tag{5-23}$$

在部分响应波形中,由于 $h(t)$ 与 $h(t - T_s)$ 在时间轴方向的距离刚好等于 $h(t)$ 波形上相邻两个过零点之间的时间间隔,$h(t)$ 与 $h(t - T_s)$ 两个波形的拖尾正好极性相反,从而使合成波形 $g(t)$ 的拖尾相互抵消一部分,最终导致拖尾迅速衰减。

此外,$s(t)$ 在 $t = 0$ 和 $t = T_s$ 的幅度都为1,而在 $t = 2T_s, 3T_s, \cdots$ 都为零,这说明以这样的波形传输数字代码,只是当前码元对下一个码元有码间干扰,而对其他码元都没有码间干扰。

利用时移性质对式(5-23)取傅里叶变换得到

$$S(\mathrm{j}\omega) = [H(\mathrm{j}\omega) + H(\mathrm{j}\omega)\mathrm{e}^{-\mathrm{j}\omega T_s}] = H(\mathrm{j}\omega)2\cos\frac{\omega T_s}{2}\mathrm{e}^{-\mathrm{j}\omega T_s/2}$$

其中,$H(\mathrm{j}\omega)$ 为式(5-14)所示的理想低通传输特性,且 $B = 1/(2T_s)$。若只考虑幅频特性,则得到

图 5-25 部分响应波形及其传输特性曲线

$$S(\omega)=\begin{cases}2T_s\cos\dfrac{\omega T_s}{2}, & |\omega|<\dfrac{\pi}{T_s}\\[3mm]0, & |\omega|\geqslant\dfrac{\pi}{T_s}\end{cases} \tag{5-24}$$

部分响应系统的传输特性如图 5-25(b)所示。由此可见,部分响应波形的带宽为

$$B=\frac{1}{2\pi}\times\frac{\pi}{T_s}=\frac{1}{2T_s} \tag{5-25}$$

码元速率为 $R_s=1/T_s$,则频带利用率达到理论上的极限值,即 $\eta_s=R_s/B=2\mathrm{Bd/Hz}$。

2. 第 1 类部分响应系统

为了得到上述部分响应波形和传输特性,将原始数字代码序列 $\{a_n\}$ 延时一个码元间隔 T_s 后再与其相加,加法器的输出序列设为 $\{c_n\}$,再将 $\{c_n\}$ 作为发送滤波器的输入序列,其输出即为部分响应波形 $s(t)$。

1)第 1 类部分响应系统基本原理

为了简化分析,将 $\{a_n\}$ 对应的基带信号表示为一系列相距一个码元间隔 T_s 的冲激序列 $a(t)$,即

$$a(t)=\sum_{n=-\infty}^{\infty}a_n\delta(t-nT_s)$$

则 $\{c_n\}$ 对应的基带信号可以表示为

$$c(t)=a(t)+a(t-T_s)=\sum_{n=-\infty}^{\infty}\{a_n\delta(t-nT_s)+a_n\delta[t-(n+1)T_s]\}$$

假设成形网络具有理想低通特性,其单位冲激响应 $h(t)$ 如式(5-22)所示。则在 $c(t)$ 作用下,得到的部分响应波形为

$$s(t)=c(t)*h(t)=\sum_{n=-\infty}^{\infty}\{a_nh(t-nT_s)+a_nh[t-(n+1)T_s]\}$$

$$=\sum_{n=-\infty}^{\infty}\left\{a_n\mathrm{Sa}\left[\frac{\pi(t-nT_s)}{T_s}\right]+a_n\mathrm{Sa}\left[\frac{\pi(t-(n+1)T_s)}{T_s}\right]\right\}$$

对其在 $t=kT_s$ 时刻抽样,得到第 k 个码元 a_k 对应的抽样值为

$$s_k = s(t)\big|_{t=kT_s} = \sum_{n=-\infty}^{\infty} \left\{ a_n \mathrm{Sa}\left[\frac{\pi(kT_s - nT_s)}{T_s}\right] + a_n \mathrm{Sa}\left[\frac{\pi(kT_s - (n+1)T_s)}{T_s}\right] \right\}$$

$$= \sum_{n=-\infty}^{\infty} \left[a_n \mathrm{Sa}(k-n)\pi + a_n \mathrm{Sa}(k-n-1)\pi \right]$$

$$= a_k + a_{k-1} \tag{5-26}$$

式(5-26)说明,第 k 个码元对应的抽样值等于当前码元 a_k 与其前一个码元 a_{k-1} 之和,显然 a_{k-1} 为第 $k-1$ 个码元对第 k 个码元的码间干扰。由此可见,在这种部分响应系统中,每个码元都只受到前一个码元的干扰,而不会受到其他码元的干扰,所以将这种部分响应系统称为第 1 类部分响应系统。

在第 1 类部分响应系统中,前后码元之间存在码间干扰。但是由于这时的干扰是确定的,因此是可以采取措施消除的。假设输入的二进制码元序列为 $\{a_n\}$,同时假设 a_n 的取值为 $+1$ 和 -1,即采用双极性传输。当发送第 k 个码元 a_k 时,接收端对应的抽样值 s_k 由式(5-26)确定,只可能取 $-2,0,+2$。如果 a_{k-1} 已经判定,则根据式(5-26),用 s_k 减 a_{k-1},便可得到 a_k 的取值,从而消除码间干扰。

例如,假设发送端发送的数字代码序列 $\{a_n\}$ 为 11001011,则由 $\{a_n\}$ 序列到 $\{s_n\}$ 序列,以及由 $\{s_n\}$ 判决恢复得到 $\{a'_n\}$ 序列的过程如下。

a_n:		-1	$+1$	$+1$	-1	-1	$+1$	-1	$+1$	$+1$
a_{n-1}:			-1	$+1$	$+1$	-1	-1	$+1$	-1	$+1$
s_n:			0	$+2$	0	-2	0	0	0	$+2$
a'_n:		-1	$+1$	$+1$	-1	-1	$+1$	-1	-1	$+1$

其中,第 1 个 a_n 的值是随意假设的初值。在判决得到的 $\{a'_n\}$ 序列中,第 1 个 a'_n 的值假设为与 a_n 的初值相同。

2) 预编码与相关编码

在实际应用中,上述方法将出现差错传播现象,即在 $\{s_n\}$ 序列中,某个 s_n 因干扰而发生差错,不但会造成对当前 a_n 值的误判,还会影响到后面所有码元的判决和恢复。

为了避免差错传播现象,首先将发送端的原始数字代码序列 $\{a_n\}$ 进行预编码,得到序列 $\{b_n\}$。预编码规则为

$$b_k = a_k \oplus b_{k-1} \tag{5-27}$$

其中,$\oplus$ 表示模 2 和,也就是逻辑异或运算。

得到预编码序列 $\{b_n\}$ 后,再将其作为原始 $\{a_n\}$ 序列,进行式(5-26)所示的编码,称为相关编码,从而得到

$$s_k = b_k + b_{k-1} \tag{5-28}$$

对式(5-28)作模 2 运算处理,得到

$$a'_k = [s_k]_{\mathrm{mod}2} = [b_k + b_{k-1}]_{\mathrm{mod}2} = b_k \oplus b_{k-1} \tag{5-29}$$

而由式(5-27)得到

$$a_k = b_k \oplus b_{k-1} \tag{5-30}$$

式(5-30)表明,将成形网络输出的 $s(t)$ 经过抽样后得到 $\{s_n\}$ 序列,再对其作模 2 运算后

得到序列$\{a'_n\}$,该序列与发送端的原始代码序列$\{a_n\}$相等,这就实现了代码的判决恢复。该过程并不需要事先知道a_{k-1},所以避免了错误传播现象。

上述整个处理过程可概括为"预编码-相关编码-模2判决"过程,其中模2判决的判决规则为

$$a'_k = \begin{cases} 0, & s_k = \pm 2 \\ 1, & s_k = 0 \end{cases} \tag{5-31}$$

假设原始的$\{a_n\}$序列为11001011,并且采用双极性码传输,则以上处理过程可表示如下。

原始代码 a_n:		1	1	0	0	1	0	1	1
预编码 b_n:	0	1	0	0	0	1	1	0	1
b_{n-1}:		0	1	0	0	0	1	1	0
双极性表示:	−1	+1	−1	−1	−1	+1	+1	−1	+1
相关编码 s_n:		0	0	−2	−2	0	+2	0	0
模2判决 a'_n:		1	1	0	0	1	0	1	1

根据上述过程得到第1类部分响应系统如图5-26所示。其中,第1个加法器实现模2运算和预编码,第2个加法器实现相关编码。成形网络的输出经过抽样判决得到相关编码序列$\{s_n\}$,再进行模2判决,从而恢复原始代码序列$\{a_n\}$。

图 5-26　第1类部分响应系统

3. 部分响应系统的一般形式

在第1类部分响应系统中,只存在前后相邻两个码元之间的相互干扰,在其他码元之间没有干扰。将这一基本思想推广,得到部分响应系统传输波形的一般形式为

$$s(t) = \sum_{i=0}^{N-1} R_i \mathrm{Sa}\left[\frac{\pi(t - iT_s)}{T_s}\right] \tag{5-32}$$

其中,$R_i (i = 0, 1, \cdots, N-1)$为加权系数。

对式(5-32)作傅里叶变换,可以得到部分响应系统的传输特性为

$$S(\mathrm{j}\omega) = \begin{cases} T_s \sum_{i=0}^{N-1} R_i \mathrm{e}^{-\mathrm{j}\omega i T_s}, & |\omega| < \dfrac{\pi}{T_s} \\ 0, & |\omega| > \dfrac{\pi}{T_s} \end{cases} \tag{5-33}$$

在式(5-32)和式(5-33)中,不同的加权系数将得到不同的传输波形和频率特性,分别对应不同类型的部分响应系统。表5-1列出了目前常见的5类部分响应波形及其传输特性和对应的加权系数R_i,分别命名为第1~5类部分响应波形。为了便于对比,把具有理想低通特性的$\mathrm{Sa}(x)$波形也列在表中,并称为第0类,对应$R_0 = 1$。

　　由表 5-1 可知,各类部分响应系统的传输特性都没有超过理想低通传输特性的频带宽度,第 1 类部分响应传输特性主要集中在低频段,适于信道频带高频严重受限的场合。而第 4 类部分响应传输特性中没有直流分量,并且低频分量小,便于边带滤波以实现单边带调制。

　　但是各类部分响应波形的频谱结构和对邻近码元抽样时刻的干扰不同。例如,在第 2 类部分响应系统中,每个码元将对其后的第 1 个和第 2 个码元分别有 2 倍和 1 倍幅度的码间干扰。在第 4 类部分响应系统中,每个码元引起的输出将对其后第 2 个码元的抽样值有极性相反、幅度相同的码间干扰。

　　最后需要说明的是,部分响应系统带来的好处是在保证频带利用率达到理论上的极限值的前提下减小了码间干扰,其代价是要求发送信号的功率必须增大。这是由于当需要发送的数字代码为 L 进制时,部分响应系统在接收端抽样得到的电平幅度要超过 L 个。因此,在同样的输入信噪比的前提下,部分响应系统的抗噪声性能将比第 0 类响应系统差。目前在实际的应用中,第 1 类和第 4 类部分响应系统应用最广泛,主要就是因为这两种类型的部分响应系统中,抽样值的电平数比其他类型少。

表 5-1　5 类部分响应波形及其传输特性

类别	R_0	R_1	R_2	R_3	R_4	传输波形 $s(t)$	传输特性 $|S(j\omega)|$	s_n 电平数
0	1							2
1	1	1					$2T_s\cos\dfrac{\omega T_s}{2}$	3
2	1	2	1				$4T_s\cos^2\dfrac{\omega T_s}{2}$	5
3	2	1	-1				$2T_s\cos\dfrac{\omega T_s}{2}\sqrt{5-4\cos\omega T_s}$	5
4	1	0	-1				$2T_s\sin\omega T_s$	3
5	-1	0	2	0	-1		$4T_s\sin\omega T_s$	5

5.4.2 均衡技术

实际的基带传输系统不可能完全满足无码间干扰的传输条件，因而码间干扰是不可避免的。当干扰严重时，必须对系统进行校正，使其达到或接近无码间干扰要求的特性。理论和实践表明，在基带系统中插入一种可调（或不可调）滤波器就可以补偿整个系统的幅频和相频特性，从而减小码间串扰的影响。这个对系统校正的过程称为均衡，实现均衡的滤波器称为均衡器。

插入均衡器后基带系统的模型如图 5-27 所示，图中 $H(\mathrm{j}\omega)$ 为均衡前成形网络的频率特性，$T(\mathrm{j}\omega)$ 为均衡器的频率特性。

图 5-27 均衡后基带系统的模型

均衡分为频域均衡和时域均衡。频域均衡是从频率响应考虑，使包括均衡器在内的整个系统总传输函数满足无失真传输条件。时域均衡则是直接从时间响应考虑，使包括均衡器在内的整个系统的冲激响应满足无码间串扰条件。

频域均衡在信道特性不变，且传输低速率数据时是适用的，而时域均衡可以根据信道特性的变化进行调整，能够有效地减小码间串扰，故在高速数据传输中得以广泛应用。这里以时域均衡为例，介绍均衡技术的基本思想及其实现方法。

1. 时域均衡的基本原理

假设在均衡前成形网络的单位冲激响应为 $h(t)$，其波形如图 5-28(a) 所示，显然 $h(t)$ 不满足无码间干扰的条件。时域均衡就是在原成形网络的输出端（即在接收滤波器和取样判决器之间）插入均衡器，使插入均衡器后整个基带传输系统的单位冲激响应 $h'(t)$ 满足无码间干扰的时域条件，其波形如图 5-28(b) 所示。

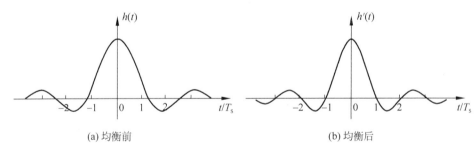

(a) 均衡前   (b) 均衡后

图 5-28 均衡前后成形网络的单位冲激响应

可以证明，为使校正后整个基带系统的传输特性满足奈奎斯特第一准则，均衡器的传输特性必须为

$$T(\mathrm{j}\omega) = \sum_{n=-\infty}^{\infty} c_n \mathrm{e}^{-\mathrm{j}nT_s\omega} \tag{5-34}$$

其中

$$c_n = \frac{T_s}{2\pi} \int_{-\pi/T_s}^{\pi/T_s} \frac{T_s}{\sum\limits_{m=-\infty}^{\infty} H\left[\mathrm{j}\left(\omega + \frac{2\pi m}{T_s}\right) \right]} \mathrm{e}^{\mathrm{j}nT_s\omega} \mathrm{d}\omega \tag{5-35}$$

对式(5-34)取傅里叶反变换,得到均衡器的单位冲激响应为

$$h_T(t) = \sum_{n=-\infty}^{\infty} c_n \delta(t - nT_s) \tag{5-36}$$

由此可见,均衡器的传输特性完全取决于原基带系统成形网络的传输特性 $H(\mathrm{j}\omega)$。只要已知 $H(\mathrm{j}\omega)$,就可以根据式(5-35)确定出 c_n,从而构造出均衡器,使校正后的整个系统满足无码间干扰的传输条件。

根据式(5-36)得到实现 $T(\mathrm{j}\omega)$ 的均衡器如图 5-29 所示,它实际上是由无限多个横向排列的延迟单元、相乘器和加法器组成的,因此称为横向滤波器。每个延迟单元的延迟时间等于码元间隔 T_s,其输出通过相应的抽头送至乘法器进行加权,加权系数(又称为抽头系数)为 c_n。所有乘法器的输出送至加法器,相加后作为均衡器的输出 $y(t)$,而均衡器的输入为原成形网络中接收滤波器的输出信号 $x(t)$。

图 5-29 时域均衡器原理

用上述方法构造出的均衡器,可以完全消除各抽样点上的码间干扰,但是需要无穷多个延迟单元,这在实际系统中是不可能实现的,大多情况下也是不必要的。因为实际信道往往仅是一个码元脉冲波形对邻近的少数几个码元产生串扰,故实际上只要有一二十个抽头的滤波器就可以了。

假设在实际的均衡器中,延迟单元和抽头数为 $2N+1$ 个,均衡器的输入为原基带系统接收滤波器的输出信号 $x(t)$,则可得到均衡器的输出为

$$y(t) = \sum_{n=-N}^{N} c_n x(t - nT_s) \tag{5-37}$$

在抽样时刻 $t = kT_s$ 时输出为

$$y(kT_s) = \sum_{n=-N}^{N} c_n x\left[(k-n)T_s\right] \tag{5-38}$$

简写为

$$y_k = \sum_{n=-N}^{N} c_n x_{k-n} \tag{5-39}$$

式(5-39)表明,均衡器输出波形在第 k 个取样时刻的抽样值 y_k 将由 $2N+1$ 个值确定,其中各个值是 $x(t)$ 经延迟后与相应的抽头系数相乘的结果。对于有码间干扰的输入波形

$x(t)$，可以用选择适当的抽头系数的方法，使输出 $y(t)$ 的码间干扰在一定程度上得到减小。

例 5-8 设有一个三抽头的均衡器，抽头系数分别为 $c_{-1}=-0.1$，$c_0=1$，$c_{+1}=-0.2$。均衡器输入 $x(t)$ 在各取样点上的取值分别为 $x_{-1}=0.1$，$x_0=1$，$x_1=0.2$，其余都为 0。试求均衡器输出 $y(t)$ 在各取样点上的值。

解 这里 $N=1$，则由式(5-39)得到

$$y_k = \sum_{n=-1}^{1} c_n x_{k-n} = c_{-1}x_{k+1} + c_0 x_k + c_{+1}x_{k-1}$$

将各已知数据代入求得

$$y_{-2} = c_{-1}x_{-1} = -0.01$$
$$y_{-1} = c_{-1}x_0 + c_0 x_{-1} = 0$$
$$y_0 = c_{-1}x_1 + c_0 x_0 + c_{+1}x_{-1} = 0.96$$
$$y_1 = c_0 x_1 + c_{+1}x_0 = 0$$
$$y_2 = c_{+1}x_1 = -0.04$$
$$y_k = 0, \quad |k| > 2$$

从上面的计算结果可知，虽然邻近抽样点的码间干扰(如例 5-8 中的 y_{-1} 和 y_1)可以校正为零，但是相隔稍远的抽样时刻却产生了新的码间干扰(如例 5-8 中的 y_{-2} 和 y_2)。主要原因是均衡器中延迟单元和抽头数太少。一般来说，一个抽头个数有限的均衡器不可能完全消除码间干扰，但是当抽头数增加到一定数目时，可以将码间干扰减小到比较小的程度。

此外，均衡输出波形码间干扰和波形失真的程度，可以用峰值失真和均方失真进行衡量。其中，峰值失真的定义为

$$D = \frac{1}{y_0} \sum_{\substack{k=-\infty \\ k\neq 0}}^{\infty} |y_k| \tag{5-40}$$

其中，累加项是均衡器的输出除 $k=0$ 以外的各个样值绝对值之和，反映了码间干扰的最大值，其值越小越好；y_0 为有用信号的样值，其值越大越好。因此，峰值失真就是峰值码间干扰和有用信号样值之比，其值越小越好。

均方失真的定义为

$$e^2 = \frac{1}{y_0^2} \sum_{\substack{k=-\infty \\ k\neq 0}}^{\infty} y_k^2 \tag{5-41}$$

以上两种失真是根据均衡后输出信号的抽样值定义的。同样，也可以根据均衡前的抽样值定义输入峰值失真和输入均方失真，即

$$D_0 = \frac{1}{x_0} \sum_{\substack{k=-\infty \\ k\neq 0}}^{\infty} |x_k| \tag{5-42}$$

$$e_0^2 = \frac{1}{x_0^2} \sum_{\substack{k=-\infty \\ k\neq 0}}^{\infty} x_k^2 \tag{5-43}$$

2. 迫零均衡器

理论分析表明，对具有 $2N+1$ 个抽头的均衡器，如果 $D_0 < 1$，要使均衡后的峰值失真 D

达到最小值,输出 $y(t)$ 的抽样值应该满足

$$y_k = \begin{cases} 1, & k=0 \\ 0, & k=\pm 1, \pm 2, \cdots \pm N \end{cases} \tag{5-44}$$

将式(5-44)和已知的均衡器输入样值 x_k 代入式(5-39),可以得到 $2N+1$ 个方程构成的方程组,根据方程组就可以求出均衡器所需的 $2N+1$ 个抽头系数 $c_n(n=-N\sim+N)$。这 $2N+1$ 个方程可以用矩阵形式表示为

$$\begin{bmatrix} x_0 & x_{-1} & \cdots & x_{-2N} \\ x_1 & x_0 & \cdots & x_{-2N+1} \\ \vdots & \vdots & \cdots & \vdots \\ x_N & x_{N-1} & \cdots & x_{-N} \\ \vdots & \vdots & \cdots & \vdots \\ x_{2N-1} & x_{2N-2} & \cdots & x_{-1} \\ x_{2N} & x_{2N-1} & \cdots & x_0 \end{bmatrix} \begin{bmatrix} c_{-N} \\ c_{-N+1} \\ \vdots \\ c_0 \\ \vdots \\ c_{N-1} \\ c_N \end{bmatrix} = \begin{bmatrix} 0 \\ 0 \\ \vdots \\ 1 \\ \vdots \\ 0 \\ 0 \end{bmatrix} \tag{5-45}$$

根据这种方法求得 $2N+1$ 个延迟单元的抽头系数,能够使均衡器输出的抽样值 y_k 在 $k=0$ 两侧各有 N 个零值,从而使均衡后的峰值失真达到最小,达到最佳均衡效果。采用这种方法确定抽头系数,得到的均衡器称为迫零均衡器。

例 5-9　设计一个三抽头的迫零均衡器,已知均衡器输入在各取样点上的取值分别为 $x_{-2}=0, x_{-1}=0.1, x_0=1, x_1=0.2, x_2=0.1$,其余取样值都为 0。求均衡器的抽头系数,并计算均衡前后的峰值失真。

解　由 $2N+1=3$ 求得 $N=1$。将已知的 x_k 代入式(5-45)得到

$$\begin{bmatrix} 1 & 0.1 & 0 \\ 0.2 & 1 & 0.1 \\ 0.1 & 0.2 & 1 \end{bmatrix} \begin{bmatrix} c_{-1} \\ c_0 \\ c_{+1} \end{bmatrix} = \begin{bmatrix} 0 \\ 1 \\ 0 \end{bmatrix}$$

由此求得

$$c_{-1} = -0.1041, \quad c_0 = 1.0405, \quad c_{+1} = -0.1977$$

代入式(5-39)求得

$$y_{-3} = c_{-1}x_{-2} + c_0 x_{-3} + c_{+1}x_{-4} = 0$$
$$y_{-2} = c_{-1}x_{-1} + c_0 x_{-2} + c_{+1}x_{-3} = -0.0104$$
$$y_{-1} = c_{-1}x_0 + c_0 x_{-1} + c_{+1}x_{-2} = 0$$
$$y_0 = c_{-1}x_1 + c_0 x_0 + c_{+1}x_{-1} = 1$$
$$y_1 = c_{-1}x_2 + c_0 x_1 + c_{+1}x_0 = 0$$
$$y_2 = c_{-1}x_3 + c_0 x_2 + c_{+1}x_1 = 0.0645$$
$$y_3 = c_{-1}x_4 + c_0 x_3 + c_{+1}x_2 = -0.0198$$
$$y_k = 0, \quad |k| > 3$$

输入输出峰值失真分别为

$$D_0 = \frac{1}{x_0} \sum_{\substack{k=-\infty \\ k\neq 0}}^{\infty} |x_k| = |x_{-2}| + |x_{-1}| + |x_1| + |x_2| = 0.4$$

$$D = \frac{1}{y_0} \sum_{\substack{k=-\infty \\ k \neq 0}}^{\infty} |y_k| = |y_{-2}| + |y_{-1}| + |y_1| + |y_2| + |y_3| = 0.0947$$

由此可见,均衡后的峰值失真得到了极大地减小。

3. 均衡器的实现

均衡器按照调整方式不同,可以分为自动均衡器和手动均衡器。自动均衡器还可以分为预置式均衡器和自适应均衡器。

1）预置式均衡

所谓预置式均衡,就是在传输实际数据之前,发送一种预先设定的测试脉冲序列,如频率很低的周期脉冲序列。然后按照"迫零"调整原理,根据测试脉冲得到的样值序列$\{x_k\}$自动或手动调整各抽头系数,直至误差小于某一允许范围。调整各抽头系数后,然后再传送数据,数据在传输过程中不作调整。

图 5-30 所示为一个预置式自动均衡器的原理。在输入端,每隔一段时间送入一个来自发送端的测试单脉冲波形。当各波形间隔 T_s s 依次输入时,在输出端对应得到 $2N+1$ 个样值为 $y_k(k=-N,-N+1,\cdots,N-1,N)$ 的波形。根据"迫零"调整原理,若得到的某个 y_k 为正极性时,则相应的抽头增益 C_k 应减小一个适当的 Δ；若 y_k 为负极性,则相应的 C_k 应增加一个适当的增量 Δ。

图 5-30　预置式自动均衡器的原理

为了实现上述调整,在输出端将每个 y_k 依次进行抽样并进行极性判决,判决的两种可能结果以"极性脉冲"表示,并加到控制电路。控制电路将在某个规定时刻将所有"极性脉冲"分别作用到对应的抽头上,让它们做增加 Δ 或下降 Δ 的改变。这样,经过多次调整,就能达到均衡的目的。

2）自适应均衡

实际系统中,传输信息时并不允许事先进行预置式调整,即使允许采用预置式调整也并不能确保信道在传输期间一成不变。为了在传输信息过程中能利用包含在信号中的码间干扰信息能自动调整抽头系数,就必须采用自适应均衡器。

所谓自适应均衡,是在数据传输过程中依据某种算法不断调整抽头系数,因而能很好地适应信道的随机变化。自适应均衡器与预置式均衡器一样,都是通过调整横向滤波器的抽头增益实现均衡的。但自适应均衡器不再利用专门的测试单脉冲进行误差的调整,而是在传输数据期间借助信号本身调整增益,从而实现自动均衡目的。

5.5 抗噪声性能与眼图

码间干扰和信道噪声是影响接收端正确判决而造成误码的两个因素。前面分析了忽略噪声影响条件下,能够消除码间干扰的基带传输特性。本节将研究在没有码间干扰的情况下,噪声对基带信号传输的影响,也就是分析系统仅受噪声影响时,系统产生的误码率;同时介绍工程上比较实用的眼图法性能分析。

5.5.1 数字基带信号的传输与判决

考虑信道引入的噪声,数字基带传输系统的模型如图 5-31 所示。其中,数字代码序列 $\{a_n\}$ 经发送滤波器变换为适合信道传输的波形 $s(t)$,和信道引入的噪声 $n(t)$ 一起传输到接收端,接收滤波器的输出为有用的基带信号 $y(t)$ 和噪声 $n(t)$ 的混合波形,即

$$x(t) = y(t) + n(t) \tag{5-46}$$

图 5-31 考虑信道噪声时基带传输系统的模型

假设信道中引入的噪声 $n_c(t)$ 是均值为零的高斯噪声,其幅度概率密度函数服从高斯分布,即

$$f(x) = \frac{1}{\sqrt{2\pi}\sigma} \exp\left(-\frac{x^2}{2\sigma^2}\right) \tag{5-47}$$

其中,σ^2 为噪声的平均功率。高斯噪声 $n_c(t)$ 通过信道和接收滤波器后得到低通型高斯噪声 $n(t)$。

接收滤波器的输出信号 $x(t)$ 送入抽样判决器,抽样判决器在每个码元间隔对 $x(t)$ 进行抽样,并根据抽样值恢复出数字代码序列 $\{a_n'\}$。

假设数字基带信号采用双极性传输,对应发送数字代码 0 和 1,基带信号脉冲的幅度分别为 $-A$ 和 A,并且假设在传输过程中信道对信号没有衰减,则 $y(t)$ 信号中脉冲的幅度分别为 $-A$ 和 A,并且分别对应 0 码和 1 码。

由于抽样判决器的输入为有用信号 $y(t)$ 和噪声 $n(t)$ 的混合波形,则在每个抽样时刻的抽样值也是 $y(t)$ 和噪声 $n(t)$ 抽样值的叠加。在第 k 个码元时刻的抽样值为

$$x(kT_s) = y(kT_s) + n(kT_s) = \begin{cases} A + n(kT_s), & \text{发 1 码时} \\ -A + n(kT_s), & \text{发 0 码时} \end{cases} \tag{5-48}$$

将上述抽样值再送入判决电路。判决电路中设定一判决门限电平 $L=0$,判决器的判决规则:若抽样值大于 0 电平,则判为 1 码;抽样值小于 0 电平,则判为 0 码。

5.5.2 误码率分析

根据上述抽样判决过程,显然影响正确判决恢复的是噪声的幅度大小。如果噪声幅度小,不至于使抽样值超过判决门限,则判决器能够判决得到正确的代码;如果抽样时刻噪声

幅度过大,使抽样值超过了判决门限,则判决器判决得到错误代码。

假设信道引入高斯噪声的均值为0,通过接收滤波器后得到低通型噪声 $n(t)$,其均值也为0。因此,在发送1码和0码时,有用信号和噪声叠加后,得到的混合信号 $x(t)$,其幅度是有用信号 $y(t)$ 和噪声 $n(t)$ 幅度的叠加。

同样,假设发送端采用双极性传输,并且信道传输没有衰耗,则在发送1码和0码期间,$y(t)$ 的幅度分别为 $+A$ 和 $-A$。与噪声叠加后,得到 $x(t)$ 的幅度是分别在 $+A$ 和 $-A$ 的基础上,按照噪声 $n(t)$ 的幅度规律而变化。因此,在发送1码和0码期间,$x(t)$ 的幅度概率密度函数分别为

$$f_1(x) = \frac{1}{\sqrt{2\pi}\sigma} \exp\left[-\frac{(x-A)^2}{2\sigma^2}\right] \tag{5-49}$$

$$f_0(x) = \frac{1}{\sqrt{2\pi}\sigma} \exp\left[-\frac{(x+A)^2}{2\sigma^2}\right] \tag{5-50}$$

对应的概率密度函数曲线如图5-32所示。

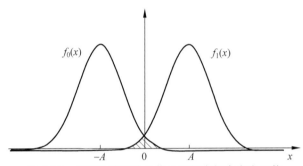

图 5-32　接收滤波器输出信号的幅度概率密度函数

根据上述判决过程,对于双极性传输,最佳判决门限电平取为0。当抽样时刻 $x(t)$ 的幅度大于0时,判决器输出1码;当抽样时刻 $x(t)$ 的幅度小于0时,判决器输出0码。

如果在发送0码期间,抽样值大于0,则判决器的判决输出为1码,这就出现了错误;同理,如果在发送1码期间,抽样值小于0,则判决器的判决将错判为0码。

由此可见,在二进制的基带信号传输过程中,噪声会引起两种误码概率,即1码错判为0码和0码错判为1码的概率,分别记为 $P(0/1)$ 和 $P(1/0)$。两种概率分别对应图5-32中 $x=0$ 左右两边阴影部分的面积,即

$$P(1/0) = \int_0^{+\infty} f_0(x)\mathrm{d}x = \frac{1}{2}\mathrm{erfc}\left(\frac{A}{\sqrt{2}\sigma}\right) \tag{5-51}$$

$$P(0/1) = \int_{-\infty}^0 f_1(x)\mathrm{d}x = \frac{1}{2}\mathrm{erfc}\left(\frac{A}{\sqrt{2}\sigma}\right) \tag{5-52}$$

其中,$\mathrm{erfc}(\cdot)$ 为互补误差函数。

由此可知,在最佳判决门限电平取为 $L=0$ 时,1码和0码错判的概率相等。如果发送端发送1码和0码的概率分别为 $P(1)$ 和 $P(0)$,则基带传输系统总的误码率可表示为

$$P_s = P(1)P(0/1) + P(0)P(1/0) \tag{5-53}$$

当0,1等概时,$P(1)=P(0)=1/2$,由式(5-53)求得

$$P_s = \frac{1}{2}\mathrm{erfc}\left(\frac{A}{\sqrt{2}\sigma}\right) = Q\left(\frac{A}{\sigma}\right) \tag{5-54}$$

由式(5-54)可知,当等概率发送时,且在最佳门限电平条件下,系统的总误码率取决于基带信号脉冲的幅度 A 与噪声平均功率 σ^2 的比值。根据互补误差函数的特性,A/σ 的值越大,误码率 P_e 就越小。

以上分析主要针对双极性信号的情况。对于单极性信号,脉冲幅度的取值为 A 或 0,并且最佳判决门限电平应取为 $A/2$。仿照上述方法求得在 0,1 等概时,误码率为

$$P_s = \frac{1}{2}\mathrm{erfc}\left(\frac{A}{2\sqrt{2}\,\sigma}\right) = Q\left(\frac{A}{2\sigma}\right) \tag{5-55}$$

根据上述结论,当单极性基带信号与双极性基带信号脉冲幅度 A 相同,噪声的平均功率也相同时,采用双极性传输的抗噪声性优于单极性传输。此外,在发送码元等概率条件下,单极性的最佳判决门限电平为 $A/2$,当信道特性发生变化时,信号幅度 A 必须随之改变。因此,判决门限电平也随之变化,并不能获得最佳判决,导致误码率增大。而对于双极性基带信号,其最佳判决门限电平为 0,与信号幅度无关,因而判决门限电平并不随信道特性变化而改变。因此,数字基带传输系统常常采用双极性传输。

例 5-10　设基带信号为幅度等于 2V 的 NRZ 码,噪声功率为 0.25W,求单极性和双极性传输时的误码率 P_s。

解　(1)单极性传输时,有

$$P_s = Q\left(\frac{A}{2\sigma}\right) = Q\left(\frac{2}{2\sqrt{0.25}}\right) = 0.0228$$

(2)双极性传输时,有

$$P_s = Q\left(\frac{A}{\sigma}\right) = Q\left(\frac{2}{\sqrt{0.25}}\right) = 3.17\times10^{-5}$$

例 5-11　已知 0,1 等概的二进制代码序列采用 NRZ 码标准矩形脉冲进行传输,码元速率为 2kBd,信道噪声的单边功率谱密度为 0.02mW/Hz,信道传输没有衰减,接收滤波器为理想的低通滤波器。为使传输误码率不超过 3×10^{-4},求单极性和双极性传输时所需的发送脉冲的幅度。

解　取接收滤波器的带宽等于发送 NRZ 码基带信号的谱零点带宽,则 $B=2\mathrm{kHz}$,接收噪声的功率为

$$\sigma^2 = n_0 B = 0.02\times2 = 0.04\mathrm{W}$$

(1)单极性传输时,由

$$P_s = Q\left(\frac{A}{2\sigma}\right) \leqslant 3\times10^{-4}$$

查表得到 $A/(2\sigma)\geqslant3.45$,则脉冲幅度为

$$A \geqslant 3.45\times2\sigma = 3.45\times2\sqrt{0.04} = 1.38\mathrm{V}$$

(2)双极性传输时,由

$$P_s = Q\left(\frac{A}{\sigma}\right) \leqslant 3\times10^{-4}$$

查表得到 $A/\sigma\geqslant3.45$,则脉冲幅度为

$$A \geqslant 3.45\sigma = 3.45\times\sqrt{0.04} = 0.69\mathrm{V}$$

5.5.3　眼图

在实际应用中,由于器件调试不理想或信道特性发生变化等原因,基带传输系统并不能

完全满足无码间干扰的要求。当同时存在码间干扰和噪声时,难以对系统性能定量分析。工程上观察码间干扰是否存在的最直观、最简单的方法就是眼图分析法。根据眼图,可以了解码间干扰和噪声对传输过程的影响,进而估计系统性能的优劣程度。

　　眼图是为方便估计和改善系统性能而利用实验方法在示波器上观察到的一种图形。具体做法:将接收到的码元脉冲序列送入示波器的 y 轴,并调整示波器的扫描周期,使其与接收码元的周期同步。这样,接收滤波器输出的各码元波形就会在示波器的显示屏上重叠起来。当传输二进制信号波形时,示波器显示的图形很像人的眼睛,故命名为"眼图"。

　　为便于理解,暂时先不考虑噪声的影响。图 5-33(a)所示为无码间干扰时接收滤波器输出信号的时间波形及其对应的眼图。调整示波器的扫描周期使其与码元周期 T_s 一致,在示波器余辉作用下,各个码元波形经扫描后将重叠在一起,从而形成线条细而清晰的大"眼睛"。图 5-33(b)所示为有码间干扰时的情况。此时接收滤波器输出信号由于码间干扰的影响而造成波形失真,从而使示波器的扫描迹线并不完全重合。眼图中"眼睛"张开得越大,且眼图越端正,表示码间干扰越小;反之,表示码间干扰越大。

(a) 无码间干扰的情况

(b) 有码间干扰的情况

图 5-33　接收信号波形及眼图

　　当传输系统存在噪声时,眼图的迹线将变为比较模糊的带状线。噪声越大,迹线越宽,越模糊,"眼睛"张开得越小。因此,利用眼图可以大致估计噪声的强弱。

　　从以上分析可知,眼图可以定性反映码间干扰和噪声的大小。根据眼图可以调节接收滤波器,以减小码间干扰,提高系统性能。为便于说明眼图和系统性能之间的关系,可以将眼图简化成一个模型,如图 5-34 所示。可以获得以下信息。

　　(1) 最佳抽样时刻应是"眼睛"张开最大的时刻。

　　(2) 对抽样定时误差的灵敏程度由眼图斜边的斜率决定。

　　(3) 图中阴影区的垂直高度表示信号的畸变范围。

　　(4) 图中央的横轴位置对应于判决门限电平。

　　(5) 在抽样时刻上,上下两阴影区的间隔距离的一半为噪声的容限,噪声瞬时值超过此容限就可能发生误判。

　　(6) 眼图中倾斜阴影带与横轴相交的区间表示接收波形零点位置的变化范围,即过零点畸变,它对于利用信号零交点的平均位置提取定时信息的接收系统有很大影响。

图 5-34　模型化的眼图

5.6　数字基带传输系统的 MATLAB 仿真分析

数字基带传输的主要问题包括数字基带信号的码型编解码、传输过程和性能分析。本节将围绕这些问题介绍在 MATLAB 中如何实现数字基带传输传统的仿真分析。

5.6.1　码型编码

视频讲解

在数字双相码、密勒码和 CMI 码中,需要发送的每位二进制代码相当于用两位代码表示,称为 1B/2B 码。限于篇幅,这里以二元码和 1B/2B 码为例,介绍 MATLAB 中数字基带信号的编码方法和性能仿真分析。

1. 基本码型编码

下面举例介绍利用 Simulink 仿真模型实现基本码型编码的方法。

例 5-12　搭建如图 5-35 所示的仿真模型,实现 4 种基本的二元码数字基带信号编码。

仿真模型中,Bernoulli Binary Generator 模块产生速率为 100Bd 的随机等概二进制序列,设置其 Sample time 参数为 0.01s,此即码元间隔,其他参数取默认值。该模块输出的二进制代码序列即为单极性 NRZ 码基带信号,经 Unipolar to Bipolar Converter 模块转换为双极性,即得到双极性 NRZ 码基带信号。

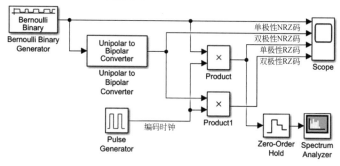

图 5-35　例 5-12 仿真模型

　　Pulse Generator(脉冲发生器)模块用于产生编码时钟。设置其 Period 参数等于码元间隔,Pulse width 参数为 50%,其他参数取默认值,则该模块输出周期等于码元间隔的单极性方波脉冲。编码时钟与上述单/双极性 NRZ 码基带信号分别相乘后,即可得到单/双极性 RZ 码基带信号。

　　设置仿真运行时间为 0.1s,运行后在示波器窗口显示 4 种基本数字基带信号的时间波形,如图 5-36 所示。

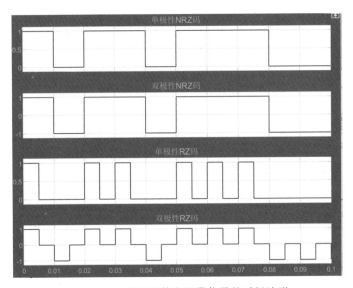

图 5-36　基本码型数字基带信号的时间波形

　　设置 Zero-Order Hold 模块的 Sample time 参数为 1ms,仿真运行时间设为 2s。重新运行仿真后,用 Spectrum Analyzer 模块显示单极性 RZ 码基带信号的功率谱,如图 5-37 所示。由其中的连续谱求得信号的带宽为 200Hz。除连续谱以外,在频率为 0Hz、100Hz、300Hz 等位置,还有离散的谱线,由此说明单极性 RZ 码基带信号中含有直流分量和位定时分量。

图 5-37　单极性 RZ 码数字基带信号的功率谱

2. 1B/2B 码的编码

　　数字双相码用两个反相的双极性脉冲分别表示 1 码和 0 码。用双相码的正跳变或负跳变触发,即可得到密勒码。下面举例说明数字双相码、密勒码和 CMI 码这 3 种 1B/2B 码基带信号编码的仿真模型。

例 5-13　搭建如图 5-38 所示的仿真模型,实现数字双相码、密勒码和 CMI 码基带信号编码。

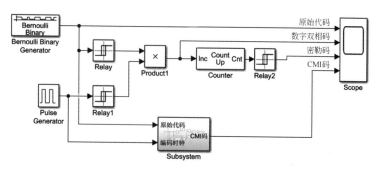

图 5-38　例 5-13 仿真模型

仿真模型中,信源产生随机的二进制代码序列,码元速率为 100Bd。由 Pulse Generator 模块产生的编码时钟仍然设为周期等于码元间隔的单极性方波脉冲。

1) 数字双相码编码仿真模型

模型中的两个 Relay 模块用于将原始代码序列和编码时钟变为双极性脉冲,设置 Switch on point 和 Switch off point 参数都为 0.5,等于代码序列和编码脉冲幅度的一半。设置 Output when on 和 Output when off 参数分别为 +1 和 -1。转换得到的两路双极性脉冲相乘,即可得到数字双相码基带信号。

2) 密勒码编码仿真模型

模型中的 Counter 为计数器模块,该模块位于 DSP System Toolbox/Signal Management/ Switches and Counters 库中。设置 Count event 参数为 Falling edge(计数脉冲下降沿触发),Maximum count(最大计数值)和 Initial count(计数初值)参数分别设为 1 和 0,Output 参数设为 Count(计数值输出),并取消选中 Reset input(复位输入端)。

根据上述设置,模块输入端每出现一个计数脉冲的负跳变,则输出计数值从初值 0 加 1。由于设置最大计数值为 1,则再来一个计数脉冲负跳变时,输出计数值将复位为 0,如此重复。将上面得到的数字双相码作为计数脉冲,计数器模块输出的 0 和 1 电平再用 Relay2 模块变为双极性脉冲,即得到密勒码。

3) CMI 码编码仿真模型

CMI 码的编码规则:1 码交替地用宽度等于一个码元间隔的正负电平表示,而 0 码固定用码元间隔中间的正跳变表示。模型中用 Subsystem 子系统实现 CMI 码编码,子系统内部的仿真模型如图 5-39 所示。

原始代码和编码时钟对应的单极性 NRZ 脉冲同时送入子系统。在子系统内部,将编码时钟脉冲取反,再将其与单极性原始代码序列的反相信号相乘。当原始代码序列为 1 码时,取反后为 0 码,乘法器输出 0;当原始代码序列为 0 码时,取反后为 1 码,乘法器输出与编码时钟反相的半占空脉冲,在码元间隔的中间出现一个正跳变。

另外,将原始单极性 NRZ 码与半占空脉冲序列直接相与。当原始代码序列为 0 码时,与门输出恒为 0。当原始代码序列为 1 码时,与门 Logic Operator 模块输出半占空脉冲,并且在每个 1 码的起始边界上出现一次正跳变。在每个正跳变作用下,Counter1 模块输出计数值加 1。因此,在原始代码序列中的各 1 码期间,计数器交替输出高低电平。

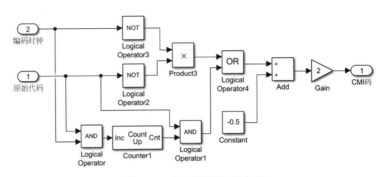

图 5-39　CMI 码编码子系统

上述两路输出再用或门(OR)合并为一路。最后通过加法器 ADD 和放大器 Gain 将其转换为幅度为±1 的双极性脉冲,即为 CMI 码。

设置仿真运行时间为 0.1s,仿真运行后得到数字双相码、密勒码和 CMI 码基带信号的时间波形,如图 5-40 所示。读者用前面介绍的编码规则不难验证仿真模型的正确性。

图 5-40　数字双相码、密勒码和 CMI 码基带信号的波形

视频讲解

5.6.2　发送和接收滤波器模块

典型的数字基带传输系统由发送滤波器、信道和接收滤波器构成,合起来称为成形网络。在接收机中,对成形网络的输出信号进行抽样判决,即可还原原始代码序列。本节通过以下例子介绍 Simulink 通信工具箱中提供的发送和接收滤波器模块及其特性和使用方法。

例 5-14　搭建如图 5-41 所示的仿真模型,对基本的数字基带传输过程进行仿真,了解发送和接收滤波器的特性。

由 Bernoulli Binary Generator 模块产生速率为 100Bd 的随机等概二进制序列,然后转换为双极性脉冲,送入成形网络。

这里先不考虑信道及其噪声的影响,成形网络由 Raised Cosine Transmit Filter(发送

图 5-41 基本的数字基带传输过程仿真模型

滤波器)和 Raised Cosine Receive Filter(接收滤波器)模块构成。利用 Zero-Order Hold 模块对成形网络的输出进行抽样,之后送到 Relay1 模块进行判决,输出单极性 NRZ 码基带信号。

1. 参数设置

Raised Cosine Transmit Filter 和 Raised Cosine Receive Filter 模块位于 Communications System Toolbox/Comm Filters 库中,前者用于将发送的基带信号进行过采样和整形,后者用于对接收到的基带信号进行滤波和抽取。

这两个模块的参数基本相同,图 5-42 所示为升余弦发送滤波器的参数设置对话框。

```
Block Parameters: Raised Cosine Transmit Filter

Main    Data Types
Parameters

Filter shape:  Square root

Rolloff factor:  1

Filter span in symbols:  10

Output samples per symbol:  8

Linear amplitude filter gain:  1

Input processing:  Elements as channels (sample based)

Rate options:  Allow multirate processing

☐ Export filter coefficients to workspace

                          View Filter Response
```

图 5-42 升余弦发送滤波器的参数设置

(1) Filter shape:滤波器形状。可选 Normal 或 Square root,分别实现普通的升余弦或平方根升余弦滤波。在本例中,两个模块的该参数都设置为 Square root,滤波器的频率特性是普通升余弦滤波器频率特性的开方。在仿真模型中,两个滤波器串联起来构成成形网络,其频率特性等于两个滤波器频率特性相乘,即得到普通的升余弦滚降特性。

(2) Rolloff factor:滚降系数。与普通的升余弦滚降特性相同,这里设为默认值 1。

(3) Filter span in symbols:滤波器加窗长度,以码元个数为单位。对于理想的升余弦滤波器,其单位脉冲响应序列的长度为无穷大,因此通过该参数设置对单位脉冲响应序列进行截断。

（4）Output samples per symbol：滤波器输出每个码元对应的采样点数。该参数与滤波器输入数字基带信号的码元速率 R_s 相乘，决定了滤波器输出数字信号的采样速率。假设该参数设为 n，则采样速率为 $F_s = nR_s$。

（5）Linear amplitude filter gain：线性幅度增益。

（6）Decimation factor：抽取因子。只有接收滤波器模块才有该参数，该参数决定了接收滤波器对输出信号的抽取因子。例如，假设该参数为 2，则表示在滤波器输出序列中，每两个点采样一个点，输出序列采样频率降低为输入采样频率的一半。这里设置为 1，则滤波器不进行降采样，输出信号与输入信号的采样频率相等。

2. 特性观察

设置好上述参数后，单击滤波器参数设置对话框右下角的 Apply 按钮，再单击 View Filter Response 按钮，可以打开滤波器可视化工具，以便观察升余弦滤波器的各种时域和频域特性。

1）滤波器的单位冲激响应

假设滤波器 Filter span in symbols 参数为 w，Output samples per symbol 参数为 n，则滤波器单位脉冲响应序列以 $wn/2$ 为中心，长度共 $wn+1$ 个点。图 5-43 所示为 $w=10$，$n=8$ 时的情况。

图 5-43　滤波器的单位冲激响应

在图 5-43 中，显示的滤波器单位冲激响应以横轴刻度 $k=40$ 为中心对称，逐渐向两侧呈衰减振荡，其中各旁瓣的宽度都等于 8 个采样点。

单位冲激响应的最大值位于 $k=40$ 处，这意味着滤波器的输出相对于输入有 40 个采样点的延迟。由于 $n=8$，每个码元采样 8 个点，因此相当于延迟了 40/8＝5 个码元。另外，由于码元间隔为 10ms，则发送滤波器输出基带信号相对于输入信号有 50ms 的延迟。

2）滤波器的频域特性

为了观察升余弦滤波器的频域特性，首先需要设置采样频率和分析参数。执行滤波器可视化工具窗口的 Analysis(分析)/Sampling Frequency(采样频率)菜单命令，或者在图形窗口的空白处右击，在弹出的快捷菜单中选择"采样频率"，可以打开"采样频率"对话框，如

图 5-44(a)所示。

在"采样频率"对话框中,采样速率必须等于滤波器输出信号的采样速率。在仿真模型中,由于信源发送二进制代码序列的码元速率为 100Bd,发送滤波器模块的 Output samples per symbol 设为 8,因此采样频率为 $F_s = nR_s = 100 \times 8 = 800\text{Hz}$。

(a) 采样频率设置　　　　　(b) 分析参数设置

图 5-44　滤波器的采样频率和分析参数设置

通过执行 Analysis(分析)/Analysis Parameters(分析参数)菜单命令,或者在快捷菜单中单击 Analysis Parameters(分析参数)菜单命令,可以打开"分析参数"对话框,如图 5-44(b)所示。在对话框中确保不选中"归一化频率"选项,并将"幅值显示"参数设置为"幅值","频率范围"参数设置为 [$-\text{Fs}/2, \text{Fs}/2$)。

做好上述设置后,单击滤波器可视化工具窗口工具栏中的相应按钮,即可显示滤波器的幅频特性,如图 5-45 所示。由此可见,滤波器的传输带宽为 100Hz,这也就是滤波器输出基带信号的带宽,在数值上等于码元速率。

图 5-45　滤波器的幅频特性

设置仿真时间为 0.5s,仿真运行后得到仿真模型中各点信号的波形,如图 5-46 所示。

图 5-46　仿真运行结果

视频讲解

5.6.3　眼图及基带传输特性观察

在 Simulink 的通信工具箱中，专门提供了 Eye Diagram（眼图）模块，在仿真运行过程中，利用该模块可以自动绘制数字传输系统中的眼图，并据此对数字传输系统所得传输特性进行观察和分析。

1. Eye Diagram 模块

Eye Diagram 模块位于 Communication System Toolbox/Comm Sinks 库中，该模块显示输入信号的多个轨迹以产生眼图。在数字基带传输系统中，一般将成形网络或接收滤波器的输出信号作为模块的输入，模块根据该信号在专门的窗口中绘制出眼图。

在仿真模型中添加一个 Eye Diagram 模块，运行后将自动弹出 Eye Diagram 窗口。通过单击窗口上部"视图"菜单中的"配置属性"命令，可以打开眼图属性配置对话框，如图 5-47 所示。

Display

Display mode: Line plot

☐ Enable measurements

Eye diagram to display: Real only

☐ Color fading

Traces

Samples per symbol: 8

Sample offset: 0

Symbols per trace: 1

Traces to display: 200

图 5-47　眼图属性配置

通过对话框主要设置的参数有 Samples per symbol（每个码元的采样点数）、Sample offset（采样偏移）、Symbols per trace（眼图中每条轨迹对应的符号或码元个数）和 Traces to display（显示的轨迹数）。设置这些参数时，需要注意以下几点。

（1）Samples per symbol 参数必须与发送滤波器中的 Output samples per symbol 参数相同，否则眼图中各轨迹不能重合，眼图将显得杂乱无章。

（2）Sample offset 参数用于确定眼图中各轨迹的起始时刻。适当调节该参数值，使眼图中眼睛张度最大的位置尽量位于图形窗口的中央。

（3）Symbols per trace 参数决定了眼图显示的"眼睛"个数。如果设置为1，则表示眼图中从左向右的每根轨迹对应一个码元引起的接收滤波器波形，运行后将在眼图中显示一只"眼睛"；如果设置该参数为2，则将显示两只"眼睛"。

（4）假设 Traces to display 参数为 n，则表示眼图中共显示 n 条轨迹。如果 Symbols per trace 参数为 s，则表示眼图中共显示了 ns 个码元对应的接收滤波器输出波形。因此，这两个参数决定了仿真运行所需的时间。如果仿真运行时间不够，传输的码元个数不够，将无法显示出完整的眼图。

2. 基带传输特性观察

这里通过一个例子介绍眼图模块的用法及数字基带传输特性观察。

例 5-15 搭建如图 5-48 所示的仿真模型，绘制眼图并观察数字基带传输系统的特性。

图 5-48 例 5-15 仿真模型

与例 5-14 中的仿真模型相比，这里在发送滤波器和接收滤波器之间添加了一个 AWGN Channel 信道模块和一个 Lowpass Filter 低通滤波器模块。其中，低通滤波器模块用于模拟具有一定带宽的低通信道，设置其 Filter type（滤波器类型）参数为 FIR，Input sample rate（输入采样速率）参数必须等于发送滤波器输出信号的采样速率 800Hz。设置 Passband edge frequency（通带边界频率）和 Stopband edge frequency（阻带边界频率）参数为不同的值，可以调节信道的带宽。当信道带宽小于发送滤波器输出信号的带宽时，将出现码间干扰。

设置眼图模块的各项属性，如图 5-47 所示。其中，Samples per symbol 参数必须等于发送滤波器的 Output samples per symbol 参数；Traces to display 参数设置得足够大，以便显示的眼图足够完整；Sample offset 参数在运行后根据显示的眼图适当调节，以便使眼图尽量在图形窗口中央。

根据上述眼图模块的参数设置,为了绘制眼图,一共需要传输 $200 \times 1 = 200$ 个码元。由于码元间隔为 0.01s,则仿真运行时间应设为大于 2s。为了使绘制的眼图更加清晰,这里设置仿真运行时间为 10s。

1)抗噪声性能观察

设置低通滤波器的通带和阻带边界频率分别为 100Hz 和 120Hz,由于信道带宽等于发送滤波器输出信号带宽,因此没有码间干扰。

设置信道模块的 SNR 参数为不同值,可以引入不同强度的高斯白噪声。图 5-49(a)和图 5-49(b)分别为 SNR 参数设为 200dB 和 20dB 的情况。当 SNR 足够高时,眼图轨迹线明细清晰。随着信道噪声的增强,眼图轨迹线逐渐变粗。

(a) SNR=200dB   (b) SNR=20dB

图 5-49　不同噪声强度时的眼图

2)码间干扰特性观察

设置信道模块的 SNR=200dB,近似表示信道没有引入噪声。调节低通滤波器模块的带宽,可以引入不同程度的码间干扰,此时眼图轨迹线将变得杂乱无章。图 5-50(a)和图 5-50(b)是低通滤波器带宽分别为 50Hz 和 20Hz 的情况。

(a) 带宽为50Hz   (b) 带宽为20Hz

图 5-50　不同信道带宽时的眼图

当信道滤波器带宽降低为 20Hz 时,示波器上显示仿真模型各点信号的波形,如图 5-51 所示。由于此时引入了比较强的码间干扰,接收滤波器输出波形出现了很严重的失真,经抽样判决后输出的数字代码中出现了大量误码。

图 5-51　有码间干扰时模型中各点信号波形

5.6.4　误码性能的仿真分析

视频讲解

在前面介绍的数字基带传输系统仿真模型中,运行结束后在示波器窗口中显示出原始代码数序列和接收端抽样判决还原得到的基带信号时间波形。通过比较两个信号的波形,可以手工统计其中误码的个数,并计算出误码率。

除上述手工方法外,Simulink 提供了专用的误码率计算模块,可以自动统计出传输过程的误码个数,并计算出误码率。

1. 误码率计算模块

Error Rate Calculation 误码率计算模块位于 Communication System Toolbox/Comm Sinks 库中,该模块将来自发射机和接收机的数据进行比较,通过将不相同数据元素的总数除以输入数据元素的总数计算差错率。

1) 模块的输入输出端子

根据模块的不同参数设置,该模块有 2~4 个输入端口。其中,Tx 和 Rx 端口用于输入数字传输系统的发送和接收信号,两个信号必须有相同的采样速率。

该模块输出一个长度为 3 的向量,其中的各元素分别为差错率、差错数和输入的码元总数。根据 Output data 参数的设置,模块将这些数据发送到 MATLAB 工作区或输出端口。如果 Output data 参数设置为 Workspace,并设置了 Variable name 参数,则模块将上述数据送到 MATLAB 工作区中的相应变量。如果将 Output data 参数设置为 Port,则模块上将出现一个输出端口,该端口包含运行差错统计数据,可以将其连接到 Simulink/To Workspace 模块或 Display 模块。

2) 模块参数设置

除了前面已经介绍的 Output data 参数以外,模块还有两个重要的参数。其中,Receive delay(接收延迟)参数用于设置接收数据滞后于发送数据的采样点数;Computation delay(计算延迟)参数用于设置仿真运行开始阶段需要忽略的采样点数。

2. 单/双极性 NRZ 码传输时误码率的测量

下面通过一个例子介绍误码率计算模块的使用方法。

例 5-16 搭建如图 5-52 所示的仿真模型,实现双极性和单极性 NRZ 码基带传输时的误码率测量。

图 5-52 例 5-16 仿真模型

仿真模型中,信源产生的原始代码序列为单极性 NRZ 码基带信号。该基带信号一方面直接通过模型下面的 AWGN Channel1、Zero-Order Hold1 和 Relay2 模块实现单极性 NRZ 码传输;另一方面通过 Unipolar to Bipolar Converter 模块转换为双极性 NRZ 码基带信号后,通过上面的对应模块进行双极性传输。

为了测量误码率,将原始代码序列和判决输出通过 Tx 和 Rx 端口分别送入两个误码率计算模块。模块的 Receive delay 和 Computation delay 参数都设置为 0。设置 Output data 参数为 Port,此时模块将出现输出端口,将其分别连接到一个 Display 模块。

设置两个 AWGN Channel 模块的 Mode 参数为 Signal to noise ration(SNR),并且 SNR 设置为 $10 * \log10(4)$ dB。由于模型中单极性和双极性 NRZ 码基带脉冲的幅度都为 1V,因此信号功率分别为 0.5W 和 1W,据此设置两个 AWGN Channel 模块的 Input signal power(输入信号功率)参数分别为 0.5W 和 1W。

设置仿真时间为 0.5s,运行结束后,在示波器窗口中显示双极性传输时原始代码序列和判决输出基带信号的时间波形,如图 5-53 所示。对比两个信号的波形可知,在 0.19s 和 0.32s 时刻分别出现了一个误码。此时在 Display 模块上显示误码率为 0.03992,误码个数为 2,共传输了 51 个码元。

图 5-53 双极性传输时发送和接收基带信号的时间波形

由于信道引入噪声的随机性,为了获得精度足够高的统计和计算结果,需要传输足够多的码元,也就是设置足够长的仿真运行时间。这里设置为 1000s,仿真运行结束后,由仿真模型中的两个 Display 模块上可以读出传输的码元总数都为 10^5 个,单极性和双极性传输时的误码个数分别为 7917 和 2282 个,误码率分别为 0.0792 和 0.0228。

对上述结果可以做如下验证。由式(5-54)和式(5-55)可知,双极性和单极性传输时的误码率分别为 $P_{sB}=Q(A/\sigma)$ 和 $P_{sU}=Q(A/2\sigma)$。其中,σ 为信道引入噪声的方差,则噪声的功率为 $N=\sigma^2$。A 为基带脉冲的幅度,则双极性和单极性基带信号的功率为 $S_B=A^2$,$S_U=A^2/2$,由此得到

$$P_{sB}=Q\left(\sqrt{\frac{S_B}{N}}\right), \quad P_{sU}=Q\left(\sqrt{\frac{S_U}{2N}}\right) \tag{5-56}$$

其中,S_B/N 和 S_U/N 为信噪比,其分贝值也就是 AWGN Channel 模块中设置的 SNR 参数。

由于 AWGN Channel 模块中设置的 SNR 参数为 $10*\log10(4)$,则 $S_B/N=S_U/N=4$,由式(5-56)求得 $P_{sB}=0.0228,P_{sU}=0.0793$。

需要注意的是,由于噪声的随机性,仿真运行不同的时间,得到的误码率结果也不同。为了得到足够准确的误码率,必须仿真运行足够长的时间。

3. 其他波形传输时的误码率测量

前面介绍的是将单/双极性 NRZ 码直接通过信道传输,也没有考虑信道的带限传输特性。实际系统中信道都具有一定的带宽,为了避免或减小码间干扰,还广泛采用升余弦滚降等传输波形。下面介绍此时利用仿真模型进行误码率测量和分析时需要注意的问题。

例 5-17 搭建如图 5-54(a)所示的仿真模型,实现升余弦脉冲波形传输时误码率的测量。

(a) 顶层仿真模型

(b) 成形网络子系统

图 5-54 例 5-17 仿真模型

该仿真模型与例 5-15 中的仿真模型基本相同,主要区别有以下几点。

(1) 将发送滤波器、信道和接收滤波器合并为成形网络子系统,子系统内部结构如

图 5-54(b)所示。

（2）成形网络的输出送入 Delay 模块,经延迟后再送入抽样判决器。延迟器模块的作用是将成形网络的输出信号延迟,以便后面的 Zero-Order Hold 模块在每个码元引起的输出波形最大值处进行抽样。由于升余弦发送滤波器和接收滤波器对每个码元引起的传输波形采样 8 个点(即两个滤波器的 Output samples per symbol 参数设为 8),因此延迟器将输入信号延迟 4 个点,从而使零阶保持器刚好在每个码元引起的输出波形中点处进行采样;否则,测量得到的误码率将明显高于理论值。

（3）由于在该仿真模型中引入了低通滤波器、升余弦发送和接收滤波器模块,使原始代码序列和判决输出代码序列之间存在一定的延迟。因此,在用误码率计算模块进行误码率测量时,必须设置合适的 Receive delay 参数。该参数的具体设置值可以在仿真运行后根据示波器显示的时间波形确定。

图 5-55 所示为在 AWGN Channel 模块的 SNR 参数设置得足够高的情况下得到的时间波形,据此可以确定判决输出相对于原始代码序列有 19 个码元的延迟,因此,误码率计算模块的 Receive delay 参数应设置为 19。注意,这里只考虑信道噪声的影响,因此仿真模型中各滤波器的参数设置应对应没有码间干扰的情况。如果需要同时考虑码间干扰,需要修改各滤波器的带宽,此时发送与接收波形之间的延迟也会随之变化,Receive delay 参数也必须作相应调节。

图 5-55　各点信号的时间波形

另外需要注意的是,在分析数字基带传输的误码率过程中,实际上只关心接收端每个抽样时刻接收信号的幅度。也就是说,误码率计算公式中的 A 为抽样时刻成形网络输出信号的幅度,与传输的具体波形无关。

通过仿真模型中 Delay 模块对接收信号的波形作了延迟后,由图 5-55 可知,在没有噪声的情况下,每个码元抽样时刻的抽样值都近似为±1V。因此,在信道模块的参数设置时,Input signal power 参数设置为与前面双极性 NRZ 码传输时的情况一样,即应该设置为1W,而不是信道模块输入升余弦脉冲信号的功率。

做了上述修改和设置后,仿真运行,在 Display 模块上显示的误码率与例 5-16 中双极性NRZ 码传输时的结果基本相同。

4. 误码率曲线的绘制

在前面各例的基础上,配合 MATLAB 程序,可以自动绘制出误码率(Bit-Error Rate,BER)曲线。下面仍然举例说明。

例 5-18 修改例 5-16 中的仿真模型,并编制 MATLAB 程序实现单/双极性传输时误码率曲线的绘制。

为了绘制误码率曲线,需要将误码率计算模块统计得到的误码率送到 MATLAB 工作区。因此,在仿真模型中,将两个误码率计算模块的 Output data 参数都设置为 Workspace,Variable name 参数分别设置为 E1 和 E2,也就是将统计结果分别保存工作区的变量 E1 和 E2 中。每次仿真运行,得到的 E1 和 E2 分别都是长度为 3 的向量,其中的 3 个元素分别为误码率、误码个数和总码元数。

注意在这种情况下,两个误码率计算模块将没有输出端,因此需要将仿真模型中的两个 Display 模块删除。此外,将两个 AWGN Channel 模块的 SNR 参数都设置为变量 SNR,并设置模型的仿真运行时间为 1000s。

做了上述修改和设置后,将仿真模型文件重新保存为 ex5_18. slx。然后,编制以下 MATLAB 程序。

```
clc
clear
close all
SNR1 = linspace( - 10,10,20);              % 设置 SNR 向量
for i = 1:length(SNR1)
    SNR = SNR1(i);                          % 设置 AWGN Channel 模块的参数 SNR
    sim('ex5_18');                         % 启动模型的仿真运行
    PsB(i) = E1(1);                        % 双极性传输的误码率
    PsU(i) = E2(1);                        % 单极性传输的误码率
end
semilogy(SNR1,PsB,' - o',SNR1,PsU,' - * ')   % 绘制误码率曲线
legend('双极性','单极性');
title('单极性和双极性 NRZ 码传输时的误码率曲线')
xlabel('SNR/dB');
ylabel('Ps'):
grid on
```

在上述程序中,每次循环,设置信道模块的 SNR 参数为不同值。然后,启动模型的仿真运行。每次运行,由仿真模型中的误码率计算模块统计得到的误码率依次保存到 PsB 和 PsU 中。循环结束后,即可根据这两个向量分别绘制出双极性和单极性传输时的误码率曲线,如图 5-56 所示。

图 5-56 单/双极性传输时的误码率曲线

课程思政阅读材料

世纪之交的中国电信

1998年3月,全国人民代表大会通过了邮电机构改革方案,决定撤销邮电部,成立信息产业部。电信实行政企分开,邮政另设国家邮政局,仍实行政企合一,由信息产业部领导全国自上而下实行邮电分营。信息产业部的成立,标志着中国的电信事业完成了传统电报、电话、无线电、长途电话网全面转向现代化的架构,由电报起源的中国电信业,正式进入信息通信时代。

2000年3月4日,信息产业部向中国联通、中国电信、中国移动、吉通、铁通这5家电信企业颁发了IP电话经营业务许可证,这是互联网和传统电信业务的第1次融合。

2000年9月25日,《中华人民共和国电信条例》正式实施,它结束了中国电信业基本无法可依的历史,标志电信业进入了依法监管的历史时期。

在这一历史时期,随着卫星通信、移动通信、光纤通信等重大通信建设工程的竣工,中国电信业通信网络焕然一新,中国电信业的成就世界瞩目。

1999年2月,在国际电信联盟的全球电信标准化大会上,中国提出将IP互联网技术纳入信息网络的主导技术,IP网正式替代电路交换方式的宽带网,成为国际电联的国际标准,宣告了互联网将成为未来信息高速公路的主流技术基础。

始于1997年的"八纵八横"光缆网建设于2000年10月全部投产。1998年10月,由邮电部发起建设的全长27000km的亚欧国际陆地光缆正式开通,被誉为"现代通信丝绸之路",连接了德国、土耳其、波兰、匈牙利、奥地利、伊朗等20多个国家。

2000年4月20日,中国移动通信业务从中国电信母体剥离,中国移动通信公司成立,开创了移动通信事业专业化运营的全新时代。同年5月,拥有自主知识产权的TD-SCDMA正式被国际电联批准为第3代移动通信国际标准之一。

习题 5

5-1 填空题

(1) 在0,1等概的单极性NRZ码、单极性RZ码、双极性NRZ码和双极性RZ码基带信号中,有位定时分量的是_____。

(2) 在0,1等概的单极性码、双极性码、数字双相码和AMI码基带信号中,有离散谱的是_____。

(3) 已知半占空RZ码基带信号的谱零点带宽为10kHz,则码元速率为_____。

(4) 数字基带传输系统中的发送滤波器、信道和接收滤波器合起来称为_____。

(5) 为了消除码间干扰,数字基带传输系统在频域必须满足_____准则。

(6) 某数字基带系统采用理想低通波形进行传输,已知码元速率为4kBd,则为避免码间干扰,占用信道带宽至少为_____。

(7) 已知信道带宽为15kHz,采用$\alpha=0.5$的升余弦波形传输数字代码,则没有码间干扰时能够获得的最高码元速率为_____。

（8）某数字基带传输系统具有奇对称滚降特性，已知奇对称的角频率为 $10\mathrm{k}\pi\mathrm{rad/s}$，则没有码间干扰时能够获得的最高码元速率为_____。

（9）码元速率为 1kBd 的数字代码序列采用占空比为 20％的双极性 RZ 码基带信号通过低通信道传输，要求信道带宽至少为_____。

（10）观察眼图时，需要将接收滤波器的输出接到示波器的_____。

5-2 设二进制符号序列为 10011010，画出该序列相应的单极性、双极性、单极性归零、双极性归零码基带信号的波形。

5-3 已知信息代码为 1010000011000001，分别画出 AMI 码和 $\mathrm{HDB_3}$ 码基带信号的波形。

5-4 分别画出代码序列 001101 对应的数字双相码和密勒码基带信号波形，并分析总结两种基带信号波形上的关系。

5-5 已知某数字代码序列对应的 CMI 码基带信号波形如图 5-57 所示，画出对应的 $\mathrm{HDB_3}$ 码基带信号的波形，其中第 1 位波形已经给出。

图 5-57 习题 5-5 示意图

5-6 已知某二进制数字基带传输系统中，等概出现的 1 码和 0 码对应的传输波形分别为 $g(t)$ 和 $-g(t)$，$g(t)$ 的波形如图 5-58 所示，其中码元间隔 $T_\mathrm{s}=2\mathrm{ms}$。

（1）求 $G(f)$；

（2）求该数字基带信号的连续谱 $P_\mathrm{c}(f)$；

（3）粗略分析画出连续谱的波形，并求信号的带宽 B；

（4）求离散谱 $P_\mathrm{d}(f)$，并分析该基带信号中有无直流分量和位定时分量。

图 5-58 习题 5-6 示意图

5-7 某数字基带传输系统成形网络的频率特性为

$$H(f)=\begin{cases}2+2\cos(0.01\pi f), & -100<f<100\mathrm{Hz}\\ 0, & \text{其他}\end{cases}$$

求成形网络的单位冲激响应 $h(t)$，并粗略画出频率特性曲线和单位冲激响应的波形。

5-8 某数字基带传输系统中的成形网络具有如图 5-59 所示的奇对称滚降特性，其中频带利用率 $\eta_\mathrm{s}=1.5\mathrm{Bd/Hz}$，传输带宽 $B=6\mathrm{kHz}$。

（1）求能够获得的最高码元速率 R_s；

（2）求图 5-59 中的参数 f_0、f_1、f_2 和 Δf；

图 5-59 习题 5-8 示意图

（3）若采用 256 进制传输，求最高信息速率 R_b；

（4）若换为十六进制传输，为达到相同的信息速率，求所需的传输带宽 B_1。

5-9   某部分响应系统中的相关编码规则为

$$s_k = b_k - 2b_{k-2} + b_{k-4}$$

（1）画出相关编码器的原理框图；

（2）求部分响应波形及其频率特性。

5-10   已知某 3 抽头的时域均衡器中各抽头系数分别为 $c_{-1} = -1/3, c_0 = 1, c_1 = -1/4$，输入信号 $x(t)$ 的抽样值 $x_{-2} = 1/8, x_{-1} = 1/3, x_0 = 1, x_1 = 1/4, x_2 = 1/16$，其余抽样值都为 0。求均衡器输入输出波形的峰值失真。

5-11   已知二进制数字基带传输系统接收到双极性 NRZ 码基带信号脉冲的幅度为 ± 1V，噪声功率为 0.16W，码元速率为 2kBd，求传输 1s 的平均误码个数 M。

5-12   将模拟正弦信号进行抽样量化和 A 律 13 折线 PCM 编码后，用 100W 的单极性 NRZ 码脉冲波形进行传输。已知数字基带传输系统的传输带宽为 20kHz。信道对传输信号衰减 20dB，接收端噪声的功率为 0.02W。求：

（1）为避免码间干扰能够达到的最高码元速率 R_s；

（2）所允许的正弦信号最高频率 f_H；

（3）传输的差错率 P_b；

（4）1min 可能达到的最多误码个数 M。

实践练习 5

5-1   编制 MATLAB 程序实现 HDB$_3$ 码编解码，并绘制出基带信号的波形。要求将 HDB$_3$ 码的编码和译码分别用 MATLAB 函数实现，并在主程序中调用。

5-2   在例 5-12、例 5-13 仿真模型的基础上，添加频谱分析仪模块，观察和比较各种码型基带信号的功率谱。

5-3   搭建如图 5-60(a)所示的第 1 类部分响应系统的仿真模型，观察各点信号的波形。其中主要模块的参数设置如下。

(a) 仿真模型

图 5-60   实践练习 5-3 示意图

(b) 数字滤波器参数设置

图 5-60 （续）

（1）信源发送代码序列的码元速率为 100Bd；

（2）两个 Zero-Order Hold 模块的 Sample time 参数分别设为 1ms 和 10ms；

（3）Relay 模块的 Switch on point 和 Switch off point 参数都设为 1V，Output when on 和 Output when off 参数分别设为 0V 和 1V；

（4）Digital Filter Design 模块的参数设置如图 5-60(b)所示。

5-4　利用 MATLAB 程序辅助设计 3 抽头的迫零均衡器，并用例 5-9 中的数据验证程序的正确性。程序中注意充分利用 MATLAB 的矩阵运算功能。

第6章

数字调制传输

思维导图

在数字通信系统中,对数字基带信号进行调制时的载波大多数情况下仍然取为正弦波。与模拟通信系统类似,根据数字基带信号去控制载波参数的不同,基本的数字调制仍然分为幅度调制、频率调制和相位调制。由于数字基带信号的幅度只有有限种取值,在实际系统中还广泛采用开关键控法实现数字调制,相应地将上述各种调制方式分别称为幅移键控(Amplitude Shift Keying, ASK)、频移键控(Frequency Shift Keying, FSK)和相移键控(Phase Shift Keying, PSK)。

此外,基带信号可以是二进制或多进制信号,相应地有二进制数字调制和多进制数字调制。二进制数字调制是最基本的数字调制技术,本章将重点介绍 3 种基本的二进制数字调制,即 2ASK、2PSK 和 2FSK,以及数字信号的最佳接收技术。

6.1 二进制数字调制和解调

二进制数字调制和解调是各种数字调制解调的基础,本节首先介绍 3 种基本的二进制数字调制方式及其解调方法。

6.1.1　二进制数字调制的基本原理

在二进制数字调制中,基带信号是幅度只有两种取值的脉冲序列。用这样的数字脉冲基带信号控制高频正弦载波的幅度、频率或相位,则在已调信号中,载波的参数也只有两种取值。由于这一特点,可以采用与模拟调制相同的方法实现调制,也可以采用简单的电子开关实现。

在接收端,对各种数字调制信号进行解调后,再通过抽样判决还原得到数字基带信号和数字代码序列。

1. 基本的二进制数字调制

与模拟调制中的幅度调制、频率调制和相位调制相对应,二进制数字调制有数字调幅、数字调频和数字调相这3种基本类型。实际系统中广泛采用简单的电子开关电路实现数字调制,因此通常称为键控,相应地称为二进制幅度键控(2-Amplitude Shift Keying,2ASK)、二进制频移键控(2-Frequency Shift Keying,2FSK)和二进制相移键控(2-Phase Shift Keying,2PSK)。

假设信源发送的二进制代码序列为1101000110,图6-1给出了对应的2ASK、2FSK和2PSK信号的时间波形,其中 T_s 为码元间隔。

图 6-1　2ASK、2FSK 和 2PSK 信号

对于2ASK,当发送数字代码1和0时,已调信号中载波的振幅分别为 A 和0,而载波的频率和相位都保持不变。

对于2FSK,已调信号的幅度恒定不变,而在发送1码和0码期间,载波的频率分别为 f_1 和 f_2。从图6-1中容易得到两个载波频率 f_1 和 f_2 分别等于码元速率的2倍和4倍。

与模拟调频类似,对于2FSK,可以用调频指数描述基带信号对载波频率的改变程度,其定义为两个载频的差与码元速率之比,即

$$h = \frac{|f_1 - f_2|}{R_s} \tag{6-1}$$

对于图 6-1 所示的 2FSK 信号,调频指数为

$$h = \frac{|f_1 - f_2|}{R_s} = \frac{|2R_s - 4R_s|}{R_s} = 2$$

对于 2PSK,已调信号的幅度和频率都恒定不变,而在发送 1 码和 0 码期间,载波的相位分别为 0 和 π。在图 6-1 中,假设未调载波为初始相位等于 0 的余弦波,则在发送 1 码期间,2PSK 信号中载波的相位与未调载波相位相同(保持不变);在发送 0 码期间,已调信号中载波的相位与未调载波相位相差 π,即已调信号载波的波形相对于未调载波极性相反。这种调制规则称为"0 变 1 不变"。

2PSK 的调制规则也可以采用"1 变 0 不变"。此时,发送 1 码期间,载波反相;发送 0 码期间,已调信号中的载波与未调载波同相。

例 6-1　已知某代码序列对应的 2ASK 信号波形如图 6-2(a)所示,码元速率$R_s = 1\text{kBd}$。

(1) 分析写出对应的代码序列,并求载波频率 f_c。

(2) 绘制出该代码序列对应的 2PSK 信号波形,假设载波幅度和频率与 2ASK 信号相同,未调载波为初始相位等于 0 的正弦波,采用"1 变 0 不变"的调制规则。

解　(1) 代码序列为 111001011。

由于一个码元间隔内有 1.5 个周期的载波,因此载波频率等于码元速率的 1.5 倍,即

$$f_c = 1.5R_s = 1.5\text{kHz}$$

(2) 调制规则为"1 变 0 不变",则 1 码期间载波反相,0 码期间载波同相,据此得到 2PSK 信号的波形如图 6-2(b)所示。图 6-2(c)为未调载波。

(a) 2ASK信号波形

(b) 2PSK信号波形

(c) "1变0不变" 未调载波

图 6-2　例 6-1 波形图

2. 调制方法

从原理上说,上述各种二进制数字调制与模拟调制相同,因此可以用与模拟调制类似的方法实现调制,称为模拟调制法。由于在上述各种二进制数字调制中,基带信号幅度只有离散的两种取值,因此还可以采用简单的开关电路实现调制,称为开关键控法调制。

1）模拟调制法

在模拟通信系统中,用模拟乘法器实现模拟基带信号与高频载波的相乘运算,即实现了 DSB-SC 调制。如果将二进制数字基带信号 $m(t)$ 送入模拟乘法器,与未调载波 $c(t)$ 相乘,输出即为二进制数字调幅 2ASK 信号。调制器的原理框图如图 6-3(a)所示。

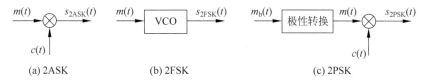

(a) 2ASK　　　　　(b) 2FSK　　　　　(c) 2PSK

图 6-3　模拟调制法实现二进制数字调制

在模拟通信系统中,采用 VCO 可以实现直接法调频。如果将二进制数字基带信号作为控制电压送入 VCO,则输出也就成为 2FSK 信号,调制器的原理如图 6-3(b)所示。

在 2PSK 信号中,与发送的数字代码 1 和 0 相对应,载波的相位只有 0 和 π 两种取值。当发送 1 码时,已调载波与未调载波同相;当发送 0 码时,已调载波与未调载波反相。因此,采用模拟调制法实现 2PSK 时,需要先通过极性转换将单极性 NRZ 码 $m_b(t)$ 转换为双极性 NRZ 码基带信号 $m(t)$,再与未调载波 $c(t)$ 相乘,其原理框图如图 6-3(c)所示。

例 6-2　对二进制数字基带信号进行 2PSK。假设信源输出的单极性 NRZ 码基带信号中,1 码和 0 码对应的脉冲幅度分别为 1V 和 0V。

（1）假设 2PSK 规则为"0 变 1 不变",设计极性转换电路,要求输出 2PSK 信号载波幅度为 2V。

（2）假设 2PSK 规则为"1 变 0 不变",设计极性转换电路,要求输出 2PSK 信号载波幅度为 1V。

（3）已知码元间隔为 1ms,未调载波为幅度为 1V,频率为 2kHz,初始相位为 0 的余弦波。画出利用(2)中的极性转换电路实现 2PSK 时,调制器中各点信号波形,假设代码序列为 1010110。

解　（1）由于要求采用"0 变 1 不变"的调制规则,则极性转换电路的输出信号中,1 码和 0 码对应的脉冲幅度必须分别为 2V 和 -2V,而输入单极性 NRZ 码基带信号中,1 码和 0 码对应的脉冲幅度分别为 1V 和 0V。据此得到极性转换电路,如图 6-4(a)所示,图中的方框为放大器,放大倍数为 4。

（2）同理得到极性转换电路,如图 6-4(b)所示。

（3）调制器各点信号波形如图 6-4(c)所示。

2）开关键控法

由于二进制数字基带信号的幅度只有两种取值,因此在上述各种二进制已调信号中,载波的幅度、频率或相位也只有两种取值。利用这一特点,可以采用简单的电子开关实现数字调制。这种方法称为开关键控法调制。

图 6-5(a)所示为用键控法产生 2ASK 信号。当发送 1 码和 0 码时,用二进制数字基带信号 $m(t)$ 中的高低电平控制开关的切换,即可输出 2ASK 信号。因此,2ASK 信号又称为通断键控(On-Off Keying,OOK)信号。

(a) 极性转换电路(1)　　　　　(b) 极性转换电路(2)

(c) 各点信号波形

图 6-4　例 6-2 示意图

(a) 2ASK　　　　　　　(b) 2FSK

(c) 2PSK

图 6-5　开关键控法实现二进制数字调制

在图 6-5(b)中,两个载波发生器分别产生两个不同载波频率的高频载波。在基带信号 $m(t)$ 高低电平的控制下,开关分别接通两个载波,输出端即为 2FSK 信号。

在图 6-5(c)中,载波发生器输出固定幅度和频率的载波,与经过反相后的载波一起送入开关。在基带信号 $m(t)$ 高低电平的控制下,开关分别接通两个不同相位的载波,在输出端合并成为一路 2PSK 信号。

例 6-3　对二进制数字基带信号用开关键控法进行 2FSK。假设两个载波频率分别为

20Hz 和 35Hz,初始相位为 0,调频指数 $h=1.5$,发送代码序列为 0101100,分别画出基带信号、两个载波信号和 2FSK 信号的波形。

解 已知调频指数 $h=1.5$,则

$$R_s = \frac{|f_1 - f_2|}{h} = \frac{|20 - 35|}{1.5} = 10\text{Bd}$$

因此,发送 1 码和 0 码期间,已调信号中载波分别有 2 个和 3.5 个周期。据此画出各信号波形,如图 6-6 所示。

注意,在该例中,当发送的相邻两个代码出现 0/1 切换时,2FSK 信号中载波的波形可能不连续,这种情况称为相位不连续的 2FSK。这是由于在开关键控法中,两个载波分别由两个振荡器产生,相互是独立无关的。如果采用模拟调制法实现 2FSK,由于不同频率的两个载波是用同一个 VCO 产生的,因此得到的 2FSK 信号不会出现这种情况,称为相位连续的 2FSK。

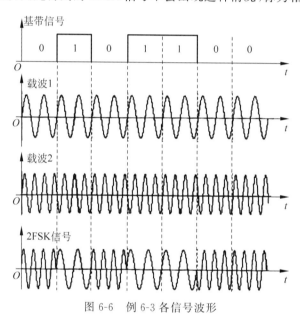

图 6-6　例 6-3 各信号波形

6.1.2　二进制数字调制信号的特性

对相同的基带信号,各种调制方式得到的已调信号具有不同的特性,如信号带宽和传输的有效性各不相同。本节将继续分析和介绍上述各种基本二进制数字调制信号的时域和频域特性。

1. 二进制数字调制信号的时域描述

2ASK 信号可以表示为

$$s_{2\text{ASK}}(t) = m(t)\cos 2\pi f_c t \tag{6-2}$$

其中,f_c 为载波频率;$m(t)$ 为单极性 NRZ 码数字基带信号。

2FSK 信号可以视为两个不同载波频率的 2ASK 信号的叠加。如图 6-7 所示,$m(t)$ 为单极性 NRZ 码数字基带信号,T_s 为码元间隔;$s_1(t)$ 为与 $m(t)$ 相对应的 2ASK 信号,载波频率 $f_1 = 2R_s = 2/T_s$;$s_2(t)$ 可以认为是以 $m(t)$ 的反相信号为基带信号时的 2ASK 信号,

载波频率 $f_2 = 4R_s = 4/T_s$。将 $s_1(t)$ 和 $s_2(t)$ 叠加,即可得到 2FSK 信号。

根据上述分析,可以将 2FSK 信号表示为

$$s_{2FSK}(t) = m(t)\cos 2\pi f_1 t + \overline{m(t)}\cos 2\pi f_2 t \tag{6-3}$$

在 2PSK 信号中,用载波相位的取值为 0 或 π 表示发送的 1 码和 0 码。假设载波频率为 f_c,幅度为 1V,则 2PSK 信号可以表示为

$$s_{2PSK}(t) = \cos(2\pi f_c t + \varphi) = \begin{cases} \cos(2\pi f_c t + 0) = \cos 2\pi f_c t, & \text{发送 1 码} \\ \cos(2\pi f_c t + \pi) = -\cos 2\pi f_c t, & \text{发送 0 码} \end{cases} \tag{6-4}$$

假设基带信号 $m(t)$ 为双极性 NRZ 码,当发送 1 码和 0 码时,$m(t)$ 中脉冲的幅度分别取为 +1V 和 -1V,则根据式(6-4)可以将 2PSK 信号表示为

$$s_{2PSK}(t) = m(t)\cos 2\pi f_c t \tag{6-5}$$

比较式(6-5)和式(6-2)可知,2PSK 信号与 2ASK 信号的时域表达式在形式上是完全相同的,只是基带信号 $m(t)$ 分别取为双极性和单极性。

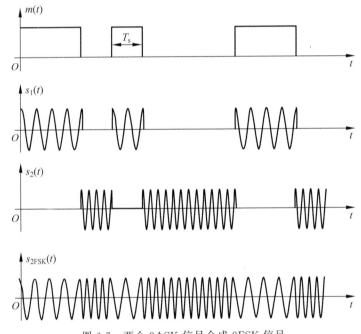

图 6-7 两个 2ASK 信号合成 2FSK 信号

2. 二进制数字调制信号的功率谱和带宽

2ASK 和 2PSK 信号具有相同的时间表达式,都是基带信号与载波相乘。因此,根据傅里叶变换的频移性质,可以得到其功率谱密度都为

$$P_s(f) = \frac{1}{4}[P_b(f + f_c) + P_b(f - f_c)] \tag{6-6}$$

其中,$P_b(f)$ 为基带信号的功率谱;f_c 为载波频率。

但是,对于 2ASK,基带信号为单极性 NRZ 码矩形脉冲基带信号,其功率谱 $P_b(f)$ 中含有直流分量。而对于 2PSK 调制,基带信号为双极性 NRZ 码矩形脉冲基带信号,因此基带信号没有直流分量。图 6-8 所示为 2ASK 和 2PSK 信号的功率谱图。由此可以得到以下结论。

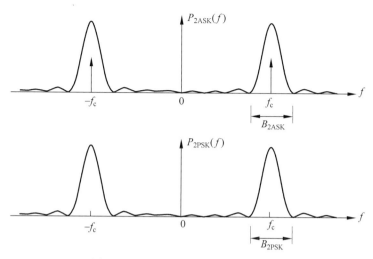

图 6-8　2ASK 和 2PSK 信号的功率谱

（1）2ASK 信号的功率谱由连续谱和离散谱两部分组成，而 2PSK 信号的功率谱中只有连续谱，没有离散谱。

（2）2ASK 信号功率谱中的离散谱位于载波频率位置，说明 2ASK 信号中含有载波分量，而 2PSK 信号中没有载波分量。

（3）由连续谱求得 2ASK 和 2PSK 信号的带宽都为 NRZ 码数字基带信号带宽的 2 倍，而单极性和双极性 NRZ 码基带信号的带宽都等于码元速率，因此两种已调信号的带宽都等于码元速率的 2 倍，即

$$B_{2FSK} = B_{2PSK} = 2R_s \tag{6-7}$$

由于 2FSK 信号可以视为两个不同载波频率的 2ASK 信号的叠加，其功率谱也是这两个 2ASK 信号功率谱的叠加。因此，与 2ASK 信号的功率谱相似，2FSK 信号的功率谱由离散谱和连续谱两部分组成。其中，离散谱出现在两个载频位置上，这表明 2FSK 信号中同时含有两个载波分量。

2FSK 信号功率谱中的连续谱由位于载频 f_1 和 f_2 位置的两个 2ASK 信号功率谱叠加而成，叠加后的形状将随 $|f_1 - f_2|$ 的大小或调制指数 h 的不同而变化。当 h 比较小时，功率谱呈现单峰形状；当 h 比较大时，功率谱呈现双峰形状；当 h 足够大时，两个峰完全分离，两个主瓣互不重叠。图 6-9 所示为不同调制指数时 2FSK 的功率谱。

当调制指数足够大时，2FSK 信号的带宽可近似为

$$B_{2FSK} = |f_1 - f_2| + 2R_s = (2 + h)R_s \tag{6-8}$$

例如，当 $h = 2$ 时，码元速率 $R_s = |f_1 - f_2|/2$。在图 6-9 中，两个主瓣分别以 f_1 和 f_2 为中心，宽度都为 $2R_s = |f_1 - f_2|$。因此，2FSK 信号的带宽等于两个主瓣总的宽度，即 $B = 2 \times 2R_s = 2|f_1 - f_2|$。

根据上述各信号的功率谱，可以得到 2ASK、2FSK 和 2PSK 传输的频带利用率分别为

$$\eta_{2ASK} = \eta_{2PSK} = \frac{R_s}{B_{2ASK}} = 0.5\mathrm{Bd/Hz} \tag{6-9}$$

$$\eta_{2FSK} = \frac{R_s}{B_{2FSK}} = \frac{R_s}{|f_1 - f_2| + 2R_s} \tag{6-10}$$

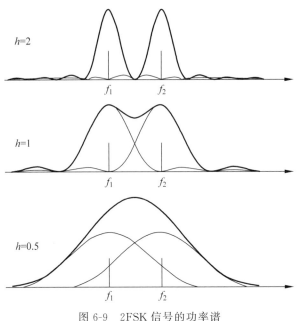

图 6-9　2FSK 信号的功率谱

由此可见,在 3 种基本的二进制数字调制中,2FSK 传输的频带利用率和有效性最差。

例 6-4　已知 2FSK 的调制指数 $h=1.5$,两个载波频率分别为 $f_1=1\text{kHz}$ 和 $f_2=2.5\text{kHz}$。求码元速率 R_s、2FSK 信号的带宽 B 和频带利用率 η_s。

解　由

$$h=\frac{|f_1-f_2|}{R_s}$$

求得

$$R_s=\frac{|f_1-f_2|}{h}=\frac{|1-2.5|}{1.5}=1\text{kBd}$$

2FSK 信号的带宽和频带利用率分别为

$$B=(2+h)R_s=(2+1.5)\times 1=3.5\text{kHz}$$

$$\eta_s=\frac{R_s}{B}=\frac{1}{3.5}\approx 0.29\text{Bd/Hz}$$

6.1.3　解调方法

与模拟通信系统类似,在数字调制传输系统中,各种数字已调信号的解调仍然分为相干和非相干解调两种基本的方式。考虑到数字调制信号的特殊性,也可以采用一些特殊的解调方法。

1. 非相干解调

非相干解调又称为包络检波法。图 6-10 所示为 2ASK 信号非相干解调器的基本组成。带通滤波器 BPF 使 2ASK 信号完整地通过,经整流电路后,输出其包络。低通滤波器 LPF 的作用是滤除高频杂波,从而提取出载波的幅度包络。

图 6-10　2ASK 信号非相干解调器

与模拟 AM 的非相干解调不同的是,在 2ASK 信号的非相干解调中,LPF 输出的包络一般需要经过抽样判决,以恢复标准的矩形脉冲数字基带信号。解调器中各点信号的波形如图 6-11 所示。

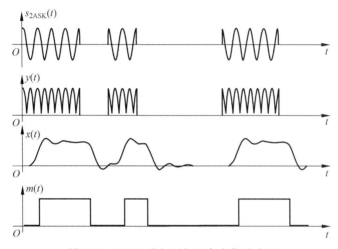

图 6-11　2ASK 非相干解调各点信号波形

由于 2FSK 信号可以视为两个 2ASK 信号的叠加,因此可以采用类似的非相干解调,如图 6-12 所示。图 6-12 中包括上下两条支路,两支路中的带通滤波器 BPF 带宽都取为 $2R_s$(等于 2ASK 信号的带宽),但中心频率分别为 f_1 和 f_2,从而分别输出频率为 f_1 和 f_2 的两个 2ASK 信号,经包络检波后得到两个载频信号的包络。抽样判决器将上、下两支路输出的包络信号进行抽样后,比较两个抽样值的相对大小,从而判决输出数字基带信号。

图 6-12　2FSK 非相干解调

2. 相干解调

与模拟调制的相干解调一样,这种解调方法要求接收机产生一个与调制端的载波同频同相的本地相干载波,然后与接收到的已调信号相乘,再通过低通滤波和抽样判决得到基带信号。

图 6-13 所示为 2ASK 和 2FSK 信号的相干解调器。

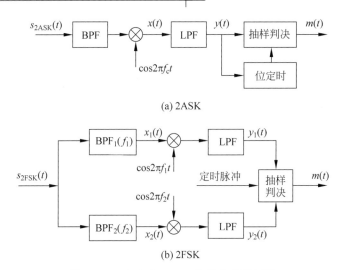

(a) 2ASK

(b) 2FSK

图 6-13   2ASK 和 2FSK 信号的相干解调

与非相干解调类似,在如图 6-13(b)所示的 2FSK 相干解调器中,两个带通滤波器的带宽相同,中心频率分别等于两个载波频率。图 6-14 所示为 2FSK 相干解调器中各点信号的波形。需要注意的是,由于 BPF 和 LPF 的动态特性,使 $x_1(t)$ 和 $x_2(t)$ 信号相对于 $s_{2FSK}(t)$ 信号、$y_1(t)$ 相对于 $x_1(t)$、$y_2(t)$ 相对于 $x_2(t)$ 都有一定延时。

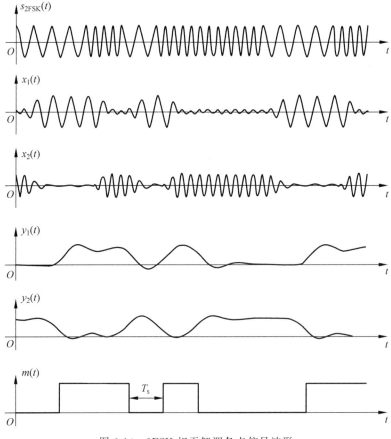

图 6-14   2FSK 相干解调各点信号波形

2PSK 信号不能采用包络检波法非相干解调,只能进行相干解调,其方框图与图 6-13(a)所示 2ASK 信号的相干解调相同,只是抽样判决器的门限电平应设为零电平,并且判决规则应该与发送端的调制规则相对应。如果发送端采用"1 变 0 不变"的调制规则,则接收端的判决规则为"正 0 负 1",即抽样值为正电平,判决输出 0 码;否则输出 1 码。如果发送端采用"0 变 1 不变"的调制规则,则接收端的判决规则为"正 1 负 0",即抽样值为正电平,判决输出 1 码;否则输出 0 码。

3. 2FSK 的过零检测法解调

单位时间内信号经过零点的次数多少,可以用来衡量频率的高低,因此通过检测过零点的次数即可实现 2FSK 信号的解调,这就是过零检测法的基本思想。

过零检测法实现 2FSK 解调的原理如图 6-15(a)所示,各点信号波形如图 6-15(b)所示。2FSK 输入信号经放大限幅后得到矩形脉冲序列,经微分和全波整流形成与频率变化相应的尖脉冲序列。脉冲成形器将尖脉冲序列变换为具有一定宽度的矩形波,该矩形波的直流分量便代表着信号的频率。脉冲越密,直流分量越大,表示输入信号的频率越高。经低通滤波器就可得到脉冲波的直流分量。这样就完成了频率-幅度变换,从而再根据直流分量幅度上的区别还原出数字信号 1 和 0。

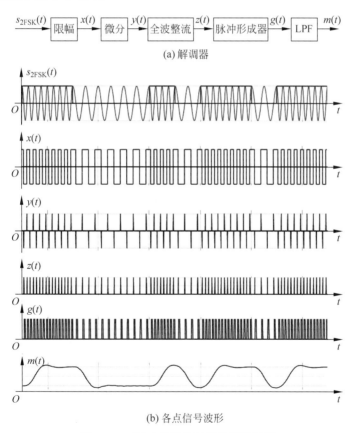

图 6-15　2FSK 信号的过零检测法解调

6.2 二进制差分相移键控

在前面介绍的 2PSK 信号相干解调中,由于提取的解调载波可能存在两种相位,从而使解调结果出现倒 π 现象,判决输出二进制代码与原始发送代码全部 0、1 倒置。为了解决这个问题,提出了差分相移键控。

6.2.1 2PSK 的倒 π 现象

由于 2PSK 信号中不含有载波分量,在相干解调中必须采用特殊的锁相环路才能从中提取出解调所需的相干载波。常用的特殊环路有平方环和科斯塔斯(Costas)环。但是,利用这些特殊的锁相环路提取的解调载波,可能与调制器中的调制载波完全反相,从而导致 2PSK 解调过程中会出现倒 π 现象。

1. 科斯塔斯环及相干载波的提取

科斯塔斯环是在基本锁相环的基础上改进而成的一种特殊锁相环路,其基本组成如图 6-16 所示。

图 6-16 中,LPF 为低通滤波器,LF 为环路滤波器,VCO 为压控振荡器。上、下两条支路与右边的相乘器构成等价的鉴相器,与 LF 和 VCO 一起构成锁相环路。上支路称为同相支路,下支路称为正交支路。当输入为 2PSK 信号时,上支路 LPF 的输出经抽样判决后即为解调输出,而 VCO 的输出 $c(t)$ 即为提取得到的相干载波。

图 6-16 科斯塔斯环的基本组成

当环路达到锁定时,LF 输出恒定不变的直流电压,控制 VCO 输出信号的频率 f_0 始终等于未调载波频率 f_c,但是其相位 θ_0 可能为 0 或 $n\pi$,其中 n 为任意整数。如果此时 $\theta_0 = 0$ 或 π 的偶数倍,则得到 VCO 输出的载波为

$$c(t) = \cos(2\pi f_c t) \tag{6-11}$$

该载波与发送端调制载波完全同频同相,也就是解调所需的相干载波。

如果锁定时 θ_0 等于 π 的奇数倍,则 VCO 输出的载波为

$$c(t) = -\cos(2\pi f_c t) \tag{6-12}$$

该载波与发送端调制载波完全同频,但相位相差 π,或者说提取得到的解调载波与发送端调制载波极性相反。

2. 2PSK 解调及其倒 π 现象

当使用科斯塔斯环实现 2PSK 解调时,上、下两支路低通滤波器的输出分别为

$$I'(t) = m(t)\cos\theta_0 \tag{6-13}$$

$$Q'(t) = -m(t)\sin\theta_0 \tag{6-14}$$

假设环路锁定时 $\theta_0 = 0$,则 $I'(t) = m(t)$,通过抽样判决后,还原出正确的原始数字代码序列。如果环路锁定,$\theta_0 = \pi$,则 $I'(t) = -m(t)$,通过抽样判决后,还原出的基带信号与发送的双极性 NRZ 码基带信号极性完全相反。

由此可见,环路锁定时,VCO输出相干载波的相位 θ_0 可能为 0 或 π,从而使解调输出得到的基带信号可能与原始数字基带信号完全相同,也可能极性完全相反。这种现象称为 2PSK 的反向工作状态或者倒 π 现象,又称为相位模糊现象。

6.2.2 2DPSK 调制和解调

2DPSK 称为二进制差分相移键控,是为了克服 2PSK 的倒 π 现象而提出的。在 2DPSK 中,不是利用载波相位的绝对数值传送数字信息,而是用前后码元载波相位的差值传送数字信息。

1. 2DPSK 的基本原理

在 2DPSK 信号中,原始代码序列与相邻两个码元间隔内载波的相位差 $\Delta\varphi$ 之间的关系可以表示为

$$\Delta\varphi = \begin{cases} \pi, & 1\ 码 \\ 0, & 0\ 码 \end{cases} \tag{6-15}$$

或

$$\Delta\varphi = \begin{cases} \pi, & 0\ 码 \\ 0, & 1\ 码 \end{cases} \tag{6-16}$$

式(6-15)表示如果当前码元为 1 码,则载波与前一个码元间隔范围内的载波反相;如果当前码元为 0 码,则载波与前一个码元的载波同相。这种调制规则称为"1 变 0 不变"。相应地,将式(6-16)定义的调制规则称为"0 变 1 不变"。

实现上述 2DPSK 调制的基本原理如图 6-17 所示。其中,$\{a_n\}$ 为原始代码序列,称为绝对码。绝对码序列通过差分编码后,得到相对码序列 $\{b_n\}$。相对码再送入 2PSK 调制器对其进行 2PSK,输出相对于原始代码序列即为 2DPSK 信号。

图 6-17 2DPSK 调制的基本原理框图

由此可见,2DPSK 的产生只是在 2PSK 的基础上增加了差分编码。通过差分编码得到的相对码,实际上就是 5.2.2 节介绍的差分码。因此,绝对码与相对码之间的转换关系(即差分编码规则)为

$$b_n = a_n \oplus b_{n-1} \tag{6-17}$$

其中,$\oplus$ 表示异或运算。

图 6-18 所示为根据上述规则进行差分编码时 2DPSK 调制器中各点信号的波形。显然,此时得到 2DPSK 的调制规则为"1 变 0 不变"。

由式(6-17)得到的差分码称为传号差分码,对应 2DPSK 的调制规则"1 变 0 不变"。实际系统中,还可以得到相反的空号差分码,其编码规则为

$$b_n = a_n \odot b_{n-1} \tag{6-18}$$

其中,$\odot$ 表示同或运算。得到空号差分码序列 $\{b_n\}$ 后,将其转换为双极性脉冲,再实现 2PSK。此时得到的 2DPSK 调制规则为"0 变 1 不变"。

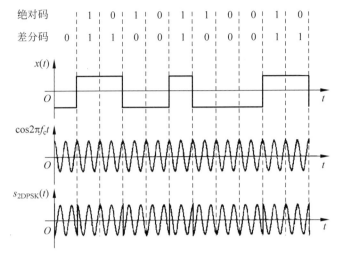

图 6-18　2DPSK 调制器各点信号波形

根据以上讨论,2DPSK 本质上就是对由绝对码转换而来的差分码序列进行绝对相移。因此,2DPSK 信号的表达式与 2PSK 完全相同,只是其中的基带信号应为差分码序列对应的基带信号。

就波形本身而言,2PSK 和 2DPSK 信号是等效的。因此,2DPSK 信号与 2PSK 信号有相同的功率谱,其带宽也等于基带信号带宽的 2 倍。

2. 2DPSK 的解调

2DPSK 信号的解调有两种解调方式,一种是相干解调,也称为极性比较法解调;另一种是差分相干解调,也称为相位比较法解调或延迟解调。

以上两种解调器如图 6-19 所示。其中,极性比较法解调由相干解调和差分解码两部分组成。相干解调将输入的 2DPSK 信号还原成相对码,再由差分解码器(码反变换器)把相对码转换为绝对码输出。由式(6-18)可以得到差分解码规则为

$$a_n = b_n \oplus b_{n-1} \tag{6-19}$$

图 6-19　2DPSK 解调器

在如图 6-19(b)所示的相位比较法解调中,2DPSK 信号延迟一个码元间隔 T_s 后,再与其本身相乘。其中,乘法器起相位比较的作用。如果前后两个码元内的载波初相相反,则乘法器输出为负;否则输出为正。输出结果经低通滤波后再取样判决,即可恢复原数字信息。

图 6-20 所示为极性比较法解调器中各点信号的波形。假设解调载波与调制载波完全反相,因此相干解调得到的 $\{b_n\}$ 序列与发送端相对码序列完全 0、1 倒置。但是经过差分解码后输出的 $\{a_n\}$ 序列与发送端绝对码序列完全相同。这就说明,通过差分编解码实现 2DPSK 调制解调,解决了 2PSK 传输中的反向工作问题。

图 6-20　2DPSK 极性比较法解调各点的波形

例 6-5　对代码序列 10100011 进行 2DPSK 传输。假设 2DPSK 调制规则为"0 变 1 不变",未调载波为初始相位为 0 的余弦波。调制器中 2PSK 的调制规则为"1 变 0 不变",解调器中解调载波与调制载波频率相同,但相位相反。

(1) 求差分编码器输出的相对码序列。

(2) 分别写出已调信号中各位码元对应的载波相位。

(3) 分析写出解调输出的相对码和绝对码序列。

解　(1) 由于 2DPSK 调制规则为"0 变 1 不变",因此差分编码输出的相对码应为空号差分码。假设相对码的第 1 位码元为 0,则相对码序列为 01101000。

(2) 对相对码序列进行 2PSK,调制规则为"1 变 0 不变",则各位码元对应的载波相位依次为 0ππ0π000。

(3) 2PSK 信号在解调器中与解调载波相乘和低通滤波,各位码元对应的输出电平极性依次为－＋＋－＋－－－,则根据抽样判决规则得到解调输出相对码序列为 10010111。

上述相对码序列经过差分解码后得到绝对码序列。由于发送端的相对码是空号差分码,则差分解码规则应为

$$a_n = b_n \odot b_{n-1} \tag{6-20}$$

由此得到输出的绝对码序列为 ＊0100011,其中第 1 位 ＊ 表示不确定。

上述调制和解调过程可以用列表法表示。

发送绝对码:	1	0	1	0	0	0	1	1
发送相对码:	0	1	1	0	1	0	0	0
调制载波相位:	0	0	0	0	0	0	0	0
已调信号载波相位:	0	π	π	0	π	0	0	0
解调载波相位:	π	π	π	π	π	π	π	π
相干解调输出极性:	−	+	+	−	+	−	−	−
判决输出相对码:	1	0	0	1	0	1	1	1
解调输出绝对码:	＊	0	1	0	0	0	1	1

例 6-6　对例 6-5 中调制器输出的 2DPSK 信号进行相位比较法解调,用列表法分析解调过程。

解　解调过程列表如下。

发送绝对码:	1	0	1	0	0	0	1	1
2DPSK 载波相位:	0	π	π	0	π	0	0	0
延迟输出载波相位:	0	0	π	π	0	π	0	0
低通滤波输出极性:	+	−	+	−	−	−	+	+
解调输出绝对码:	1	0	1	0	0	0	1	1

其中,延迟器输出载波相位在第 1 个码元内假设为 0。由于 2DPSK 调制规则为"0 变 1 不变",因此抽样判决规则应该为"正 1 负 0"。

6.3　二进制调制系统的抗噪声性能

在数字调制传输系统中,信道的加性噪声将使传输码元产生错误,错误出现的概率通常用误码率衡量。与数字基带系统的抗噪声分析一样,分析二进制数字调制系统的抗噪性能,就是计算系统由加性噪声产生的总误码率。

6.3.1　2ASK 系统的抗噪声性能

2ASK 传输系统的接收端可以采用相干解调和非相干解调,下面分别分析两种解调方式下的误码率。

1. 2ASK 相干解调的抗噪声性能

图 6-21 所示为 2ASK 相干解调抗噪声性能分析模型。其中,2ASK 信号与信道引入的高斯白噪声 $n(t)$ 相叠加,一起送入带通滤波器 BPF 和相干解调器。

图 6-21 2ASK 相干解调抗噪声性能分析模型

假设带通滤波器能够让有用的已调信号全部通过,则其带宽近似等于 2ASK 信号带宽,中心频率等于载波频率。信道引入的高斯白噪声经过 BPF 后得到窄带高斯噪声,可以表示为

$$n_i(t) = n_1(t)\cos\omega_c t - n_Q(t)\sin\omega_c t$$

其平均功率为 σ^2,均值为 0。

2ASK 信号与上述窄带高斯噪声叠加后得到 $s(t)$,一起送入后面的相干解调器。假设发送 1 码和 0 码期间,接收 2ASK 信号中载波的幅度分别为 A 和 0。

在发送 1 码期间,带通滤波器总的输出为

$$s(t) = s_{2ASK}(t) + n_i(t) = A\cos 2\pi f_c t + n_1(t)\cos 2\pi f_c t - n_Q(t)\sin 2\pi f_c t$$

$s(t)$ 送入相干解调器,得到乘法器的输出为

$$x(t) = s(t)\cos 2\pi f_c t = A\cos^2 2\pi f_c t + n_1(t)\cos^2 2\pi f_c t - n_Q(t)\sin 2\pi f_c t\cos 2\pi f_c t$$

经过 LPF 低通滤波后,得到

$$y(t) = A + n_I(t) \tag{6-21}$$

式(6-21)中忽略了系数 1/2。

由此可见,低通滤波后的输出等于窄带高斯噪声中的同相分量 $n_1(t)$ 与幅度为 A 的直流信号的叠加。由于 $n_1(t)$ 为均值为 0 的高斯随机过程,因此 $y(t)$ 是均值为 A 的高斯随机过程,其幅度概率密度函数为

$$f_1(y) = \frac{1}{\sqrt{2\pi}\sigma} e^{-\frac{(y-A)^2}{2\sigma^2}} \tag{6-22}$$

同理分析,在发送 0 码期间,低通滤波器的输出为

$$y(t) = n_1(t) \tag{6-23}$$

其幅度概率密度函数为

$$f_0(y) = \frac{1}{\sqrt{2\pi}\sigma} e^{-\frac{y^2}{2\sigma^2}} \tag{6-24}$$

发送 1 码和 0 码,低通滤波器输出信号的幅度概率密度曲线如图 6-22 所示。

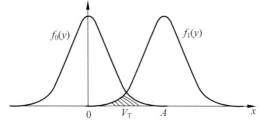

图 6-22 LPF 输出信号的幅度概率密度函数

LPF 的输出送入抽样判决器。在发送 1 码期间,如果抽样值幅度小于判决门限 V_T,则将被错误判决为 0 码;同理,在发送 0 码期间,如果抽样值幅度大于判决门限 V_T,则将被错误判决为 1 码。由此得到误码率为

$$P_s = P(1)P(0/1) + P(0)P(1/0)$$
$$= P(1)\int_{-\infty}^{V_T} f_1(y)\mathrm{d}y + P(0)\int_{V_T}^{\infty} f_0(y)\mathrm{d}y$$

其中,$P(1)$ 和 $P(0)$ 分别为发送 1 码和 0 码的概率。0、1 等概时,$P(0) = P(1) = 1/2$,则

$$P_s = \frac{1}{2}\int_{-\infty}^{V_T} f_1(y)\mathrm{d}y + \frac{1}{2}\int_{V_T}^{\infty} f_0(y)\mathrm{d}y \qquad (6\text{-}25)$$

在图 6-22 中,通常最佳判决门限电平取为两条曲线的交点,即 $V_T = A/2$。此时,式(6-25)中的两个积分相等,则

$$P_s = \int_{V_T}^{\infty} f_0(y)\mathrm{d}y = \int_{V_T}^{\infty} \frac{1}{\sqrt{2\pi}\,\sigma} \mathrm{e}^{-\frac{y^2}{2\sigma^2}}\mathrm{d}y = Q\left(\frac{A}{2\sigma}\right) = Q\left(\sqrt{\frac{r}{2}}\right) \qquad (6\text{-}26)$$

其中,A 为接收信号在 1 码期间的幅度;σ 为信道引入噪声的方差;r 为接收信噪比,且

$$r = \frac{A^2}{2\sigma^2} \qquad (6\text{-}27)$$

2. 2ASK 非相干解调的抗噪声性能

图 6-23 所示为 2ASK 非相干解调抗噪声性能分析模型。与相干解调类似,只需要求出送入抽样判决器的幅度包络 $y(t)$ 的概率密度函数,即可得到误码率。

图 6-23　2ASK 非相干解调抗噪声性能分析模型

在发送 1 码期间,带通滤波器信号通过全波整流和低通滤波后,输出其包络为

$$y(t) = \sqrt{\left[A + n_I(t)\right]^2 + n_Q^2(t)}$$

其波形服从莱斯分布,一维概率密度为

$$f_1(y) = \frac{y}{\sigma^2} I_0\left(\frac{Ay}{\sigma^2}\right) \mathrm{e}^{-\frac{(y^2 + A^2)}{2\sigma^2}} \qquad (6\text{-}28)$$

其中,σ^2 为噪声功率;$I_0(\cdot)$ 为第 1 类零阶修正贝塞尔函数。

当发送 0 码时,低通滤波器输出的包络为

$$y(t) = \sqrt{n_I^2(t) + n_Q^2(t)}$$

其波形服从瑞利分布,一维概率密度为

$$f_0(y) = \frac{y}{\sigma^2} \mathrm{e}^{-\frac{x^2}{2\sigma^2}} \qquad (6\text{-}29)$$

包络 $y(t)$ 经过抽样后按照给定的判决门限 V_T 进行判决,从而确定接收码元是 1 码还是 0 码。当 0、1 等概时,最佳的判决门限为

$$V_{\mathrm{T}} \approx \frac{A}{2} \sqrt{1 + \frac{4}{r}}$$

其中，r 为接收信噪比，其定义与式(6-27)相同。在大信噪比，即 $r \gg 1$ 的前提下，$V_{\mathrm{T}} \approx A/2$。此时可以求得平均误码率为

$$P_{\mathrm{s}} \approx \frac{1}{2} \mathrm{e}^{-r/4} \tag{6-30}$$

例 6-7 设有一个 2ASK 信号传输系统，其中码元速率 $R_{\mathrm{s}} = 4.8\mathrm{kBd}$，接收信号的振幅 $A = 1\mathrm{mV}$，高斯噪声的单边功率谱密度 $n_0 = 4 \times 10^{-12}\,\mathrm{W/Hz}$。试求：

（1）相干解调时的误码率；

（2）非相干解调时的最佳误码率。

解 2ASK 信号的第 1 谱零点带宽 $B = 2R_{\mathrm{s}} = 9.6\,\mathrm{kHz}$。取接收端带通滤波器的带宽等于 B，则带通滤波器输出噪声的平均功率为

$$\sigma^2 = n_0 B = 4 \times 10^{-12} \times 9.6 \times 10^3 = 3.84 \times 10^{-8}\,\mathrm{W}$$

则解调器输入端的峰值信噪比为

$$r = \frac{A^2}{2\sigma^2} = \frac{10^{-6}}{2 \times 3.84 \times 10^{-8}} \approx 13 \gg 1$$

相干解调时的误码率为

$$P_{\mathrm{s}} = Q\left(\sqrt{\frac{r}{2}}\right) = Q(\sqrt{6.5}) = 5.39 \times 10^{-3}$$

非相干解调时的误码率为

$$P_{\mathrm{s}} = \frac{1}{2} \mathrm{e}^{-r/4} = \frac{1}{2} \mathrm{e}^{-3.25} = 1.94 \times 10^{-2}$$

由该例的计算结果可知，在传输条件下，2ASK 相干解调的误码率低于非相干解调的误码率。但非相干解调时不需要相干载波，故在电路上比相干解调简单。

6.3.2 2FSK 系统的抗噪声性能

2FSK 的解调也可以采用相干解调或非相干解调，下面分别进行分析。

1. 2FSK 相干解调的误码率

2FSK 相干解调抗噪声性能分析模型如图 6-24 所示。假设发送 1 码和 0 码时接收到的载波频率分别为 f_1 和 f_2，幅度都为 A。

图 6-24　2FSK 相干解调抗噪声性能分析模型

1）发送 1 码时的各点信号

当发送 1 码时，接收到的 2FSK 信号载波频率为 f_1，因此上支路 BPF_1 输出 2FSK 信号和高斯窄带噪声的叠加，即

$$x_1(t) = s_{2FSK}(t) + n_{i1}(t) = A\cos2\pi f_1 t + n_{I1}(t)\cos2\pi f_1 t - n_{Q1}(t)\sin2\pi f_1 t$$

而由于下支路中带通滤波器 BPF_2 的中心频率为 f_2，因此 2FSK 信号不能通过，BPF_2 的输出中只有窄带噪声，即

$$x_2(t) = n_{I2}(t)\cos2\pi f_2 t - n_{Q2}(t)\sin2\pi f_2 t$$

$x_1(t)$ 和 $x_2(t)$ 分别和频率为 f_1 和 f_2 的载波相乘后，经过低通滤波，得到上下两支路的输出信号分别为

$$y_1(t) = A + n_{I1}(t)$$
$$y_2(t) = n_{I2}(t)$$

其中，忽略了系数 $1/2$。

2）发送 0 码时的各点信号

当发送 0 码时，接收到的 2FSK 信号载波频率为 f_2，因此下支路 BPF_2 输出 2FSK 信号和高斯窄带噪声的叠加，即

$$x_2(t) = s_{2FSK}(t) + n_{i2}(t) = A\cos2\pi f_2 t + n_{I2}(t)\cos2\pi f_2 t - n_{Q2}(t)\sin2\pi f_2 t$$

而由于上支路中带通滤波器 BPF_1 的中心频率为 f_1，因此 2FSK 信号不能通过，BPF1 的输出中只有窄带噪声，即

$$x_1(t) = n_{I1}(t)\cos2\pi f_1 t - n_{Q1}(t)\sin2\pi f_1 t$$

$x_1(t)$ 和 $x_2(t)$ 分别和频率为 f_1 和 f_2 的载波相乘后，经过低通滤波，得到上下两支路的输出信号分别为

$$y_1(t) = n_{I1}(t)$$
$$y_2(t) = A + n_{I2}(t)$$

其中，忽略了系数 $1/2$。

3）误码率计算

根据 2FSK 信号的解调规则，上述 $y_1(t)$ 和 $y_2(t)$ 一起送入抽样判决器，根据抽样值的相对大小以还原出发送的代码。令

$$y(t) = y_1(t) - y_2(t) \tag{6-31}$$

则判决规则为当 $y(t) > 0$ 时，判决器判决输出 1 码；当 $y(t) < 0$ 时，判决器判决输出 0 码。

当发送 1 码时，得到

$$y(t) = y_1(t) - y_2(t) = A + n_{I1}(t) - n_{I2}(t) \tag{6-32}$$

由于 $n_{I1}(t)$ 和 $n_{I2}(t)$ 分别为窄带噪声 $n_{i1}(t)$ 和 $n_{i2}(t)$ 的同相分量，因此都是均值为 0，方差为 σ^2 的高斯随机过程，则 $y(t)$ 是均值为 A，方差为 $2\sigma^2$ 的高斯随机过程，其概率密度函数可表示为

$$p_1(y) = \frac{1}{\sqrt{2\pi}(2\sigma^2)}e^{-\frac{(y-A)^2}{2(2\sigma^2)}} \tag{6-33}$$

根据上述判决规则，如果 $y(t) > 0$，判决器判决输出正确的 1 码；如果 $y(t) < 0$，判决器将判决输出错误的 0 码。

同理,当发送 0 码时,得到

$$y(t) = y_1(t) - y_2(t) = n_{I1}(t) - A - n_{I2}(t) \tag{6-34}$$

此时,$y(t)$ 是均值为 $-A$,方差为 $2\sigma^2$ 的高斯随机过程,其概率密度函数可表示为

$$p_0(y) = \frac{1}{\sqrt{2\pi}(2\sigma^2)} e^{-\frac{(y+A)^2}{2(2\sigma^2)}} \tag{6-35}$$

根据上述判决规则,如果 $y(t) < 0$,判决器判决输出正确的 0 码;如果 $y(t) > 0$,判决器将判决输出错误的 1 码。

容易得知,最佳判决门限为 0。此时,上述两种情况下信号的错误概率相同,从而得到误码率为

$$P_s = \frac{1}{2} \int_{-\infty}^{0} p_1(y)\mathrm{d}y + \frac{1}{2} \int_{0}^{\infty} p_0(y)\mathrm{d}y = \int_{0}^{\infty} \frac{1}{\sqrt{2\pi}(2\sigma^2)} e^{-\frac{(y+A)^2}{2(2\sigma^2)}} \mathrm{d}y = Q(\sqrt{r}) \tag{6-36}$$

其中,r 为接收信噪比,计算公式与 2ASK 相同。特别注意,这里指的是解调器中上支路或下支路带通滤波器输出端的信噪比,计算噪声功率时,带宽取为等价的 2ASK 信号的带宽,而不是 2FSK 信号的总带宽。

2. 2FSK 非相干解调的误码率分析

与相干解调类似,非相干解调时,上、下两支路的输出同时送入抽样判决器,判决器根据上下两支路输出的包络幅度之间的差进行判决,以还原得到 1 码和 0 码。

当发送 1 码时,上、下两支路输出的幅度包络分别为

$$y_1(t) = \sqrt{[A + n_{I1}(t)]^2 + n_{Q1}^2(t)}$$

$$y_2(t) = \sqrt{n_{I2}^2(t) + n_{Q2}^2(t)}$$

其中,$y_1(t)$ 服从莱斯分布,而 $y_2(t)$ 服从瑞利分布。当 $y_1(t) < y_2(t)$ 时,判决器输出错误的 0 码。

同理,当发送 0 码时,上、下两支路输出的幅度包络分别为

$$y_1(t) = \sqrt{n_{I1}^2(t) + n_{Q1}^2(t)}$$

$$y_2(t) = \sqrt{[A + n_{I2}(t)]^2 + n_{Q2}^2(t)}$$

其中,$y_2(t)$ 服从莱斯分布,而 $y_1(t)$ 服从瑞利分布。当 $y_1(t) > y_2(t)$ 时,判决器输出错误的 1 码。

经过复杂的积分运算后,得到 2FSK 非相干解调的误码率为

$$P_s = \frac{1}{2} e^{-r/2} \tag{6-37}$$

其中,接收信噪比 r 仍然指的是非相干解调器中上支路或下支路带通滤波器输出端的信噪比。

例 6-8　设有一个 2FSK 传输系统,其中传输 2FSK 信号的两个载波频率分别为 $f_1 = 980\mathrm{Hz}$,$f_2 = 1580\mathrm{Hz}$。码元速率 $R_s = 300\mathrm{Bd}$。接收机输入端的信噪比为 5dB。试求:

(1) 2FSK 信号的带宽;

(2) 非相干解调时的误码率;

(3) 相干解调时的误码率。

解 （1）由 2FSK 信号的带宽公式可得
$$B = | f_1 - f_2 | + 2R_s = 1580 - 980 + 2 \times 300 = 1200\,\text{Hz}$$

（2）由于接收机中上、下两支路带通滤波器的带宽为 $2R_s = 600\,\text{Hz}$，等于信道传输带宽（即 2FSK 信号的带宽）的 $1/2$，因此带通滤波器输出的噪声功率减小 $1/2$，信噪比增大为接收机输入端信噪比的 2 倍，即
$$r = 2 \times 10^{5/10} \approx 6.32$$

则
$$P_s = \frac{1}{2}\mathrm{e}^{-r/2} = \frac{1}{2}\mathrm{e}^{-6.32/2} \approx 2.12 \times 10^{-2}$$

（3）相干解调时的误码率为
$$P_s = Q(\sqrt{r}) = Q(\sqrt{6.32}) = Q(2.51) = 6.04 \times 10^{-3}$$

6.3.3 2PSK 和 2DPSK 系统的抗噪声性能

2PSK 和 2DPSK 只能采用相干解调。与 2ASK 信号相比，2PSK 中基带信号必须为双极性 NRZ 码，假设对应 1 码和 0 码接收到的载波幅度都为 A，则相干解调时，低通滤波器输出信号的均值分别为 $+A$ 和 $-A$，抽样判决器的最佳判决门限应取为 0。

注意到上述区别后，利用相同的分析方法，可以求得在 0、1 等概时，2PSK 相干解调的误码率为
$$P_s = Q(\sqrt{2r}) \tag{6-38}$$

其中，$r = \dfrac{A^2}{2\sigma^2}$ 为接收信噪比。

2DPSK 的相干解调是在 2PSK 相干解调电路的输出端再加上码反变换器构成，因此，2DPSK 相干解调系统的误码率计算要在 2PSK 相干解调的基础上考虑通过码反变换器后的影响。理论分析可以证明，接入码变换器后会使误码率增加 1~2 倍。假设取为 2 倍，则2DPSK 相干解调的误码率为
$$P_s = 2Q(\sqrt{2r}) \tag{6-39}$$

2DPSK 的相位比较法解调是一种非相干解调方式，其抗噪分析性能的基本分析方法仍然是求出发送 1 码和 0 码时，接收端抽样判决器输入信号的幅度概率密度函数，再确定最佳判决门限，最后求出平均误码率。由于这个过程比较烦琐，这里直接给出结论，即
$$P_s = \frac{1}{2}\mathrm{e}^{-r} \tag{6-40}$$

6.4 二进制数字调制系统性能比较

前面对 4 种基本二进制数字调制的时间波形、频域特性和调制解调的数字模型、各种调制解调技术的抗噪声性能进行了介绍，这里再对其性能作简单总结和比较。

1. 有效性

有效性通常用带宽和频带利用率描述和比较，带宽越大，传输的有效性越差。2ASK、

2FSK、2PSK 和 2DPSK 信号的带宽都与发送端发送数字代码序列的码元速率有关。假设码元速率为 R_s，则 2ASK、2PSK 和 2DPSK 信号的带宽都为 $2R_s$，频带利用率都为 $0.5\mathrm{Bd/Hz}$。2FSK 信号的带宽不仅与码元速率有关，还取决于两个载波频率的差。与模拟系统相同，在二进制数字调制信号中，2FSK 信号的带宽最大，频带利用率最低，有效性最差。

2. 可靠性

对于数字通信系统，可靠性用误码率或误比特率的大小进行衡量和比较。对于二进制数字传输系统，在 0、1 等概的前提下，误码率与误比特率相等。表 6-1 总结了 4 种基本二进制数字调制传输的误码率。

表 6-1　基本二进制数字调制系统的误码率比较

解调方式	误码率计算公式			
	2ASK	2FSK	2PSK	2DPSK
相干解调	$Q(\sqrt{r/2})=$ $\frac{1}{2}\mathrm{erfc}(\sqrt{r/4})$	$Q(\sqrt{r})=$ $\frac{1}{2}\mathrm{erfc}(\sqrt{r/2})$	$Q(\sqrt{2r})=$ $\frac{1}{2}\mathrm{erfc}(\sqrt{r})$	$2Q(\sqrt{2r})=$ $\mathrm{erfc}(\sqrt{r})$
非相干解调	$\frac{1}{2}\mathrm{e}^{-r/4}$	$\frac{1}{2}\mathrm{e}^{-r/2}$	—	$\frac{1}{2}\mathrm{e}^{-r}$

根据表 6-1 中的误码率计算公式，可以作出误码率随接收信噪比 r 的变化关系曲线，称为误码率曲线（BER 曲线），如图 6-25 所示。由此可见：

（1）对于给定的调制解调方式，误码率都随接收信噪比的增大而单调下降；

（2）在各种调制解调方式传输方式中，对于给定的接收信噪比，2ASK 非相干解调的误码率最高，传输可靠性最差；

（3）2PSK 相干解调传输的误码率最低，可靠性最好。

图 6-25　基本二进制数字调制系统的误码率曲线

3. 对信道特性变化的敏感性

在 2FSK 系统中，判决器根据上、下两个支路解调输出样值的大小作出判决，不需要人为地设置判决门限，因而对信道的变化不敏感。

在 2PSK 系统中,判决器的最佳判决门限为零,与接收机输入信号的幅度无关。因此,接收机总能保持工作在最佳判决门限状态。

在 2ASK 系统中,判决器的最佳判决门限与接收机输入信号的幅度有关,对信道特性变化敏感,性能最差。

6.5　数字信号的最佳接收

由于噪声和干扰的存在,数字通信系统中的接收机在判决时可能发生错误,形成误码。不同的传输方式和接收方法具有不同的抗噪声性能。能使误码率最小的接收方式称为最佳接收,相应的接收机称为最佳接收机。

6.5.1　匹配滤波器

从最佳接收的意义上说,一个数字通信系统的接收机可以视为是由一个线性滤波器和一个抽样判决电路的串联。线性滤波器对接收到的信号进行处理和变换,输出信号送到抽样判决电路,以便对接收信号中所包含的发送信息作出尽可能正确的判决。

在白噪声干扰下,如果线性滤波器的输出端在某个时刻上使信号的瞬时功率与白噪声平均功率之比达到最大,就可以使判决电路出现错误判决的概率最小。这样的线性滤波器称为匹配滤波器。

1. 匹配滤波器的传输特性

设匹配滤波器的传输特性为 $H(f)$,单位冲激响应为 $h(t)$,滤波器输入为发送信号 $s(t)$ 与信道高斯白噪声的叠加。在发送信号 $s(t)$ 作用下,匹配滤波器的输出信号为

$$s_0(t) = s(t) * h(t) = \int_{-\infty}^{\infty} S(f)H(f)e^{j2\pi ft}\,df$$

其中,$S(f)$ 为信号 $s(t)$ 的频谱。$t=t_0$ 时输出信号的瞬时功率为

$$s_0^2(t_0) = \left[\int_{-\infty}^{\infty} S(f)H(f)e^{j2\pi ft_0}\,df\right]^2$$

匹配滤波器输出噪声的平均功率为

$$N_o = \int_{-\infty}^{\infty} \frac{n_0}{2}\,|H(f)|^2\,df$$

其中,$n_0/2$ 为滤波器输入白噪声的双边功率谱密度。

匹配滤波器在 $t=t_0$ 时输出信号瞬时功率与噪声平均功率之比为

$$\text{SNR} = \frac{s_0^2(t_0)}{N_o} = \frac{\left[\int_{-\infty}^{\infty} S(f)H(f)e^{j2\pi ft_0}\,df\right]^2}{\int_{-\infty}^{\infty} \dfrac{n_0}{2}\,|H(f)|^2\,df}$$

使上述 SNR 达到最大值所需的 $H(f)$ 就是匹配滤波器应该具有的传输特性。利用施瓦茨不等式求得

$$H(f) = KS^*(f)e^{-j2\pi ft_0} \tag{6-41}$$

其中,K 为任意常数;* 表示共轭。

由此可见,匹配滤波器的传输特性应与信号频谱的复数共轭成正比,其幅频特性 $|H(f)|$ 与输入信号的幅度谱 $|S(f)|$ 成正比。这就意味着匹配滤波器对输入信号中幅度大的频率成分衰减小,而对信号中幅度较小的频率成分衰减大,从而使信号通过滤波器时损失较小。因此,经过匹配滤波器后,使输出信号的功率和输出信噪比达到最大。

2. 匹配滤波器的冲激响应

对式(6-41)取傅里叶反变换,得到匹配滤波器的单位冲激响应为

$$h(t) = \int_{-\infty}^{\infty} H(f) e^{j2\pi ft} \mathrm{d}f = \int_{-\infty}^{\infty} KS^*(f) e^{-j2\pi ft_0} e^{j2\pi ft} \mathrm{d}f = \int_{-\infty}^{\infty} KS^*(f) e^{j2\pi f(t-t_0)} \mathrm{d}f$$

对于实信号,有 $S^*(f) = S(-f)$,则

$$h(t) = \int_{-\infty}^{\infty} KS(-f) e^{j2\pi f(t-t_0)} \mathrm{d}f = Ks(t_0 - t) \qquad (6\text{-}42)$$

式(6-42)说明,匹配滤波器的单位冲激响应是输入信号 $s(t)$ 关于纵轴的对称镜像 $s(-t)$ 再延迟 t_0。考虑到滤波器的物理可实现性,必须保证 $h(t)$ 为因果信号,即当 $t < 0$ 时,$h(t) = 0$。假设输入信号 $s(t)$ 的波形持续时间为 T,则必须满足 $t_0 \geqslant T$。

另外,从传输效率角度考虑,延迟的时间 t_0 应尽可能小。最后确定 $t_0 = T$,其中 T 代表滤波器输入信号的结束时刻。当 $t_0 = T$ 时,$s(t)$、$s(-t)$ 和 $s(T-t)$ 的波形如图 6-26 所示。

  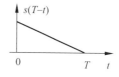

图 6-26 匹配滤波器的单位冲激响应

匹配滤波器的输出送入抽样判决电路,如果抽样时刻取为 $t_0 = T$,则表示在输入信号刚结束时刻进行抽样,此时抽样值中信号的功率最大,从而能够获得最大信噪比。

3. 匹配滤波器的输出波形

当 $t_0 = T$ 时,匹配滤波器的单位冲激响应为 $h(t) = Ks(T-t)$。因此,在输入 $s(t)$ 的作用下,匹配滤波器的输出为

$$s_0(t) = s(t) * h(t) = \int_{-\infty}^{\infty} s(\tau) h(t-\tau) \mathrm{d}\tau = K \int_{-\infty}^{\infty} s(\tau) s[\tau + (T-t)] \mathrm{d}\tau \qquad (6\text{-}43)$$

式(6-43)中最后的积分等于 $R(T-t)$,其中 $R(t)$ 为 $s(t)$ 的自相关函数。这说明,匹配滤波器的输出信号与输入信号 $s(t)$ 的自相关函数成正比。当 $t = T$ 时,有

$$s_0(T) = KR(0) = KE_s \qquad (6\text{-}44)$$

其中,E_s 为输入信号 $s(t)$ 的能量。

例 6-9 已知输入信号 $s(t)$ 如图 6-27(a)所示。

(1)求匹配滤波器的冲激响应和传输特性。

(2)求匹配滤波器的输出信号 $s_0(t)$。

解 (1)令 t_0 等于信号的持续时间 τ,则得到匹配滤波器的冲激响应为

$$h(t) = Ks(\tau - t)$$

其波形如图 6-27(b)所示。

对 $h(t)$ 进行傅里叶变换,得到匹配滤波器的传输特性为

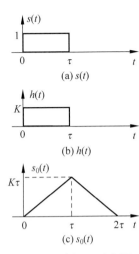

图 6-27　例 6-9 示意图

$$H(f) = \frac{K}{j2\pi f}(1 - e^{-j2\pi f\tau}) = K\tau Sa(\pi f\tau)e^{-j\pi f\tau}$$

（2）由图 6-27(a)和图 6-27(b)可知，$h(t) = Ks(t)$，则匹配滤波器的输出为

$$s_0(t) = s(t) * h(t)$$

利用卷积运算规则得到 $s_0(t)$ 的波形如图 6-27(c)所示。

前面介绍了匹配滤波器的数学模型，这里再对其使用特性作几点总结。

（1）匹配滤波器的传输特性取决于输入信号。不同的输入信号对应不同的匹配滤波器。

（2）匹配滤波器的幅频特性通常是不理想的，信号通过时一定会产生严重的波形失真。因此，只能用于数字信号的接收。对于数字信号的传输，只关心其离散抽样时刻的抽样值是否能保证正确判决，只希望输出瞬时信噪比达到最大，而不用关心波形是否失真。

（3）根据施瓦茨不等式和帕塞瓦尔定理，可以求得匹配滤波器的输出在 $t = T$（T 为输入信号的持续时间）时的最大瞬时信噪比为

$$SNR_{max} = \frac{2E_s}{n_0} \tag{6-45}$$

其中，E_s 为输入信号的能量；n_0 为白噪声的单边功率谱密度。因此，最大输出信噪比只与信号的能量和白噪声的功率谱密度有关，而与信号的波形无关。

6.5.2　最佳接收机

在白噪声作用下，用上述匹配滤波器构成接收机，可以使输出信噪比达到最大，从而使后续的抽样判决输出误码率最小。

1. 最佳接收机的结构

假设信源发送的数字代码为二进制代码序列，在发送端将其中的 1 码和 0 码分别用两种不同波形的信号 $s_1(t)$ 和 $s_2(t)$ 表示。将这两种不同的信号作为匹配滤波器的输入，为了使匹配滤波器输出信噪比达到最大，应该有两个匹配滤波器分别与两个输入信号相匹配，从而得到利用匹配滤波器实现的最佳接收机，如图 6-28 所示。

图 6-28　最佳接收机

　　发送端在一个码元间隔 T_s 内随机发送两种波形 $s_1(t)$ 和 $s_2(t)$ 中的一个,并同时送入上、下两支路。当发送波形 $s_1(t)$ 时,匹配滤波器 1 与其匹配,输出在 $t=T_s$ 的抽样值达到最大值 KE_s;当发送波形 $s_2(t)$ 时,匹配滤波器 2 与其匹配,输出在 $t=T_s$ 的抽样值达到最大值 KE_s。与输入信号不匹配的滤波器输出抽样值小于 KE_s。因此,上、下两支路输出的抽样值送入比较判决器,即可确定当前码元间隔内的输入信号是哪个信号波形。

　　为了分别与 $s_1(t)$ 和 $s_2(t)$ 信号相匹配,两个匹配滤波器的单位冲激响应分别应该为

$$h_1(t)=Ks_1(T_s-t), \quad h_2(t)=Ks_2(T_s-t)$$

其中,K 为常数,一般取为 1;T_s 为码元间隔。在输入 $x(t)$ 作用下,两个滤波器的输出分别为

$$y_1(t)=x(t)*h_1(t)=\int_{-\infty}^{\infty}x(\tau)s_1(T_s-t+\tau)\mathrm{d}\tau$$

$$y_2(t)=x(t)*h_2(t)=\int_{-\infty}^{\infty}x(\tau)s_2(T_s-t+\tau)\mathrm{d}\tau$$

假设 $s_1(t)$ 和 $s_2(t)$ 持续的时间都为 T_s,则 $t=T_s$ 的抽样值分别为

$$y_1(T_s)=\int_0^{T_s}x(\tau)s_1(\tau)\mathrm{d}\tau=\int_0^{T_s}x(\tau)s_1(\tau)\mathrm{d}\tau \tag{6-46}$$

$$y_2(T_s)=\int_0^{T_s}x(\tau)s_2(\tau)\mathrm{d}\tau=\int_0^{T_s}x(\tau)s_2(\tau)\mathrm{d}\tau \tag{6-47}$$

　　式(6-46)和式(6-47)中的积分实际上是信号 $x(t)$ 分别与 $s_1(t)$ 和 $s_2(t)$ 的相关运算。因此,图 6-28 中的上、下两支路可以分别用一个相乘器和一个积分器实现。这样得到的最佳接收机又称为相关接收机,其结构如图 6-29 所示。

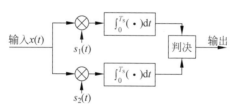

图 6-29　相关接收机

2. 最佳接收性能分析

　　由于噪声的影响,最佳接收机在判决时也会发生错误判决,如发送端发送 $s_1(t)$ 而接收机错误判决为 $s_2(t)$。最佳接收机的接收性能用错判的可能性即误码率来衡量,其分析方法与前面各种调制解调器的误码率分析方法完全一样。

　　假设接收机的输入为

$$x(t)=s_i(t)+n(t)$$

其中,$s_i(t)$ 为发送信号,对于二进制数字传输系统,分别取为 $s_1(t)$ 和 $s_2(t)$;$n(t)$ 为信道引入的零均值高斯白噪声。

　　1) $s_1(t)$ 错判的概率

　　当发送信号为 $s_1(t)$ 时,$x(t)=s_1(t)+n(t)$,则上、下两支路的输出分别为

$$y_1(T_s)=\int_0^{T_s}\left[s_1(\tau)+n(\tau)\right]s_1(\tau)\mathrm{d}\tau$$

$$y_2(T_s) = \int_0^{T_s} [s_1(\tau) + n(\tau)] s_2(\tau) \mathrm{d}\tau$$

在判决器中得到判决量为

$$V = y_1(T_s) - y_2(T_s) = \int_0^{T_s} [s_1(\tau) + n(\tau)] s_1(\tau) \mathrm{d}\tau - \int_0^{T_s} [s_1(\tau) + n(\tau)] s_2(\tau) \mathrm{d}\tau$$

当 $V > 0$ 时,判决器正确判决输出 $s_1(t)$。如果由于噪声的影响,使 $V < 0$,则判决器的输出将为错误的 $s_2(t)$。$V < 0$ 的概率就是 $s_1(t)$ 错判为 $s_2(t)$ 的概率。

与高斯白噪声 $n(t)$ 一样,判决量 V 也服从高斯分布,其均值为

$$a_1 = E[V] = E\left\{ \int_0^{T_s} [s_1(\tau) + n(\tau)] s_1(\tau) \mathrm{d}\tau - \int_0^{T_s} [s_1(\tau) + n(\tau)] s_2(\tau) \mathrm{d}\tau \right\}$$

$$= E\left[\int_0^{T_s} s_1^2(\tau) \mathrm{d}\tau + \int_0^{T_s} s_1(\tau) n(\tau) \mathrm{d}\tau - \int_0^{T_s} s_1(\tau) s_2(\tau) \mathrm{d}\tau - \int_0^{T_s} s_2(\tau) n(\tau) \mathrm{d}\tau \right]$$

$$= \int_0^{T_s} s_1^2(\tau) \mathrm{d}\tau + \int_0^{T_s} s_1(\tau) E[n(t)] \mathrm{d}\tau - \int_0^{T_s} s_1(\tau) s_2(\tau) \mathrm{d}\tau - \int_0^{T_s} s_2(\tau) E[n(t)] \mathrm{d}\tau$$

其中,$E[n(t)]$ 为高斯白噪声 $n(t)$ 的均值,因此 $E[n(t)] = 0$;而第 1 项积分代表 $s_1(t)$ 的能量,设为 E_{s1}。再设

$$\rho_1 = \frac{\int_0^{T_s} s_1(\tau) s_2(\tau) \mathrm{d}\tau}{\int_0^{T_s} s_1^2(\tau) \mathrm{d}\tau}$$

则得到

$$a_1 = E_{s1}(1 - \rho_1)$$

经分析可知,判决量 V 的方差为

$$\sigma_1^2 = E\{V - E[V]\} = n_0(1 - \rho_1) E_{s1}$$

最后得到 V 的概率密度函数可以表示为

$$f(v) = \frac{1}{\sqrt{2\pi}\,\sigma_1} \exp\left[-\frac{(v - a_1)^2}{2\sigma_1^2} \right]$$

而 $V < 0$ 的概率为

$$P(V < 0) = \int_{-\infty}^0 f(v) \mathrm{d}v = \int_{-\infty}^0 \frac{1}{\sqrt{2\pi}\,\sigma_1} \exp\left[-\frac{(v - a_1)^2}{2\sigma_1^2} \right] \mathrm{d}v$$

这就是 $s_1(t)$ 错判为 $s_2(t)$ 的概率,设为 $P(2/1)$。

2) $s_2(t)$ 错判的概率

仿照前面类似的方法,可以得到 $s_2(t)$ 错判为 $s_1(t)$ 的概率为

$$P(1/2) = \int_{-\infty}^0 \frac{1}{\sqrt{2\pi}\,\sigma_2} \exp\left[-\frac{(v - a_2)^2}{2\sigma_2^2} \right] \mathrm{d}v$$

其中,$a_2 = E_{s2}(1 - \rho_2)$,$\sigma_2^2 = n_0(1 - \rho_2) E_{s2}$,且

$$\rho_2 = \frac{\int_0^{T_s} s_1(\tau) s_2(\tau) \mathrm{d}\tau}{\int_0^{T_s} s_2^2(\tau) \mathrm{d}\tau}, \quad E_{s2} = \int_0^{T_s} s_2^2(\tau) \mathrm{d}\tau$$

3) 误码率

当两个信号 $s_1(t)$ 和 $s_2(t)$ 等概，且能量相等时，$a_1=a_2$，$\sigma_1=\sigma_2$，则 $P(1/2)=P(2/1)$。由此得到最佳接收机的误码率为

$$P_s = \frac{1}{2}P(1/2) + \frac{1}{2}P(2/1) = P(2/1) = \int_{-\infty}^{0} \frac{1}{\sqrt{2\pi}\sigma_1} \exp\left[-\frac{(v-a_1)^2}{2\sigma_1^2}\right] dv$$

$$= Q\left[\sqrt{\frac{E_s}{n_0}(1-\rho)}\right] \tag{6-48}$$

其中，n_0 为信道引入高斯白噪声的单边功率谱密度；E_s 为输入信号 $s_1(t)$ 或 $s_2(t)$ 的能量；ρ 为信号 $s_1(t)$ 和 $s_2(t)$ 波形之间的相关系数。

由此可知，与普通接收机一样，最佳接收机的误码率随噪声功率谱密度的增大而增大，随信号功率的增大而减小。对于二进制传输系统，发送的两个波形越相近，即相关系数越大，误码率越高。这是因为两个波形越相似，则判决区分的难度越大。

3. 二进制调制传输的最佳接收性能

前面介绍了二进制调制传输系统采用普通接收机接收时的误码率，这里应用上述结论对 2ASK、2FSK 和 2PSK 信号的最佳接收性能进行分析。

1) 2PSK 信号的最佳接收性能

对于 2PSK 信号，在发送 1 码和 0 码期间，已调信号波形 $s_1(t)$ 和 $s_2(t)$ 是相位或极性相反，幅度为 A，频率为载波频率 f_c 的正弦载波，因此能量都为

$$E_s = \int_0^{T_s} (\pm A\cos 2\pi f_c t)^2 dt = \frac{A^2 T_s}{2}$$

而两个波形之间的相关系数为

$$\rho = \frac{\int_0^{T_s} s_1(\tau)s_2(\tau)d\tau}{\int_0^{T_s} s_2^2(\tau)d\tau} = \frac{\int_0^{T_s} (-A^2\cos^2 2\pi f_c\tau)\ d\tau}{\int_0^{T_s} (-A\cos 2\pi f_c\tau)^2\ d\tau} = -1$$

代入式(6-48)得到

$$P_s = Q\left[\sqrt{\frac{E_s}{n_0}(1-\rho)}\right] = Q\left[\sqrt{\frac{2E_s}{n_0}}\right] = Q\left[\sqrt{\frac{A^2 T_s}{n_0}}\right] \tag{6-49}$$

其中，T_s 为码元间隔；n_0 为信道引入高斯白噪声的单边功率谱密度。

2) 2ASK 信号的最佳接收性能

对于 2ASK 信号，1 码和 0 码对应的发送波形分别为幅度等于 A 和 0 的正弦载波，在一个码元间隔内的能量分别为 $A^2 T_s/2$ 和 0，因此这两个波形的相关系数 $\rho=0$。此外，数学上可以证明，如果取 E_s 为两个波形能量的平均值，即 $E_s = A^2 T_s/4$，则同样可以用式(6-50)求得最佳接收时的误码率为

$$P_s = Q\left[\sqrt{\frac{E_s}{n_0}}\right] = Q\left[\sqrt{\frac{A^2 T_s}{4n_0}}\right] \tag{6-50}$$

3）2FSK 信号的最佳接收性能

对于 2FSK 信号，1 码和 0 码对应的两个发送波形幅度都为 A，频率分别为 f_1 和 f_2，因此两个波形的能量都为 $E_s = A^2 T_s/2$。相关系数为

$$\rho = \frac{\int_0^{T_s} s_1(\tau) s_2(\tau) \mathrm{d}\tau}{\int_0^{T_s} s_2^2(\tau) \mathrm{d}\tau} = \frac{\int_0^{T_s} A^2 \cos 2\pi f_1 \tau \cos 2\pi f_2 \tau \mathrm{d}\tau}{\int_0^{T_s} (A \cos 2\pi f_2 \tau)^2 \mathrm{d}\tau}$$

$$= \frac{1}{T_s} \int_0^{T_s} \left[\cos 2\pi (f_1 + f_2)\tau + \cos 2\pi (f_1 - f_2)\tau \right] \mathrm{d}\tau$$

通常 $f_1 + f_2 \gg 1/T_s$，因此积分中的第 1 项近似为 0，则

$$\rho \approx \frac{1}{T_s} \int_0^{T_s} \cos 2\pi (f_1 - f_2)\tau \mathrm{d}\tau = \frac{\sin[2\pi(f_1 - f_2)T_s]}{2\pi(f_1 - f_2)T_s}$$

当 $|f_1 - f_2| = n/(2T_s)$ 时，$\rho = 0$，$s_1(t)$ 和 $s_2(t)$ 相互正交。此时，由式(6-49)得到误码率为

$$P_s = Q\left[\sqrt{\frac{E_s}{n_0}}\right] = Q\left[\sqrt{\frac{A^2 T_s}{2n_0}}\right] \tag{6-51}$$

将以上各结果与表 6-1 相比较，可以发现最佳接收机与普通接收机的误码率计算公式在形式上是一样的，最佳接收机的 E_s/n_0 相当于普通接收机中的接收信噪比 r。

设普通接收机中带通滤波器的带宽为 B，则带通滤波器输出噪声的平均功率 $\sigma^2 = n_0 B$，接收信噪比为

$$r = \frac{A^2}{2\sigma^2} = \frac{A^2}{2n_0 B}$$

而最佳接收机的 E_s/n_0 可表示为

$$\frac{E_s}{n_0} = \frac{A^2 T_s}{n_0} = \frac{A^2}{2n_0/T_s}$$

由此可见，当 $B = 1/T_s$ 时，普通接收机和最佳接收机具有相同的性能。但是，对于码元间隔为 T_s 的各种二进制已调信号，其带宽都大于 $1/T_s$，因此 r 都远小于 E_s/n_0，从而使普通接收机的误码率要远高于最佳接收机。

另外，实际系统中能够直接测量的是信噪比 S/N。其中，设接收机的带宽为 B，则噪声功率为 $N = n_0 B$。信号的平均功率等于其能量除以时间，即 $S = E_s/T_s = E_s R_s$。因此，信噪比可以表示为

$$\frac{S}{N} = \frac{E_s R_s}{n_0 B} = \frac{E_s}{n_0} \cdot \frac{R_s}{B} \tag{6-52}$$

式(6-52)中的 R_s/B 反映的是频带利用率。由此可见，当信噪比一定时，E_s/n_0 随频带利用率而变化，而不同的调制传输方案具有不同的频带利用率。

例 6-10 在二进制数字频带传输系统中，已知发送载波幅度 $A = 3\mathrm{V}$，码元速率 $R_s = 1\mathrm{kBd}$，信道引入高斯白噪声的单边功率谱密度 $n_0 = 1\mathrm{mW/Hz}$，分别求 2ASK、2PSK 和 2FSK 最佳接收和普通接收时的误码率。

解 （1）最佳接收时，2ASK、2PSK 和 2FSK 的误码率分别为

$$P_{s,2ASK} = Q\left[\sqrt{\frac{A^2 T_s}{4n_0}}\right] = Q\left[\sqrt{\frac{3^2 \times 1/10^3}{4 \times 10^{-3}}}\right] = Q(1.5) = 0.0668$$

$$P_{s,2PSK} = Q\left[\sqrt{\frac{A^2 T_s}{n_0}}\right] = Q\left[\sqrt{\frac{3^2 \times 1/10^3}{1 \times 10^{-3}}}\right] = Q(3) = 1.35 \times 10^{-3}$$

$$P_{s,2FSK} = Q\left[\sqrt{\frac{A^2 T_s}{2n_0}}\right] = Q\left[\sqrt{\frac{3^2 \times 1/10^3}{2 \times 10^{-3}}}\right] = Q(2.12) = 0.017$$

（2）普通接收时，接收信噪比为

$$r = \frac{A^2/2}{\sigma^2} = \frac{A^2}{4n_0 R_s} = \frac{3^2}{4 \times 10^{-3} \times 1 \times 10^3} = 2.25$$

则 2ASK、2PSK 和 2FSK 的误码率分别为

$$P_{s,2ASK} = Q(\sqrt{r/2}) \approx Q(1.06) = 0.1446$$

$$P_{s,2PSK} = Q(\sqrt{2r}) \approx Q(1.12) = 0.0170$$

$$P_{s,2FSK} = Q(\sqrt{r}) = Q(1.5) = 0.0668$$

利用匹配滤波器构成的最佳接收机，不仅可以接收各种已调信号，也可以接收数字基带信号，并且接收性能和误码率的分析方法和结论是完全一样的。下面举例说明。

例 6-11 在某二进制基带传输系统中，1 码对应的传输波形 $s_1(t)$ 如图 6-30(a) 所示，0 码对应的传输波形 $s_2(t) = -s_1(t)$，信道噪声的单边功率谱密度 $n_0 = 1\text{mW/Hz}$。

(a) $s_1(t)$

（1）求匹配滤波器的单位冲激响应。

（2）求最佳接收时的误码率。

解 （1）与 $s_1(t)$ 和 $s_2(t)$ 相匹配的匹配滤波器单位冲激响应分别为

$$h_1(t) = s_1(T-t)$$

$$h_2(t) = s_2(T-t) = -s_1(T-t)$$

$h_1(t)$ 的波形如图 6-30(b) 所示。

(b) $h_1(t)$

图 6-30 例 6-11 示意图

（2）信号 $s_1(t)$ 和 $s_2(t)$ 的能量分别为

$$E_{s1} = \int_0^{T_s} s_1^2(t)\mathrm{d}t = A^2 T_s$$

$$E_{s2} = \int_0^{T_s} s_2^2(t)\mathrm{d}t = \int_0^{T_s} [-s_1(t)]^2 \mathrm{d}t = A^2 T_s$$

因此，两个波形的能量相等，则取 $E_s = E_{s1} = A^2 T_s$。相关系数为

$$\rho = \frac{\int_0^{T_s} s_1(t) s_2(t)\mathrm{d}t}{\int_0^{T_s} s_1^2(t)\mathrm{d}t} = -1$$

代入式(6-51)得到

$$P_{\mathrm{s}} = Q\left[\sqrt{\frac{E_{\mathrm{s}}}{n_0}(1-\rho)}\right] = Q\left[\sqrt{2\frac{A^2 T_{\mathrm{s}}}{n_0}}\right]$$

6.6　数字调制传输系统的 MATLAB 仿真分析

本节介绍利用 MATLAB 编程和 Simulink 模型对基本的二进制数字调制传输过程进行仿真分析的基本方法。在此基础上,通过举例介绍 Simulink 通信工具箱中数字调制模块的基本使用方法。

6.6.1　二进制数字调制的 MATLAB/Simulink 仿真

根据各种调制和解调的基本原理和数学模型,在 MATLAB 中可以通过编程实现调制解调过程的仿真分析,也可以利用 Simulink 库中所提供的基本模块,搭建调制器和解调器的仿真模型,再对其进行仿真分析。下面举例说明。

视频讲解

1. MATLAB 编程仿真

在各种基本的二进制数字调制中,2FSK 信号的频域分析是一个难点。利用 MATLAB 编程可以很方便地绘制出 2FSK 信号的功率谱,下面举例说明。

例 6-12　编制 MATLAB 程序实现 2FSK 调制及其功率谱观察。

编制以下 MATLAB 程序。

```
Fs = 1e5;T = 1/Fs;                          % 采样速率,采样间隔
Rs = 100;N = 1000;                          % 码元速率,码元总数
N0 = Fs/Rs                                  % 每个码元的采样点数
t = 0:T:N/Rs - T
% ===================================
% 基带信号的产生
% ===================================
a = round(rand(N,1));                       % 随机二进制代码序列
a_sig = zeros(1,length(t))                  % 单极性 NRZ 码基带信号
for i = 1:N
    if a(i) == 1
        a_sig(1,(i - 1) * N0 + 1:i * N0) = 1;
    end
end
% ===================================
% 2FSK 调制
% ===================================
h = 5;                                      % 调频指数
f1 = 1000;f2 = f1 + h * Rs;                 % 载波频率
c1 = cos(2 * pi * f1 * t);c2 = cos(2 * pi * f2 * t);
sFSK = a_sig. * c1 + (1 - a_sig). * c2;
plot(t,a_sig,t,sFSK)
axis([0,0.1, - 1.1,1.1]);grid on
xlabel('t/s');title('2FSK 信号的时间波形')
```

```
% ===================================
% 求功率谱
% ===================================
L = N * N0;  % 2FSK 信号的功率谱
f = Fs * (0:(L/2))/L;
S0 = fft(sFSK,L)/L;S1 = (abs(S0).^2);
S = S1(1:L/2 + 1);S(2:end - 1) = 2 * S(2:end - 1);% 转换为单边谱
figure;plot(f,S)
xlabel('f/Hz');title('2FSK 信号的功率谱')
axis([500,2000, - 0.001,0.01]);grid on
```

上述程序主要包括 3 部分,分别实现基带信号的产生、2FSK 调制和 2FSK 信号功率谱的求解和功率谱图的绘制。

在程序开始部分,定义系统采样速率、码元速率、需要发送的码元个数。根据这些参数,调用 rand() 和 round() 函数产生随机二进制代码序列,保存到变量 a 中。之后,用 for 循环产生基带信号。基带信号与代码序列的关系:对应代码序列中的每位二进制代码,基带信号中有 N0 个采样点。

在 2FSK 信号的产生部分,首先定义调频指数和两个载波频率,据此产生两个频率的载波 c1 和 c2。由于前面得到的基带信号为单极性 NRZ 码,因此将基带信号 a_sig 和 1-a_sig 分别与两个载波相乘再叠加,即可得到 2FSK 信号。

在程序的最后,调用 fft() 函数求 2FSK 信号的频谱及其功率谱,并将双边功率谱转换为单边谱。注意程序中频率 f 的定义。

注意,为保证时间波形和功率谱的计算精度,采样速率和码元总数参数的设置要足够大。根据程序中的参数设置,运行后得到 2FSK 信号的时间波形和功率谱,如图 6-31 所示。

图 6-31 2FSK 信号的时间波形和功率谱

在功率谱图中,可以观察到:

(1) 功率谱以 1kHz 和 1.5kHz 为中心呈双峰形状;

(2) 在 1kHz 和 1.5kHz 分别有一根很长的谱线,表示 FSK 信号中的两个载波分量;

（3）2FSK 信号的带宽近似为$(1500-1000)+2\times100=700\,\mathrm{Hz}$。

以上结论是在调频指数为 5 的情况下得到的。改变程序中的调频指数，可以观察到功率谱形状及其带宽的变化。图 6-32 所示为 $h=2$ 和 $h=1$ 的情况。两种情况下，功率谱分别呈双峰和单峰形状，带宽分别近似为 $400\,\mathrm{Hz}$ 和 $300\,\mathrm{Hz}$。

(a) $h=2$ (b) $h=1$

图 6-32　不同调频指数时 2FSK 信号的功率谱

视频讲解

2. Simulink 模型仿真

相对于模拟调制，二进制数字调制可以采用简单的开关键控法实现。此外，2FSK 是由两个不同载频的 2ASK 信号合成的，因此解调器的基本原理和方法也与 2ASK 类似。下面仍然以 2FSK 为例，介绍利用 Simulink 的基本模块实现 2FSK 调制和解调的基本方法。

例 6-13　搭建如图 6-33 所示的仿真模型，实现 2FSK 调制和解调，并观察各点信号波形。

图 6-33　例 6-13 仿真模型

模型中的 Bernoulli Binary Generator 模块用于产生随机二进制代码序列和基带信号，设置其 Sample time 参数为 0.01s，则码元速率为 100Bd。基带信号送入 2FSK 调制子系统，实现 2FSK 调制。2FSK 信号送入 2FSK 非相干解调子系统，解调还原出基带信号。两个子系统内部模型如图 6-34 所示。

（1）2FSK 调制子系统。

在图 6-34(a) 所示的 2FSK 调制子系统中，采用开关键控法实现 2FSK。其中，设置两个正弦载波的频率分别为 1kHz 和 1.5kHz，Sample time 参数设为 $10\mu s$。

子系统中的 Switch(开关) 模块实现 2FSK，基带信号由其控制端送入。由于基带信号为单极性 NRZ 码基带信号，脉冲幅度为 1V，则设置开关模块的 Threshold 参数为 0.5。当送入基带脉冲的幅度为高低电平时，开关分别接通两个载波输出。

（2）解调子系统。

这里采用简单的包络检波非相干解调，仿真模型内部主要由上下两条非相干包络检波器支路和整形判决器构成。

上、下两支路的包络检波器都包括带通滤波器、全波整流（用 Abs 模块实现）和低通滤波器。其中，两个带通滤波器都设计为 Butterworth 型 IIR 数字滤波器，参数设置如图 6-35

所示。注意到两个带通滤波器的带宽都近似为 200Hz，而不是 2FSK 信号的总带宽。

(a) 2FSK 调制子系统

(b) 2FSK 非相干解调子系统

图 6-34　2FSK 调制和解调子系统

图 6-35　滤波器参数设置

上、下两支路的输出相减后，由 Relay 模块实现整形判决，从而还原基带信号。Relay 模块的所有参数都取默认值。

设置仿真运行时间为 0.2s，仿真运行后得到各信号的时间波形如图 6-36 所示。由图 6-36(a) 可知，解调输出与原始基带信号波形除了有时间延迟外，二者完全相同。

(a) 原始基带信号、2FSK信号和解调输出基带信号

图 6-36　例 6-13 运行结果

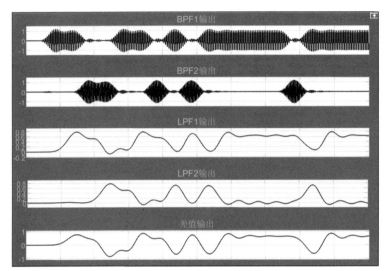

(b) 上、下两支路中的信号及其差值信号

图 6-36 （续）

在解调器子系统内部,与基带信号中的高低电平相对应,上、下两支路的带通滤波器交替输出幅度比较大的高频载波,经非相干解调后交替输出幅度较大的低频包络信号,如图 6-36(b) 所示。

两路解调输出利用加法器实现各时刻幅度大小比较,与基带信号中的高低电平和 1 码、0 码相对应,输出正电平和负电平。因此,通过 Relay 模块将差值信号进行整形后,即可恢复原始基带信号和数字代码。

视频讲解

6.6.2 数字基带调制模块

在 Simulink 通信工具箱的 Modulation 库中,提供的所有数字调制解调模块实现的都是基带调制和解调。利用这些模块可以对数字调制传输系统的性能进行仿真分析,也可以自行搭建仿真模型,将输出的基带调制信号转换为带通调制信号。

这里以 2PSK 基带调制解调器为例,介绍数字基带调制解调模块的使用方法。在 MATLAB 中,2PSK 称为 BPSK。

1. BPSK 基带调制和解调

一般情况下,信源发送的二进制代码序列用单极性 NRZ 码脉冲表示,其中高电平表示 1 码,低电平表示 0 码。为了实现 BPSK 调制,必须先将其转换为双极性脉冲,得到的 BPSK 信号可以表示为

$$s(t) = m(t)\cos(2\pi f_c t + \theta_0) \tag{6-53}$$

其中,$m(t)$ 为幅度等于 ± 1V 的双极性脉冲；f_c 为载波频率；θ_0 位初始相位。

将 $s(t)$ 进行下变频得到

$$s_b(t) = m(t)\cos(2\pi f_c t + \theta_0)e^{-j2\pi f_c t} = \frac{1}{2}m(t)e^{j\theta_0} + \frac{1}{2}m(t)e^{-j(4\pi f_c t + \theta_0)}$$

忽略其中的高频分量和 1/2 系数后,得到

$$s_b(t) = m(t)e^{j\theta_0} \qquad (6\text{-}54)$$

这就是 BPSK Modulator Baseband 模块输出的 BPSK 基带调制信号。

由此可见,一般情况,BPSK 基带调制信号为复数信号。当初始相位 $\theta_0 = 0$ 时,调制器模块输出信号等于 $m(t)$,是幅度分别为 $+1V$ 和 $-1V$ 的双极性脉冲实数信号。

在 BPSK Demodulator Baseband 模块中,接收到上述 BPSK 基带调制信号后,只需要通过比较其极性,即可解调恢复原始的代码序列和单极性脉冲基带信号 $m(t)$。这种方法称为硬判决(Hard Decision)解调。

如果需要将上述基带调制信号转换为带通调制信号,只需要通过相反的上变频即可实现。将式(6-54)所示基带调制信号与复指数信号相乘,得到

$$s_0(t) = s_b(t)e^{j2\pi f_c t} = m(t)e^{j\theta_0}e^{j2\pi f_c t}$$
$$= m(t)\cos(2\pi f_c t + \theta_0) + jm(t)\sin(2\pi f_c t + \theta_0)$$

取实部即可得到式(6-53)所示的 BPSK 带通调制信号。

2. BPSK 基带调制和解调模块及其应用

由上述原理可知,BPSK 基带调制和解调与载波频率无关,因此在仿真模型中使用基带调制解调模块进行建模和仿真时,允许采用比较低的采样频率,从而提高仿真效率。当然,如果需要,也可以利用 Simulink 提供的其他模块,将基带调制模块输出的基带调制信号转换为带通调制信号。

例 6-14 搭建如图 6-37 所示的仿真模型,实现 BPSK 基带调制解调及其与带通调制之间的转换。

图 6-37 例 6-14 仿真模型

仿真模型中,信源以 100Bd 的速率产生二进制基带信号,送入调制器模块,得到 BPSK 基带调制信号,由解调器模块进行解调。设置调制器和解调器模块的 Phase offset 参数都为 $\pi/3$。设置仿真运行时间为 0.2s,运行结束后得到各信号的时间波形,如图 6-38 所示。

由于 Phase offset 参数都设置为 $\pi/3$,则由式(6-54)求得

$$s_b(t) = m(t)e^{j\theta_0} = \begin{cases} 1 \times e^{j\pi/3} = 1/2 + j\sqrt{3}/2, & \text{发送 1 码} \\ -1 \times e^{j\pi/3} = -1/2 - j\sqrt{3}/2, & \text{发送 0 码} \end{cases}$$

因此,在得到的基带调制信号中,实部和虚部分别是幅度为 $1/2$ 和 $\sqrt{3}/2$ 的双极性脉冲,解调输出为单极性脉冲。

图 6-38 各信号的时间波形

在仿真模型中，将基带调制信号与 Real-Image to Complex 模块输出的复指数信号相乘，再用 Complex to Real-Image 模块取其实部，即得到带通调制信号，如图 6-38 中的第 4 个波形所示。其中，复指数信号的实部 $\cos(2\pi f_c t)$ 和虚部 $\sin(2\pi f_c t)$ 分别用一个 Sine Wave 模块产生，设置其频率都为 $500\,\mathrm{Hz}$，相位(Phase)分别为 $\pi/2$ 和 0，采样时间为 $0.1\mathrm{ms}$。产生的实部和虚部再用 Real-Image to Complex 模块合成为复指数信号 $\exp(\mathrm{j}2\pi f_c t)$。

适当增加仿真运行时间，运行后得到 BPSK 基带和带通调制信号的功率谱如图 6-39 所示。

图 6-39 BPSK 信号的功率谱

视频讲解

6.6.3 科斯塔斯环的建模仿真

本节以 2DPSK 为例，介绍利用 Simulink 建模实现科斯塔斯环仿真及 2DPSK 相干解调的基本方法。

例 6-15 搭建如图 6-40 所示的仿真模型，实现科斯塔斯环和 2DPSK 信号的产生和解调。

图 6-40 例 6-15 仿真模型

仿真模型中,信源产生速率为 100Bd 的单极性 NRZ 码二进制基带信号,与调制载波一起送入 2DPSK 调制器子系统。调制载波由 Sine Wave 模块产生幅度为 1,频率为 1kHz 的正弦波,设置模块的 Sample time 参数为 $10\mu s$。

2DPSK 调制器子系统如图 6-41(a)所示。信源产生的原始绝对码基带信号经过差分编码转换为相对码,再由 Unipolar to Bipolar Converter 模块转换为双极性 NRZ 码与载波相乘,从而得到 2DPSK 信号。

图 6-41(b)所示为科斯塔斯环和 2DPSK 相干解调子系统。其中,$\pi/2$ 移相器用 Hilbert Filter(希尔伯特滤波器)模块实现。该模块位于 DSP System Toolbox/Filtering/Filter

(a) 2DPSK调制器子系统

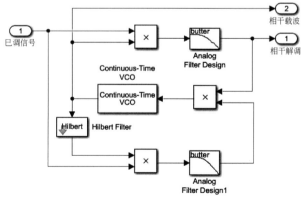

(b)科斯塔斯环及相干解调子系统

图 6-41 子系统内部结构

Designs 库中,设置其所有参数都为默认值。

上、下两支路中的环路滤波器(LPF)用 Analog Filter Design 模块实现,环路中的 VCO 用 Continuous-Time VCO 模块实现,该模块位于通信工具箱的 Synchronization/Components 库中,其参数设置如图 6-42 所示。

图 6-42　VCO 的参数设置

在 VCO 模块的参数设置中,Output amplitude 为输出幅度,Quiescent frequency 为 VCO 输出信号的静态频率或固有频率,Input sensitivity 为输入灵敏度,Intial phase 为初始相位。

按照图 6-42 中的参数设置,环路在刚开始工作时,VCO 输出频率为 1100 Hz 的载波,与调制载波之间有 100 Hz 的频差。通过环路的调节,在锁定时将自动消除该频差,输出与调制载波同频率的解调载波,但是二者之间可能完全同相,也可能完全反相。

科斯塔斯环不仅能提取相干载波,在图 6-41 所示的仿真模型中,上支路中的乘法器和 LPF 同时实现了相干解调。但是,为了保证环路能够锁定,LPF 的带宽不能设置得太小。另外,利用该 LPF 实现相干解调,为了尽量滤除高频杂波,其带宽又不能太大。

因此,在顶层模型中,将环路相干解调的输出再通过 Analog Filter Design 模块做进一步滤波处理。设置该滤波器为带宽等于码元速率的 5 阶巴特沃斯滤波器。通过低通滤波后,再进行抽样判决恢复处相对码,通过差分解码还原绝对码。

仿真运行后,由频谱分析仪窗口观察到科斯塔斯环提取出的相干载波的功率谱,如图 6-43 所示。根据功率谱可知,输出相干载波的频率精确等于调制器中载波的频率 1kHz。

图 6-43　相干载波的功率谱

运行后,由示波器窗口观察到各信号的时间波形如图 6-44 所示。由此可见,解调输出相对码相对于发送端的相对码处于反向工作状态。但是,对于绝对码,解调输出完全正确。注意,解调输出有一个码元间隔的时间延迟。

图 6-44　各点信号的时间波形

课程思政阅读材料

21 世纪的中国电信

2008 年,工业和信息化部成立,邮政划归交通运输部管理,始于清代的"邮电合一"最终完成了其历史使命。

2010 年 5 月,第 41 届世界博览会在上海隆重召开,由中国移动、中国电信联手打造的"信息通信,尽情城市梦想"的信息通信馆在以"沟通与融合、创新与进步、成就与体验、传承与未来、和谐与发展"为主题的上海世博会上璀璨亮相。由工业和信息化部主办、中国通信学会协办的世界电信和信息社会日庆典活动,以"信息通信技术让城市生活更美好"为主题。在庆典活动中,隆重召开了国际电信联盟主办、工业和信息化部支持、TD 产业联盟和中国移动承办的"通信让生活更美好——TD 国际化发展高峰论坛"。

2013 年 1 月 16 日,首条横跨台湾海峡连接两岸的海底光缆"海峡光缆 1 号"工程顺利竣工。海底光缆的建成,使海峡两岸通信传输系统在海(光缆)、陆(光缆)、空(卫星、微波)的通信技术支撑下全面联通运转。

2013 年,工业和信息化部宣布向中国移动、中国电信和中国联通颁发"LTE/第 4 代数字蜂窝移动通信业务(TD-LTE)"经营许可,中国移动互联网通信正式进入 4G 时代。

2013 年 4 月 17 日,工业和信息化部、国家发展和改革委员会等八部门联合发布了《关于实施宽带中国 2013 专项行动的意见》,同年 8 月 19 日,国务院下发《"宽带中国"战略及实施方案》,明确要求到 2015 年基本实现城市光纤到楼入户、农村宽带进乡入村,固定宽带全面普及。

21 世纪,全球进入经济全球化、政治多极化、文化多元化、信息通信全球网络基础化。

中国电信自诞生以来,在一代又一代电信人的努力下,广泛沟通了中国与世界的信息,沟通了海内外华人与祖国同胞同祖同根的民族感情,增进了海内外华人与世界人民相互了解和信任,推动了中国各民族平等团结、共同繁荣的发展以及世界人民和平友好事业的发展。

习题 6

6-1 填空题

(1) 已知半占空 RZ 码基带信号的码元速率为 1kBd,对其进行 2ASK 传输,所需的传输带宽为_____。

(2) 对 NRZ 码基带信号进行 2FSK,已知码元速率为 1kBd,载波频率分别为 2kHz 和 4kHz,则码元频带利用率为_____。

(3) 对二进制代码序列采用双极性 NRZ 码编码后,进行 2PSK 传输,已知信道带宽为 10kHz,则所允许的最高信息速率为_____。

(4) 代码序列 00110011 的传号差分码序列为_____,假设第 1 位码元为 0。

(5) 在 2ASK、2FSK、2PSK 中,可靠性最好的是_____,可靠性最差的是_____。

(6) 在 2DPSK 的差分相干解调中,信道输出信噪比为 4dB,信道和接收机中 BPF 的带宽分别为 5kHz 和 1kHz,则误比特率为_____,传输 1h 的错码个数为_____。

6-2 将信息传输速率为 $R_b = 200\text{kb/s}$,占空比为 0.5 的单极性二进制数字基带信号进行 2ASK 调制,求:

(1) 码元速率 R_s;

(2) 基带信号的带宽 B_s;

(3) 2ASK 信号的带宽 B_f。

6-3 设某 2FSK 调制系统的码元传输速率为 1kBd,已调信号的载频为 1kHz 和 2kHz。

(1) 若发送数字信息为 011010,画出相应的 2FSK 信号波形;

(2) 粗略画出 2FSK 信号的功率谱图。

6-4 已知二进制代码序列为 1011001,码元速率为 2400Bd,载波频率为 2400Hz。假设载波为幅度等于 1,初始相位等于 0 的正弦波,2PSK 和 2DPSK 的调制规则都为"0 变 1 不变"。

(1) 分别画出相对码基带信号及 2PSK 和 2DPSK 信号的波形,假设相对码的初始码元为 0;

(2) 求 2PSK 和 2DPSK 信号的带宽。

6-5 设发送的绝对码序列为 0110110,采用 2DPSK 方式传输,已知码元速率等于载波频率。

(1) 如果采用相干解码-码反变换器方式进行解调,画出解调器中各点信号的时间波形;

(2) 如采用相位比较法解调,画出各点信号的时间波形。

6-6 已知接收信噪比为 8dB,分别计算 2ASK 和 2PSK 相干解调的误比特率,并进行比较。

6-7 某 2FSK 系统的码元速率为 $2 \times 10^6 \text{Bd}$,1 码和 0 码对应的载波频率分别为 $f_1 = 10\text{MHz}$,$f_2 = 30\text{MHz}$,接收信号的峰值幅度 $A = 10\mu\text{V}$。信道加性高斯白噪声的单边功率谱

密度 $n_0 = 1 \times 10^{-18}$ W/Hz。求：

(1) 2FSK 信号的第一零点带宽；

(2) 非相干接收时系统的误码率；

(3) 相干接收时系统的误码率。

6-8 已知码元速率 $R_s = 1$kBd，接收机输入噪声的双边功率谱密度 $n_0/2 = 1$mW/Hz，要求误码率 $P_s = 1.35 \times 10^{-3}$。试分别计算出相干 ASK、非相干 2FSK 和非相干 2DPSK 传输时所要求的输入信号功率 S。

6-9 对 2ASK 信号进行非相干接收，已知基带信号为单极性 NRZ 码，码元间隔 $T_s = 6$ms，信道噪声单边功率谱密度 $n_0 = 0.1$mW/Hz。

(1) 求所需的传输带宽 B；

(2) 为了使 1min 内错码个数不超过 1，求误比特率 P_b；

(3) 假设信道传输没有损耗，求满足上述要求的发送载波幅度 A。

6-10 已知信源发送已调信号的振幅 $A = 1$V，信道对信号衰减 40dB，接收端采用非相干解调，解调器输入噪声功率 $N = 4\mu$W。要求传输 1s 内错码个数不超过 2.78×10^{-4}。

(1) 在 2ASK 和 2DPSK 中选择一种合适的调制传输方案；

(2) 如果分配的信道传输带宽为 10kHz，求码元速率 R_s；

(3) 如果数字代码来自对模拟信号的 32 电平线性 PCM 编码，求所允许的模拟信号的最高频率 f_h。

6-11 某 2FSK 传输系统中，两个载频分别为 1.2kHz、2kHz，码元速率为 400Bd，并且 0、1 等概，发送信号的振幅为 4V。信道对信号衰减 20dB，信道引入加性高斯白噪声的单边功率谱密度 $n_0 = 2\mu$W/Hz。

(1) 求 2FSK 信号的带宽 B 和频带利用率 η_s；

(2) 求采用非相干解调时的误比特率 P_b；

(3) 根据上述计算过程，分析如何才能提高传输的可靠性？

6-12 已知匹配滤波器的输入信号 $s(t)$ 如图 6-45 所示，信道高斯白噪声的双边功率谱密度为 1mW/Hz。

(1) 分析画出匹配滤波器单位冲激响应的时间波形；

(2) 求匹配滤波器的频率特性；

(3) 求匹配滤波器的最大输出信噪比。

6-13 对模拟信号进行抽样量化编码和 2PSK 后，使用匹配滤波器进行接收。若误码率为 3.17×10^{-5}，2PSK 信号的幅度为 10V，信道白噪声的单边功率谱密度为 1.25×10^{-5} W/Hz。

(1) 求码元速率；

(2) 如果模拟信号的带宽为 5kHz，编码位数为 5，采用时分复用传输，最多允许传输多少路信号？

图 6-45 匹配滤波器输入信号

实践练习 6

6-1   编制 MATLAB 程序,对随机二进制代码序列进行 2DPSK 调制,并绘制绝对码、相对码基带信号和 2DPSK 已调信号的波形。

6-2   参考例 6-15,搭建仿真模型,实现科斯塔斯环和 2PSK 信号的产生和相干解调。分别设置 Continuous-Time VCO 模块的 Initial phase 参数为 0 和 π,观察相位模糊问题。

6-3   利用 Simulink 中的基带调制模块,搭建如图 6-46 所示的仿真模型,观察 2DPSK 调制传输过程及其抗噪声性能。

图 6-46   实践练习 6-3 仿真模型

(1) 设置码元速率为 100Bd,信道模块的 SNR 参数为 10dB,Input signal power 参数为 1W,仿真运行 2s,观察原始基带信号和解调输出信号的时间波形,观察 2DPSK 信号的功率谱,并分析其带宽。

(2) 分别设置信道模块的 SNR 参数为 $10*\log10(0.1)$、$10*\log10(1)$、$10*\log10(2)$、$10*\log10(4)$、$10*\log10(5)$ dB,适当增大仿真运行时间,观察误码率,并与理论值进行比较。提示:2DSPK 解调模块采用是非相干解调。

(3) 修改模型,编制 MATLAB 程序绘制 2DSPK 信号非相干解调的误码率曲线,并与理论曲线进行比较。

第7章

现代数字调制

思维导图

　　为了更有效地利用频率资源,提高信息传输的有效性,现代数字通信系统一般采用多进制数字调制。与二进制调制相比,在相同的码元速率下,多进制数字调制系统的信息速率高于二进制数字调制系统。反之,为达到相同的信息速率,多进制数字调制系统的码元速率和传输带宽低于二进制调制系统。当然,多进制调制也有缺点,如设备复杂、所需判决电平数多、误码率高于二进制数字调制系统等。

　　随着数字通信技术的发展,对数字调制技术的要求也越来越高,为了改善数字传输性能,在基本的二进制和多进制数字调制技术的基础上,现代通信系统中出现了很多性能优良的数字调制技术。这些调制技术各有优缺点,分别在不同的方面有其优势。本章在多进制调制的基础上,介绍几种现代通信系统中广泛使用的数字调制技术。

7.1　多进制基带信号

　　在二进制数字调制中,采用的基带信号为二进制基带信号。简单的二进制基带信号用脉冲电平的高低或正负表示需要传送的二进制代码,幅度只有两种不同的取值。

在多进制数字调制中,基带信号一般为多进制基带信号。例如,图 7-1 所示为四进制数字基带信号,基带信号仍然用标准的矩形脉冲表示,所有脉冲的幅度共有 4 种不同的取值,分别表示 4 个不同的四进制代码 0～3。一般来说,脉冲幅度的可能取值个数等于进制数 M,相应的基带信号称为 M 进制基带信号。

图 7-1 四进制基带信号

在图 7-1 中,每个脉冲的宽度(持续的时间)等于 T_s,称为码元间隔。码元间隔的倒数为 $R_s = 1/T_s$。显然,这里的码元指的是四进制码元,R_s 代表单位时间内传送的四进制码元个数。

实际系统中,信源发送的大都是二进制代码序列。传输时可以直接传输二进制基带信号或二进制调制信号,也可以将二进制代码序列先转换为多进制基带信号,然后通过多进制数字传输系统进行传输。图 7-1 中的最上面一行是待传输的二进制代码序列。为了进行四进制传输,可以将其每两位一组转换为四进制代码序列(0113…),再用四进制基带信号表示和传输。

将二进制代码序列(基带信号)转换为多进制代码序列(基带信号),可以采用串/并转换电路实现。例如,图 7-2 所示为二进制到十六进制代码序列的转换电路。其中用了 4 个 D 触发器首尾串联。在统一的时钟脉冲 Clock 作用下,从 Data In 端口串行送入的二进制代码顺序存入 4 个 D 触发器。每经过 4 个时钟脉冲后,4 个 D 触发器的 Q 端并行输出 4 位二进制,表示一位十六进制代码。

图 7-2 串/并转换电路

根据上述转换过程,显然,并行输出的每个十六进制代码持续的时间等于 4 位二进制代码的码元间隔,因此输出十六进制基带信号的码元速率降低为原二进制代码序列码元速率的 1/16。

7.2 多进制数字调制

与二进制调制系统类似,多进制数字调制就是利用多进制数字基带信号去控制载波的幅度、相位和频率,从而得到多进制幅移键控(Multiple Amplitude Shift Keying,MASK)、多进制相移键控(Multiple Phase Shift Keying,MPSK)和多进制频移键控(Multiple Frequency Shift Keying,MFSK)这 3 种基本的多进制调制。

7.2.1 多进制调制的基本原理

多进制幅度键控(MASK)、多进制频移键控(MFSK)和多进制相移键控(MPSK)分别是 2ASK、2FSK 和 2PSK 的推广,实现这些多进制调制的基本原理也与二进制调制类似。

1. MASK

在 MASK 信号中,载波幅度有 M 种取值,对应 M 进制基带信号中的 M 种电平幅度。MASK 信号的表达式与 2ASK 信号相同,只是其中的基带信号 $m(t)$ 为 M 进制单极性 NRZ 信号。

MASK 调制的原理也与 2ASK 信号一样,用一个模拟乘法器即可实现,只是乘法器输入的基带信号应该是 M 进制。图 7-3 所示为 4ASK 信号波形。

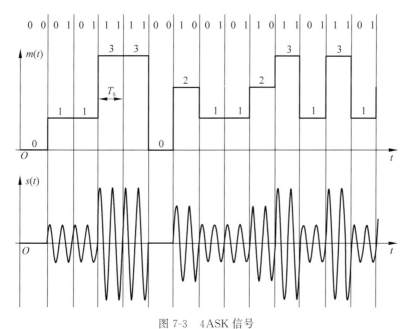

图 7-3 4ASK 信号

将四进制基带信号 $m(t)$ 与载波相乘,即可得到 4ASK 信号 $s(t)$。与基带信号各位码元间隔内的幅度相对应,在 4ASK 已调信号中,载波的幅度一共有 4 种。

显然,4ASK 信号可以分解为 3 个 2ASK 信号波形的叠加。推广到一般情况,任意 MASK 信号都可以视为由 $M-1$ 个载波频率相同、幅度不同的 2ASK 信号叠加而成。就信号的带宽而言,MASK 功率谱与 2ASK 相同,即 MASK 信号的带宽是 M 进制基带信号带宽的 2 倍。

由于 M 进制基带信号的每个码元携带有 $\mathrm{lb}M$ b 的信息量,因此当带宽相同时,MASK 信号的信息速率是 2ASK 信号的 $\mathrm{lb}M$ 倍。或者说,当信息速率相同时,MASK 信号的带宽仅为 2ASK 信号的 $1/\mathrm{lb}M$。由此得到 MASK 传输时的码元频带利用率为

$$\eta_s = 0.5\mathrm{Bd/Hz} \tag{7-1}$$

而信息频带利用率为

$$\eta_b = \eta_s \mathrm{lb}M = 0.5\mathrm{lb}M \mathrm{b/(s \cdot Hz)} \tag{7-2}$$

与 2ASK 调制相比,MASK 信号具有以下特点。

(1) 传输效率高,因此在高信息速率的传输系统中得到应用。

(2) 抗衰落能力差,MASK 信号只适宜在恒参信道(如有线信道)中使用。

(3) 在接收机输入平均信噪比相等的情况下,MASK 系统的误码率比 2ASK 系统要高。

(4) 进制数 M 越大,设备越复杂。

例 7-1 已知信息速率 $R_b = 1\mathrm{kb/s}$,分别求出采用 2ASK 和 16ASK 传输时的码元速率 R_s 和所需的传输带宽 B。

解 (1) 采用二进制传输时,$R_s = R_b = 1\mathrm{kBd}$。

信息频带利用率为 $\eta_b = 0.5\mathrm{b/(s \cdot Hz)}$,则带宽 $B = R_b/\eta_b = 2\mathrm{kHz}$。

(2) 采用十六进制传输时,$R_s = R_b/\mathrm{lb}16 = 250\mathrm{Bd}$。

信息频带利用率为 $\eta_b = 0.5\mathrm{lb}16 = 2\mathrm{b/(s \cdot Hz)}$,则带宽 $B = R_b/\eta_b = 500\mathrm{Hz}$。

2. MFSK

多进制数字频移键控(MFSK)是 2FSK 方式的推广。在这种调制方式中,用 M 个频率不同的正弦波分别表示一个 M 进制符号,在某个码元时间内只发送其中一个频率。

多进制频移键控可以用频率选择法实现,解调器用非相干解调法实现。图 7-4 所示为 MFSK 传输系统的基本组成。

在图 7-4 中,上半部分为 MFSK 调制器。其中,串/并变换和逻辑电路将待发送的二进制代码序列转换 M 进制码元,再用每个 M 进制码元分别控制不同的门电路,输出 M 种不同的频率。在一位 M 进制码元作用下,逻辑电路的输出一方面接通某个门电路,让相应的载频发送出去;另一方面同时关闭其余所有的门电路。

在图 7-4 中,下半部分为 MFSK 解调器,其中包括 M 个带通滤波器和包络检波器、抽样判决器、逻辑电路和并/串变换器。各带通滤波器的中心频率分别等于各载频频率。当某个已调载频信号到来时,只有一个带通滤波器有信号和噪声通过,其他带通滤波器只有噪声通过。

抽样判决器的任务就是在某时刻比较所有包络检波器输出的电压,判决哪一路最大,也就是判决对方送来的是什么频率,并选出最大者输出,这个输出相当于一位多进制码元,再由逻辑电路将其转换为二进制并行码,通过并/串转换器后逐位输出,从而完成数字信号的传输。

根据上述调制原理可知,MFSK 信号可以看作 M 个振幅相同、载波频率不同的 2ASK 信号的叠加,因此 MFSK 信号带宽为

$$B_{\mathrm{MFSK}} = f_H - f_L + 2R_{sM} \tag{7-3}$$

其中, f_H 和 f_L 分别为 MFSK 信号的最高和最低载频; R_{sM} 为多进制码元速率。

图 7-4　MFSK 传输系统的组成

由此可见, MFSK 信号具有较宽的频带, 因而它的信道频带利用率不高, 一般在调制速率不高的场合使用。

7.2.2　MPSK

MPSK 是 2PSK 的推广, 是利用载波的多种不同相位状态表征数字信息的调制方式。实际系统中常用的 4PSK 和 8PSK, 其中 4PSK 又习惯称为 QPSK。

1. MPSK 的基本原理

在 MPSK 信号中, 载波的幅度和频率保持不变, 而相位有 M 种取值。考虑到正弦信号的相位以 2π 为周期, 则在 MPSK 信号中, 载波相位一般是在 $0\sim2\pi$ 等间隔地取 M 种取值, 可以表示为

$$\varphi_k = \frac{2\pi k}{M} + \theta, \quad k = 0, 1, \cdots, M-1 \tag{7-4}$$

其中, θ 为初始相位。

在第 k 个 M 进制码元间隔内, MPSK 信号可以表示为

$$s_k(t) = A\cos(2\pi f_c t + \varphi_k)$$

其中, A 为载波的幅度; f_c 为载波频率。

不失一般性, 令 $A=1$, 并利用三角公式展开得到

$$s_k(t) = \cos(2\pi f_c t + \varphi_k) = b_k \cos 2\pi f_c t - c_k \sin 2\pi f_c t \tag{7-5}$$

其中, $b_k = \cos\varphi_k$; $c_k = \sin\varphi_k$。

由此可见, MPSK 可以看作对两个相互正交的载波进行 MASK 所得的信号之和, 因此, MPSK 信号的带宽与 MASK 信号相同, 等于 M 进制码元速率的 2 倍。式(7-5)中的两项分别称为同相分量和正交分量。

1）星座图

工程上一般用向量图描述 MPSK 信号中载波相位与传送代码序列之间的对应关系。图 7-5 所示为 $\theta=0$，$M=2,4,8$ 时的向量图。当 $M=2$ 时，载波的相位只有 0 和 π 两种取值，分别对应二进制的 0 和 1 码。当 $M=4$ 时，由式(7-4)得到载波的相位为 0、$\pi/2$、π 和 $3\pi/2$ 共 4 种取值，每个相位取值分别对应一位四进制数字代码 3、1、0 和 2，或者两位二进制代码 11、01、00 和 10，以此类推。

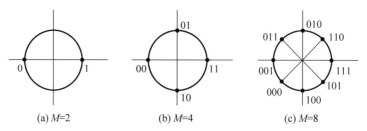

| (a) $M=2$ | (b) $M=4$ | (c) $M=8$ |

图 7-5　MPSK 信号的向量图表示

注意，相位取值与码元之间的对应关系不是唯一的，在上述向量图中，按照格雷码的顺序进行安排。此外，在式(7-4)中，当 θ 取不同的值时，向量图也不同，但实现 MPSK 的原理没有区别，只是实现方法不同。

在用上述向量图表示 MPSK 信号时，各向量端点的分布形状犹如天空中的星座，因而形象地称为星座图(Constellation Diagram)。

例 7-2　在 4PSK 中，已知初始相位 $\theta=\pi/4$，列出已调信号中载波相位的可能取值，并画出星座图。

解　令 $M=4$，由式(7-4)得到

$$\varphi_k = \frac{2\pi k}{4} + \frac{\pi}{4}, \quad k=0,1,2,3$$

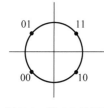

图 7-6　例 7-2 星座图

则载波相位的可能取值有 $\pi/4$、$3\pi/4$、$5\pi/4$、$7\pi/4$，星座图如图 7-6 所示。

2）MPSK 的调制体系

在 MPSK 信号中，发送的每 $\mathrm{lb}M$ 位二进制代码对应一种载波相位。表 7-1 所示为 $M=4$ 时二进制代码与载波相位的两种对应关系，分别对应式(7-4)中 θ 取值为 0 和 $\pi/4$ 的情况。这两种情况又分别称为 MPSK 的 $\pi/2$ 和 $\pi/4$ 调制体系，其星座图分别如图 7-5 和图 7-6 所示。

表 7-1　二进制代码与载波相位关系

二进制代码	载波相位	
	$\pi/2$ 调制体系	$\pi/4$ 调制体系
11	0	$\pi/4$
01	$\pi/2$	$3\pi/4$
00	π	$5\pi/4(-3\pi/4)$
10	$3\pi/2(-\pi/2)$	$7\pi/4(-\pi/4)$

例 7-3 对最高频率为 6MHz 的模拟信号进行抽样量化 3 位二进制编码,再进行调制传输。分别求出当采用 2PSK 和 8PSK 传输时的传输带宽和信息频带利用率。

解 根据抽样定理,取抽样频率 $f_s = 2 \times 6 = 12\text{MHz}$,则编码输出二进制码元速率为

$$R_s = 3f_s = 3.6\text{MBd}$$

信息速率为

$$R_b = R_s = 3.6\text{Mb/s}$$

则采用 2PSK 传输时的频带利用率和带宽分别为

$$\eta_b = 0.5\text{b/(s} \cdot \text{Hz)}$$

$$B = \frac{R_b}{\eta_b} = \frac{3.6}{0.5} = 7.2\text{MHz}$$

采用 8PSK 传输时的频带利用率和带宽分别为

$$\eta_b = 0.5\text{lb}8 = 1.5\text{b/(s} \cdot \text{Hz)}$$

$$B = \frac{R_b}{\eta_b} = \frac{3.6}{1.5} = 2.4\text{MHz}$$

2. QPSK 信号的产生和解调

在 MPSK 中,随着进制数 M 的增加,各码元对应的载波相位之间的间隔减小,将导致系统传输可靠性的降低,因此实际系统中常用的是 4PSK 和 8PSK 调制,其中 4PSK 又称为 QPSK。下面以 QPSK 为例介绍多进制调相中调制器和解调器的实现方法。

1) QPSK 信号的产生

QPSK 可以采用与 2PSK 类似的相位选择法实现调制,还可以采用正交调制法实现。图 7-7 所示为正交调制器的原理框图,二进制代码序列 $\{a_n\}$ 通过串/并变换后得到两路并行码序列 $\{b_n\}$ 和 $\{c_n\}$,同时送到上下两支路。假设 $\{a_n\}$ 序列的码元速率为 R_s,则 $\{b_n\}$ 和 $\{c_n\}$ 序列的码元速率都降低为 $R_s/2$。

$\{b_n\}$ 和 $\{c_n\}$ 序列通过极性转换将单极

图 7-7 QPSK 正交调制器

性码变为双极性码,得到 $I(t)$ 和 $Q(t)$,再与互为正交的两路载波分别相乘。显然,两个乘法器的输出 $x(t)$ 和 $y(t)$ 相当于 $\{b_n\}$ 和 $\{c_n\}$ 序列对应的 2PSK 信号,只是两个载波互为正交载波。因此,$x(t)$ 和 $y(t)$ 的功率谱与 2PSK 信号的功率谱相同,只是其带宽为 $\{b_n\}$ 和 $\{c_n\}$ 序列对应的基带信号 $I(t)$ 和 $Q(t)$ 带宽的 2 倍,即 $2 \times R_s/2 = R_s$。

$x(t)$ 和 $y(t)$ 经相加电路后得到两路信号的合成波形,从而得到 QPSK 信号。图 7-8 所示为其中各主要信号的波形。

下面验证调制器输出已调信号中载波相位与发送代码序列之间的关系满足表 7-1。以发送代码 10 为例,通过串并转换和极性转换后得到 $I(t) = 1$,$Q(t) = -1$,则输出已调信号为

$$A\cos 2\pi f_c t - (-A\sin 2\pi f_c t) = \sqrt{2}A\cos(2\pi f_c t - \pi/4)$$

由此可见,当发送代码 10 时,调制器输出相位为 $-\pi/4$ 的载波。用类似的方法可以验证:当发送代码分别为 00、01、11 时,调制器输出载波的相位分别为 $-3\pi/4$、$3\pi/4$ 和 $\pi/4$。显然,此时实现的是表 7-1 中的 $\pi/4$ 调制体系。

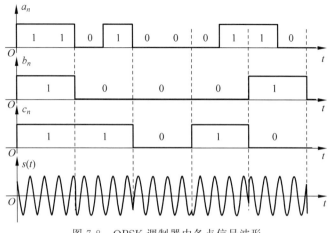

图 7-8　QPSK 调制器中各点信号波形

2）QPSK 解调

对于上述 $\pi/4$ 调制体系得到的 QPSK 信号，可以得到式(7-5)中 b_k 和 c_k 的取值，如表 7-2 所示。

表 7-2　二进制代码序列与 b_k 和 c_k 的取值

二进制代码	载波相位 φ_k	b_k	c_k
11	$\pi/4$	$\sqrt{2}/2$	$\sqrt{2}/2$
01	$3\pi/4$	$-\sqrt{2}/2$	$\sqrt{2}/2$
00	$5\pi/4(-3\pi/4)$	$-\sqrt{2}/2$	$-\sqrt{2}/2$
10	$7\pi/4(-\pi/4)$	$\sqrt{2}/2$	$-\sqrt{2}/2$

对于两位二进制代码中的第 1 位码元，1 码和 0 码对应 b_k 取值分别为正极性和负极性，因此式(7-5)中的第 1 项相当于以 b_k 为基带信号，$\cos2\pi f_c t$ 为载波的 2PSK 信号。同理，对于两位二进制代码中的第 2 位码元，1 码和 0 码对应 c_k 取值分别为正极性和负极性，因此式(7-5)中的第 2 项相当于以 c_k 为基带信号，$-\sin2\pi f_c t$ 为载波的 2PSK 信号。

由此可见，利用上述方法得到的 QPSK 信号可以视为两个 2PSK 信号的合成，两路 2PSK 信号对应的载波相互正交。因此，可以用两个解调支路分别对两路 2PSK 信号进行相干解调，得到 $I(t)$ 和 $Q(t)$，再经电平判决和并/串变换恢复原始数字信息。图 7-9 所示为一种典型的解调器原理组成。

图 7-9　QPSK 信号的相干解调

与 2PSK 一样，QPSK 信号的相干解调同样会出现相位模糊现象，因此在实际的应用中一般采用四向相对移相键控（4DPSK）。4DPSK 只需先将绝对码转换为充分码，再进行

QPSK，而解调需将得到的相对码转换为绝对码，其调制解调的原理同 2PSK 和 DPSK 之间的关系相同，这里就不再介绍了。

3. OQPSK

在 QPSK 信号中，载波的相位有 4 种可能的取值，其相位关系如图 7-10(a)所示。随着输入二进制代码序列的不同，QPSK 信号的相位将在这 4 种情况之间切换。当沿着对角线切换时，将产生 180°的相位跳变。这种相位跳变会引起带限滤波后的 QPSK 信号包络起伏，再通过系统中的非线性器件后，将导致频谱扩散，增加对邻近信道的干扰。

为了减小包络起伏，对 QPSK 进行改进：在对 QPSK 做正交调制时，将正交分量 $Q(t)$ 的基带信号相对于同相分量 $I(t)$ 的基带信号延迟一个码元间隔 T_s。由于两支路码元有一个码元的偏移，因此每次只有一路可能发生极性翻转，不会发生两支路码元极性同时翻转的现象。因此，信号相位只能跳变 0°或±90°，不会出现±180°的相位跳变。这种调制方式称为偏移四相相移键控

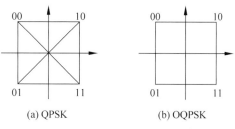

图 7-10 QPSK 和 OQPSK 信号的相位关系

(Offset Quadrature Phase Shift Keying，OQPSK)，其相位关系如图 7-10(b)所示。

图 7-11 所示为 OQPSK 调制器中原始二进制代码序列 $\{a_n\}$ 与对应的 $\{b_n\}$ 和 $\{c_n\}$ 序列的对应关系。由此可见，与 QPSK 不同的是，通过串/并转换得到的两路代码数序列是交替送到上下两支路，而 QPSK 的 $\{b_n\}$ 和 $\{c_n\}$ 序列是同时送到上下两支路。

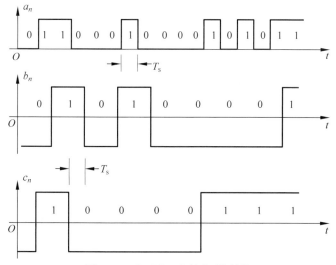

图 7-11 OQPSK 中的串/并转换

OQPSK 是一种恒包络数字调制技术。恒包络技术是指已调波的幅度包络保持恒定，所产生的已调波经过发送带限滤波后，当通过非线性部件时，只产生很小的频谱扩展。

7.3 MSK

在开关法实现 2FSK 中，不同码元对应不同的频率，因而在频率跳变处相位很可能是不连续的，就会造成其功率谱产生很大的旁瓣分量。这样的信号通过带限滤波后，信号的包络

不再恒定,会出现较大的起伏变化。为了克服以上缺陷,要求在 2FSK 频率变化时相位保持连续,因此提出了一种能够产生恒定包络、相位连续的调制,称为最小频移键控(Minimum Shift Keying),简记为 MSK。

7.3.1 MSK 信号的表示

MSK 是 2FSK 的一种特殊情况,在保证已调信号两个载波相互正交的情况下调频指数 h 最小,而且在各码元边界上载波相位连续,信号波形上没有跳变。

1. MSK 信号的表示

在第 k 个码元间隔 $kT_s \sim (k+1)T_s$ 内,MSK 信号可以表示为

$$s(t) = \cos\left(2\pi f_c t + \frac{\pi}{2T_s} a_k t + \varphi_k\right), \quad k = 0,1,2,\cdots \tag{7-6}$$

其中,a_k 为第 k 个码元,取值为 ± 1;f_c 为中心频率;T_s 为码元间隔;φ_k 为初始相位。

根据式(7-6),可以求得当 $a_k = +1$ 和 -1 时,对应 MSK 中载波的两个频率分别为

$$f_1 = f_c + \frac{1}{4T_s} \tag{7-7}$$

$$f_2 = f_c - \frac{1}{4T_s} \tag{7-8}$$

两个载波频率之差和调频指数分别为

$$\Delta f = f_1 - f_2 = \frac{1}{2T_s} \tag{7-9}$$

$$h = \frac{\Delta f}{R_s} = \Delta f \times T_s = 0.5 \tag{7-10}$$

其中,$R_s = 1/T_s$ 为码元速率。

可以证明,上述频差 Δf 是为满足 2FSK 信号中两个信号相互正交能够达到的最小载频差,所以将 MSK 称为最小频移键控。

2. MSK 信号的附加相位和初始相位

在 MSK 信号中,以相位 $2\pi f_c t$ 为参考的附加相位为

$$\theta_k(t) = \frac{\pi}{2T_s} a_k t + \varphi_k \tag{7-11}$$

为了保证前后码元交替时已调波的相位连续,第 $k-1$ 个码元结束处和第 k 个码元开始处的附加相位必须相等,即

$$\frac{\pi}{2T_s} a_{k-1} k T_s + \varphi_{k-1} = \frac{\pi}{2T_s} a_k k T_s + \varphi_k$$

由此求得

$$\varphi_k = \varphi_{k-1} + (a_{k-1} - a_k)\frac{\pi k}{2} \tag{7-12}$$

由此可见,MSK 信号在第 k 个码元的初始相位 φ_k 不仅与当前码元中 a_k 的取值有关,还与前一个码元及其初始相位有关。假设第 1 个码元(对应 $k=0$)间隔内的初始值 $\varphi_0 = 0$,则 $\varphi_k = 0$ 或 $\pm k\pi$。考虑到相位以 2π 为周期,则 $\varphi_k = 0$ 或 $\pm\pi$。

显然,如果已知了需要发送的代码序列,则根据式(7-7)和式(7-8)可以求得每个码元间

隔内对应的两个载波频率 f_1 和 f_2，再由式(7-12)求得各码元间隔内对应的两个信号的初始相位，即可得到 MSK 信号的波形。

例 7-4 已知码元速率 $R_s = 1\text{kBd}$，中心频率 $f_c = 1.75\text{kHz}$，第 1 个码元间隔内信号的初始相位 $\varphi_0 = 0$。

(1) 求 MSK 中两个载波频率 f_1 和 f_2；

(2) 求频差 Δf 和调频指数 h；

(3) 假设发送代码序列为 10010110，分析并画出相应的 MSK 信号波形。

解 (1) 根据式(7-7)和式(7-8)求得

$$f_1 = f_c + \frac{1}{4T_s} = f_c + \frac{R_s}{4} = 1.75 + \frac{1}{4} = 2\text{kHz}$$

$$f_2 = f_c - \frac{1}{4T_s} = 1.75 - \frac{1}{4} = 1.5\text{kHz}$$

(2) 频差和调频指数分别为

$$\Delta f = f_1 - f_2 = 2 - 1.5 = 0.5\text{kHz}$$

$$h = \frac{\Delta f}{R_s} = \frac{0.5}{1} = 0.5$$

(3) 各码元间隔内信号的频率和初始相位如下。

k:	0	1	2	3	4	5	6	7
a_k:	+1	-1	-1	+1	-1	+1	+1	-1
频率:	f_1	f_2	f_2	f_1	f_2	f_1	f_1	f_2
φ_k:	0	π	π	-2π	2π	-3π	-3π	4π

根据上述计算结果，得到 MSK 信号 $s(t)$ 的波形，如图 7-12 所示。其中，$s_1(t)$ 和 $s_2(t)$ 分别为频率等于 f_1 和 f_2、初始相位为 0 的两个信号。在第 k 个码元间隔内，若 $\varphi_k = \pm n\pi$（n 为奇数），则将对应时间范围内的信号极性取反；若 $\varphi_k = \pm n\pi$（n 为偶数），则对应时间范围内的信号极性保持不变。

图 7-12 例 7-4 各信号波形

7.3.2 MSK 的相位网格图

在第 k 个码元间隔内,a_k 和初始相位 φ_k 都保持为常数,则由式(7-11)可知,以载波相位为参考的附加相位 $\theta_k(t)$ 将随着时间线性变化。在一个码元间隔时间范围内,当 $a_k = +1$ 时,附加相位 $\theta_k(t)$ 增大 $\pi/2$;当 $a_k = -1$ 时,$\theta_k(t)$ 减小 $\pi/2$。所有码元间隔内的附加相位 $\theta(t)$ 随时间 t 的变化关系可以用如图 7-13 所示的曲线表示。图 7-13 中,正斜率直线表示传送 1 码(对应 $a_k = +1$)时的相位轨迹,负斜率直线表示传送 0 码(对应 $a_k = -1$)时的相位轨迹。这种曲线称为 MSK 的相位网格图。

对于给定的一串代码序列,在相位网格图中的轨迹是一定的。对于不同的代码序列,其具体路径也将随之变化,但可能的路径一定是沿着图中的虚线变化的。假设发送的二进制代码序列为 100111,初始附加相位为 0,则相位变化路径如图 7-13 中粗实线所示。

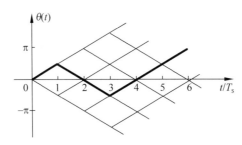

图 7-13　MSK 的相位网格图

综合上述分析可知,MSK 信号具有以下特点:

(1) MSK 信号的包络是恒定不变的;

(2) MSK 信号的波形在整个时间范围内都是连续的,波形上没有跳变;

(3) MSK 信号的附加相位在一个码元间隔内线性变化 $\pm \pi/2$。

7.3.3 MSK 的产生和解调

根据上述 MSK 信号的基本表示和特点,不难得到 MSK 信号产生和解调方法。

1. MSK 信号的产生

考虑到 $a_k = \pm 1$,$\varphi_k = 0$ 或 π(对 2π 取模),可以将第 k 个码元间隔范围内的 MSK 信号重新表示为

$$s(t) = \cos\left(\frac{\pi a_k}{2T_s}t + \varphi_k\right)\cos 2\pi f_c t - \sin\left(\frac{\pi a_k}{2T_s}t + \varphi_k\right)\sin 2\pi f_c t$$

$$= \cos\left(\frac{\pi t}{2T_s}\right)\cos\varphi_k \cos 2\pi f_c t - a_k \sin\left(\frac{\pi t}{2T_s}\right)\cos\varphi_k \sin 2\pi f_c t$$

令

$$b_k = \cos\varphi_k, \quad c_k = a_k \cos\varphi_k \tag{7-13}$$

得到

$$s(t) = b_k \cos\left(\frac{\pi t}{2T_s}\right)\cos 2\pi f_c t - c_k \sin\left(\frac{\pi t}{2T_s}\right)\sin 2\pi f_c t \tag{7-14}$$

表7-3给出了上述各信号之间的变换关系。其中,假设 φ_k 在 $k=0$ 时的初值为0。对于其后的各个码元,首先由式(7-12)得到 φ_k,再由式(7-13)得到 b_k 和 c_k。

表 7-3　MSK 调制中的信号变换关系

k	a_k	φ_k	b_k	c_k	d_k
0	+1	0	+1	+1	+1
1	−1	π	−1	+1	−1
2	+1	$-\pi$	−1	−1	−1
3	−1	2π	+1	−1	+1
4	−1	2π	+1	−1	−1
5	+1	-3π	−1	−1	−1
6	+1	-3π	−1	−1	−1
7	−1	4π	+1	−1	+1
8	+1	-4π	+1	+1	+1

观察表7-3中的 b_k 和 c_k 可知,当 k 为偶数时,b_k 不会发生改变,c_k 可能发生改变;当 k 为奇数时,b_k 可能改变,而 c_k 不会发生改变。b_k 和 c_k 的每个取值都持续两个码元间隔,并且在时间上相互错开。

将 b_k 和 c_k 在每个码元间隔内的取值交替合并为一路,得到 d_k,即 d_k 序列依次取值为 $c_0 b_1 c_2 b_3 c_4 b_5 \cdots$。然后,由表7-3中的数据可以得到 a_k 和 d_k 序列之间的关系为

$$d_k = a_k \odot d_{k-1} \tag{7-15}$$

其中,$\odot$ 表示同或运算,实际上也就是空号差分码编码。

根据上述分析得到MSK的原理框图,如图7-14所示。发送的二进制代码序列 a_k 首先经过差分编码得到 d_k 序列,再通过串/并转换得到两路输出 b_k 和 c_k 序列,并且要保证 d_k 序列中的码元相互交错一个码元间隔,交替地送到上下两支路。

图 7-14　MSK 调制器

上、下两支路分别要进行两次乘法运算。在第1次乘法运算中,角频率为 $\omega_0 = \pi/(2T_s)$ 的加权函数 $\cos\omega_0 t$ 经移相后得到 $\sin\omega_0 t$,两个加权函数分别与 b_k 和 c_k 序列相乘,得到

$$I(t) = b_k \cos\omega_0 t, \quad Q(t) = c_k \sin\omega_0 t \tag{7-16}$$

然后,再与两个相互正交的高频载波相乘后相减,即可得到MSK信号。

2. MSK 信号的解调

由于MSK信号是一种2FSK信号,因此也可以采用与2FSK类似的相干和非相干解调方法实现解调。

图7-15所示为MSK相干解调的原理框图。输入的MSK信号同时送到上下两支路,

分别与两个相互正交的载波 $\cos\omega_c t$ 和 $\sin\omega_c t$ 相乘再进行低通滤波。乘法器和低通滤波器（LPF）构成相干解调器。

图 7-15 MSK 解调器

上、下两支路中相干解调的输出送入抽样判决器，每隔 $2T_s$ 抽样判决一次，并且上、下两支路的抽样时刻错开一个码元间隔。判决输出得到 b_k 和 c_k 序列，最后经并/串转换和差分解码得到原始代码序列 a_k。

7.4 QAM

QAM 的全称是正交幅度调制（Quadrature Amplitude Modulation），是用一个信源符号同时控制载波两个参数的调制方式，是一种幅度和相位的联合键控，因此又称为幅-相键控（Amplitude Phase Keying，APK）。QAM 可以提高系统的可靠性，能够获得较高的信息频带利用率，是目前应用较为广泛的一种数字调制方式。

7.4.1 QAM 的基本原理

在多进制调制系统中，MPSK 的带宽和功率占用方面都有优势，但是随着进制数 M 的增大，相邻相位的间距逐渐减小，使噪声容限也逐渐变小，误码率增加。为了提高 MPSK 在 M 较大时的噪声容限，提出了 QAM 调制方式，这是一种多进制与正交载波技术相结合的调制技术。

QAM 是用两路独立的数字基带信号对两个相互正交的同频载波进行抑制载波的双边带调制，利用已调信号在同一带宽内频谱正交的特性来实现两路并行的数字信息传输。在一个码元间隔内，QAM 信号可以表示为

$$s_k(t) = A_k \cos(2\pi f_c t + \varphi_k), \quad kT_s \leqslant t \leqslant (k+1)T_s \tag{7-17}$$

其中，k 为正整数，代表需要传送的第 k 个码元；A_k 和 φ_k 分别为第 k 个码元对应的 QAM 信号的幅度和相位，分别可以取多个离散值。

将式（7-17）利用三角公式展开得到

$$s_k(t) = A_k \cos\varphi_k \cos 2\pi f_c t - A_k \sin\varphi_k \sin 2\pi f_c t$$

令

$$X_k = A_k \cos\varphi_k, \quad Y_k = A_k \sin\varphi_k \tag{7-18}$$

则

$$s_k(t) = X_k \cos 2\pi f_c t - Y_k \sin 2\pi f_c t \tag{7-19}$$

由此可见，QAM 可以视为两路相互正交的 MASK 信号之和，其中 X_k 和 Y_k 为两路独

立的数字基带信号。

在式(7-18)中,如果 φ_k 取值为 $\pm\pi/4$,同时 A_k 取值为 $\pm A$,则 X_k 和 Y_k 的取值都只有两种情况,即 $\pm\sqrt{2}A/2$。此时,QAM 信号就成为 QPSK 调制信号,因此,QPSK 是最简单的 QAM。

如果 X_k 和 Y_k 为 L 进制基带信号,将得到 MQAM 信号,其中 $M=L^2$。以 16QAM 为例,此时 X_k、Y_k 都为四进制双极性基带信号,假设其取值为 ± 1 或 ± 3,则对应 16QAM 信号的幅度和相位 A_k 和 φ_k 如表 7-4 所示。由此可见,对应基带信号 X_k 和 Y_k 的 16 种取值组合,16QAM 信号的幅度共有 3 种情况,而相位共有 9 种情况。

表 7-4　基带信号电平与 16QAM 信号幅度和相位的对应关系

X_k	Y_k	A_k	$\varphi_k/(°)$	X_k	Y_k	A_k	$\varphi_k/(°)$
-3	-3	4.2	-135	$+1$	-3	3.2	-72
-3	-1	3.2	-162	$+1$	-1	1.4	-45
-3	$+1$	3.2	162	$+1$	$+1$	1.4	45
-3	$+3$	4.2	135	$+1$	$+3$	3.2	72
-1	-3	3.2	-108	$+3$	-3	4.2	-45
-1	-1	1.4	-135	$+3$	-1	3.2	-18
-1	$+1$	1.4	135	$+3$	$+1$	3.2	18
-1	$+3$	3.2	108	$+3$	$+3$	4.2	45

7.4.2　QAM 信号的产生和解调

MQAM 信号的调制原理框图如图 7-16 所示。其中,原始二进制代码序列 a_k 通过串/并转换得到两路并行代码序列 b_k 和 c_k,再通过 2-L 变换转换为 L 进制基带信号 X_k 和 Y_k。

图 7-16　MQAM 调制器

假设 a_k 序列的码元速率为 R_s,则 b_k 和 c_k 序列的码元速率为 $R_s/2$。2-L 变换器将 b_k 或 c_k 序列中每 lbL 个二进制码元转换得到基带信号 X_k 和 Y_k 中的一个 L 进制码元,因此码元速率为 $R_s/(2\mathrm{lb}L)$。例如,对于 16QAM,$M=16$,$L=4$,则 X_k 和 Y_k 基带信号的码元速率降低为 $R_s/4$,相当于 X_k 和 Y_k 基带信号中的每个码元对应 a_k 序列中的 4 个码元。

双极性基带信号 X_k 和 Y_k 分别送入乘法器,对两个相互正交的载波进行正交调制,加法器将两支路输出合并后得到 QAM 信号。图 7-17 所示为 16QAM 调制器各点信号波形。

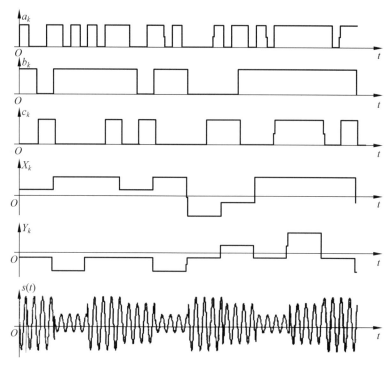

图 7-17   16QAM 调制器中各点信号波形

QAM 信号可以采用正交相干解调的方法解调，如图 7-18 所示。接收到的 QAM 信号 $s(t)$ 同时送到上下两支路。在上、下两支路中分别与相互正交的载波相乘。两支路中判决器应为多电平判决器，从而使输出基带信号 b_k 和 c_k 中分别有 L 个不同的电平。

图 7-18   MQAM 解调器

7.4.3   QAM 信号的特性

与 QPSK 一样，QAM 信号可以用星座图表示。图 7-19 给出了比较有代表性的 4QAM、16QAM、64QAM、256QAM 的星座图。

为了传输和检测方便，同相和正交支路中的 X_k 和 Y_k 通常取为 L 进制双极性基带信号，并且间隔相同。例如，对于 16QAM，星座图中共有 16 个点，并以坐标原点为中心呈方阵排列。由于 $M=16=4^2$，则 $L=4$，因此对应的 X_k 和 Y_k 都是四进制双极性基带信号，其取值分别为 ±1 和 ±3。

在星座图中，各点之间的距离称为欧氏距离，相邻两点之间的最小欧氏距离代表了噪声

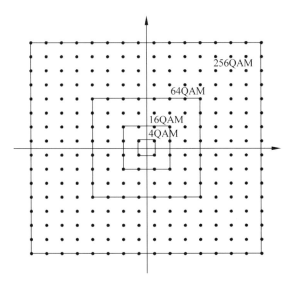

图 7-19　MQAM 信号的星座图

容限,意味着当噪声强度超过噪声容限时,接收端将发生错误判决,形成误码。显然,随着进制数 L 和 M 的增加,各信号点之间的欧氏距离也将减小,错误判决的概率越大。假设已调信号的最大振幅为 A_m,则 MQAM 信号星座图上的欧氏距离为

$$d_{\text{QAM}} = \frac{\sqrt{2} A_m}{L-1} = \frac{\sqrt{2} A_m}{\sqrt{M}-1} \tag{7-20}$$

而在 MPSK 信号的星座图中,M 个点平均分布在半径为 A_m 的同一个圆周上,其欧氏距离为

$$d_{\text{PSK}} = 2A_m \sin\left(\frac{\pi}{M}\right) \tag{7-21}$$

由此可见,当 $M=4$ 时,4PSK 和 4QAM 的星座图完全相同,因此欧氏距离也相等。当 $M=16$ 时,16QAM 的欧氏距离比 16PSK 大约 1.6dB,表明 16QAM 的抗噪声能力优于 16PSK。

由于 QAM 可以视为两路正交的 MASK 信号的叠加,因此其功率谱也是两支路信号功率谱的叠加。在调制器中,假设原始二进制代码序列的码元速率为 R_s,则 X_k 和 Y_k 基带信号的码元速率为 $R_s/(2\text{lb}L)$,因此上下两支路正交调制器和合成的 QAM 信号带宽都近似为

$$B = 2\frac{R_s}{2\text{lb}L} = \frac{R_s}{\text{lb}L}\text{Hz} \tag{7-22}$$

对于原始二进制代码序列,在 0、1 等概时,信息速率 R_b 等于码元速率 R_s,则 QAM 传输的信息频带利用率为

$$\eta_b = \frac{R_b}{B} = \frac{R_s}{R_s/\text{lb}L} = \text{lb}L\,\text{b}/(\text{s}\cdot\text{Hz}) \tag{7-23}$$

QAM 特别适合频带资源有限的场合。例如,电话信道的带宽通常限制在话音频带 300~3400Hz,通过调制解调器传输数字信号时,如果希望在此频带内获得更高的传输速率,则

QAM 是非常适合的。在 ITU-T V.29 和 V.32 建议中,都采用 16QAM 体制,以 2.4kBd 的码元速率传输 9.6kb/s 的数字信息。目前最新的调制解调器的传输速率更高,对应的星座图也复杂得多,但仍然只占据一个话路的频带范围。

7.5　正交频分复用

前面介绍的 ASK、PSK、FSK 和 MSK 等调制方式在某一时刻都只用单一的载波频率发送信号,这种将需要传输的数据流调制到单个载波上进行传送的方式称为单载波调制。对于单载波调制传输,如果信道特性不理想,就会造成信号的失真和码间干扰。因此,提出了多载波调制传输技术,典型的就是正交频分复用(Orthogonal Frequency Division Multiplexing,OFDM)。

7.5.1　OFDM 的基本思想

传统的多载波调制实际上是一种频分复用(Frequency Division Multiplexing,FDM)技术。在多载波调制传输系统中,将信道划分为若干不同频段的子信道,需要传输的高速数据信号被转换为多个并行的低速子数据流,然后将其调制到各子信道上进行传输。在接收端用同样数量的载波对发送信号进行相干接收,获得低速率信息数据后,再通过串/并变换得到原来的高速信号。

由于各子信道中传输的数据码元宽度比原始高速数据流宽得多,因此各子信道所需的带宽大为减小,从而可以有效减小码间干扰和频率选择性衰落的影响。如果各子信道中的各调制载波相互正交,则可以使载波间隔达到最小,从而提高频带利用率。这就是 OFDM 的基本思想。

OFDM 技术的应用已有近 40 年的历史,主要用于军用无线高频通信系统。早期由于系统结构过于复杂,从而限制了其推广和应用。直到 20 世纪 80 年代,采用离散傅里叶变换实现多个载波调制,简化系统结构,使 OFDM 技术更趋于实用化。

目前,OFDM 已经广泛应用于非对称数字用户环路(Asymmetric Digital Subscriber Line,ADSL)、高清晰度电视(High Definition Television,HDTV)信号传输、数字视频广播(Digital Video Broadcasting,DVB)和无线局域网(Wireless Local Area Network,WLAN)等领域。IEEE 的 5GHz 无线局域网标准 IEEE 802.11a 和 2～11GHz 标准 IEEE 802.16a 都采用 OFDM 作为物理层标准。

7.5.2　OFDM 的基本原理

根据上述基本思想,将高速的数据流转换为低速并行数据后,再将这些并行数据用正交的载波进行调制,然后按 FDM 原理进行复用,便可得到 OFDM 信号。

图 7-20 所示为 OFDM 的基本原理。原始二进制代码序列 a_k 被划分为每 N 个一组,通过串/并转换得到 N 路并行代码序列 $b_0 \sim b_{N-1}$。各路并行代码序列的码元间隔为 T_s,等于原始代码序列的 N 倍。

假设各路并行码序列的码型选用双极性不归零矩形脉冲,用 N 个子载波 $f_0 \sim f_{N-1}$ 分别对其进行 2PSK,再相加后得到 OFDM 信号为

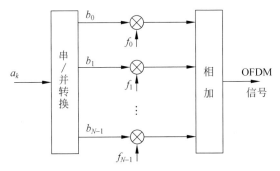

图 7-20 OFDM 的基本原理示意图

$$s(t) = \sum_{i=0}^{N-1} b_i \cos 2\pi f_i t \tag{7-24}$$

为了保证 N 个子载波相互正交，也就是在信道传输各并行码元的持续时间内载波乘积的积分为 0。根据三角函数系的正交性，可以得到各子载波之间的频率间隔为

$$\Delta f = f_n - f_{n-1} = \frac{1}{T_s}, \quad n = 1, 2, \cdots, N-1 \tag{7-25}$$

OFDM 信号由 N 个信号叠加而成，其频谱也是这 N 个信号频谱的叠加，如图 7-21 所示。每个信号的频谱都是以子载波频率为中心的 Sa 函数，相邻信号频谱之间的间隔为 $1/T_s$。如果忽略旁瓣分量，可以得到 OFDM 信号的频谱宽度近似为

$$B = (N-1)\frac{1}{T_s} + 2 \times \frac{1}{T_s} = \frac{N+1}{T_s} \tag{7-26}$$

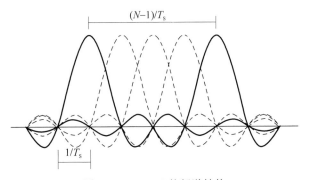

图 7-21 OFDM 的频谱结构

由于信道中每 T_s 内传送 N 个并行码元，因此码元速率为 $R_s = N/T_s$，则频带利用率为

$$\eta_s = \frac{R_s}{B} = \frac{N}{N+1} \tag{7-27}$$

由此可见，N 越大，频带利用率也越高。当 $N \gg 1$ 时，频带利用率趋近于 1，比单载波调制传输提高近一倍。

在接收端，对接收到的 OFDM 信号用频率为 f_n 的正弦波在 $[0, T_s]$ 作相关运算，即恢复各子载波上携带的二进制代码，然后通过并/串转换，得到发送的原始代码序列。

7.5.3 基于 FFT 的 OFDM 系统组成

根据上述 OFDM 基本原理,在实现时需要大量的正弦波发生器、调制器和相关解调器等设备,费用非常昂贵。随着数字技术的发展,提出了离散傅里叶变换及其快速算法实现多载波调制,从而降低了系统的复杂度和成本,使 OFDM 技术趋于实用化。

将式(7-24)改写为

$$s(t) = \text{Re}\left[\sum_{i=0}^{N-1} b_i e^{j2\pi f_i t}\right] \tag{7-28}$$

并以 $f_s = N/T_s$ 的速率进行抽样,此时抽样间隔 $T = 1/f_s = T_s/N$,则得到

$$s(kT) = s(t)\big|_{t=kT} = \text{Re}\left[\sum_{i=0}^{N-1} b_i e^{j2\pi f_i kT}\right] = \text{Re}\left[\sum_{i=0}^{N-1} b_i e^{j2\pi f_i kT_s/N}\right]$$

如果令各子载波的频率 $f_i = i/T_s$,则

$$s(kT) = \text{Re}\left[\sum_{i=0}^{N-1} b_i e^{j2\pi \frac{ik}{N}}\right] \tag{7-29}$$

其中,累加和正好表示对 N 路并行序列 b_i 的 N 点离散傅里叶反变换(Inverse Discrete Fourier Transform,IDFT)。

由此可见,对串/并变换的并行数据序列进行 N 点 IDFT,即可得到 OFDM 信号。在接收端,对接收到的 OFDM 信号取离散傅里叶变换(Discrete Fourier Transform,DFT),再取实部,即可恢复出并行数据和原始代码序列。用 IDFT 实现 OFDM 的原理框图如图 7-22 所示。

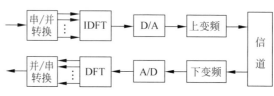

图 7-22 基于 DFT 的 OFDM 系统

在实际应用中,上述 DFT 和 IDFT 都可以用快速傅里叶变换实现,从而能够显著降低运算量。

7.6 现代数字调制的 MATLAB 仿真

本节将结合 MATLAB/Simulink 仿真,进一步体会采用多进制传输对频带利用率的改善,还将利用通信工具箱中提供的相关模块体会前面介绍的几种现代数字调制解调方式的建模和性能仿真分析。

7.6.1 多进制调制传输的频带利用率

在多进制调制传输系统中,将需要发送的二进制代码序列用多进制符号表示,再进行多进制调制。采用多进制调制可以有效地提高信息频带利用率。

例 7-5 搭建如图 7-23 所示的仿真模型,观察分析 MASK 传输的频带利用率。

图 7-23 例 7-5 仿真模型

仿真模型中,信源产生随机等概的二进制代码序列单极性 NRZ 码基带信号,码元间隔为 5ms,码元速率为 200Hz。载波频率为 1kHz,采样间隔为 0.1ms。二者相乘后得到 2ASK 信号,如图 7-24 所示。

图 7-24 2ASK 和 4ASK 信号的时间波形

模型中的 Buffer 模块为缓冲器,设置其 Output buffer size 参数为 2,则原始二进制代码序列每两位一组,送入后面的 Bit to Integer Converter 模块,将其转换为四进制基带信号。

由仿真波形中容易观察到,输出四进制基带信号的码元速率降低为原二进制基带信号的一半,即 $R_{s2}=200\text{Bd}$,$R_{s4}=100\text{Bd}$。

四进制基带信号与载波相乘,得到 4ASK 信号。假设载波仍然为频率等于 1kHz 的正弦波,则在 4ASK 信号中,与四进制基带信号各码元相对应,载波幅度有 4 种取值。

图 7-25 所示为二进制和四进制基带信号（图中虚线）及对应的 2ASK 和 4ASK 信号的功率谱图。由此可以观察到：

(1) 二进制基带信号的带宽 $B_2 = 200\text{Hz} = R_{s2}$，2ASK 信号的带宽 $B_{2M} = 400\text{Hz} = 2B_2$。

(2) 四进制基带信号的带宽 $B_4 = 100\text{Hz} = R_{s2}/2$，4ASK 信号的带宽 $B_{4M} = 200\text{Hz} = 2B_4$。

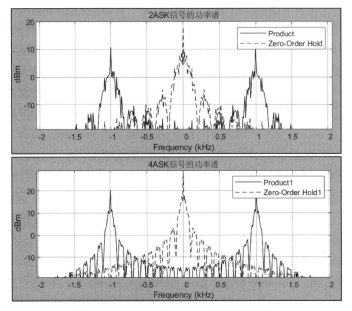

图 7-25　2ASK 和 4ASK 信号的功率谱

由于传送的是同一串二进制代码序列，因此不管采用何种进制传输，信息速率都相等，即 $R_{b2} = R_{b4} = 200\text{b/s}$，由此求得 2ASK 和 4ASK 的两种频带利用率分别为

$$\eta_{s2} = \frac{R_{s2}}{B_{2M}} = \frac{200}{400} = 0.5\text{Bd/Hz}$$

$$\eta_{b2} = \frac{R_{b2}}{B_{2M}} = \frac{200}{400} = 0.5\text{b/(s·Hz)}$$

$$\eta_{s4} = \frac{R_{s4}}{B_{4M}} = \frac{100}{200} = 0.5\text{Bd/Hz}$$

$$\eta_{b4} = \frac{R_{b4}}{B_{4M}} = \frac{200}{200} = 1\text{b/(s·Hz)}$$

由此验证了：对 M 进制传输，频带利用率提高为二进制传输的 $\text{lb}M$ 倍，即 $\eta_b = \eta_s \text{lb}M$。

7.6.2　MSK 调制过程的建模仿真

为了熟悉 MSK 调制解调的原理，这里利用 Simulink 中的基本模块，搭建 MSK 调制器的仿真模型，对 MSK 调制进行仿真分析。

例 7-6　搭建如图 7-26 所示的仿真模型，对 MSK 调制过程进行仿真分析。

该仿真模型主要包括信源、差分编码器和串/并转换、正交调制器两个子系统。其中，信源产生速率为 100Bd 的单极性 NRZ 码二进制基带信号，Logical Operator 模块实现同或运算和空号差分码编码,再转换为双极性 NRZ 码后送入串并转换子系统。

图 7-26　MSK 调制器仿真模型

(1) 串/并转换子系统。

该子系统的内部模型如图 7-27 所示。其中上下两支路中的 Downsample 模块实现下
采样,设置其 Downsample factor(下采样因子)参数为 2,上支
路中该模块的 Sample offset(采样偏移点数)参数为 1。两个模块
对输入序列差分码序列 dk 交替进行采样,得到 bk 和 ck 序列。
注意设置两个 Downsample factor 模块的 Input processing 参数
为 Elements as channels。

图 7-27　串/并转换子系统

仿真运行后,得到原始二进制代码序列 ak 以及对应的差
分编码 dk、上下两支路输出的 bk 和 ck 序列波形,如图 7-28 所示。

图 7-28　发送端各序列波形

(2) 正交调制子系统。

该子系统内部模型如图 7-29 所示,其中主要包括上下两条支路和一个加法器。

在上下两支路中,左侧两个 Sine Wave 模块分别产生角频率为 ω_0 的余弦波和正弦波。
注意,Sine Wave 模块默认输出的是初始相位为 0 的正弦波。为得到余弦波,必须设置其

Phase 参数为 pi/2。另外,由于信源输出序列的码元速率为 100Bd,$T_s=0.01s$,则这两个正弦波模块的 Frequency 参数都设为 $\omega_0=\pi/(2T_s)=\pi/(2\times0.01)=50\pi$。

图 7-29 正交调制子系统

两个正弦波模块输出的余弦波和正弦波分别与 bk 和 ck 序列相乘,得到同相信号 I 和正交信号 Q,再分别送入后面的乘法器,与高频载波相乘。为便于观察信号波形,这里设置余弦和正弦载波模块的频率为 200Hz。

图 7-30 所示为与图 7-26 中各序列对应的正交调制器输出各点信号波形。

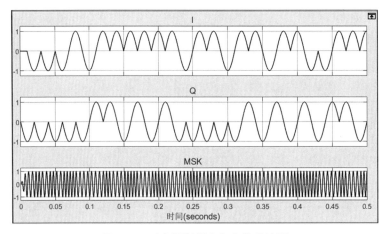

图 7-30 正交调制器中各点信号波形

7.6.3 多进制调制模块及其应用

在通信工具箱的 Modulation/Digital baseband Modulation(数字基带调制)库中,提供了很多多进制和现代数字调制解调模块,这些模块实现的都是基带调制。本节以 MQAM 为例,对这些基带数字调制模块在仿真分析中的应用及数字调制中的星座图进行简要介绍。

1. MQAM 基带调制模块

在数字基带调制的 PAM/QAM 库中,提供了 Rectangular QAM Modulator Baseband(矩形 QAM 基带调制)和 Rectangular QAM Demodulator Baseband(矩形 QAM 基带解调)模块,用于实现前面介绍的 MQAM 调制和解调。

两个模块具有相同的参数设置对话框,如图 7-31 所示,需要设置的主要参数如下。

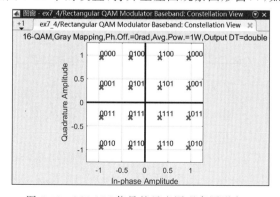

图 7-31 矩形 MQAM 调制器的参数设置对话框

（1）M-ary number：进制数 M，必须为 2^K，其中 K 为正整数。

（2）Input type：输入数据类型，可以是 Integer（整数）或 Bit（二进制组）。

如果设置该参数为 Integer，则输入必须为 $0 \sim M-1$ 的整数，一般用 Random Integer Generator 信源模块产生，并将信源模块的 Set size 参数设置 M。

如果设置该参数为 Bit，则输入必须是二进制代码序列，可以用 Bernoulli Binary Generator 或 PN Sequence Generator 信源模块产生，并设置信源模块的 Samples per frame 参数为 $K=\mathrm{lb}M$，或者将信源模块输出的二进制代码序列用 Buffer 模块进行分组，再输入 MQAM 调制器模块。

（3）Constellation ordering：星座图顺序，指定二进制码组与星座图上各星座点之间的对应关系，可以是 Binary（二进制）或 Gray（格雷码）顺序，还可以自定义。

（4）Normalization method：归一化方法，指定星座图的刻度，可以是 Min. distance between symbols（符号间最小间隔）、Average Power（平均功率）或 Peak Power（峰值功率）。

（5）Phase offset：信号星座图的旋转角度。

2. 星座图的观察

在 MQAM 模块的参数设置对话框，设置好参数，并单击对话框右下角的 Apply 按钮，再单击 View Constellation（星座图观察）按钮，即可在 MATLAB 主窗口中打开星座图观察图形窗口。例如，按照图 7-31 中的设置，打开星座图观察图形窗口，如图 7-32 所示。

图 7-32 MQAM 信号的星座图观察图形窗口

由于设置 M-ary number 参数为 16,因此得到的是 16QAM 信号的星座图。图 7-32 中共有 16 个星座点(用叉号表示),每个点对应的 4 位二进制代码,各代码组按格雷码顺序排列。

此外,在通信工具箱的 Comm Sinks 库中,还专门提供了 Constellation Diagram(星座图)模块,可以放到 Simulink 仿真模型中。该模块与示波器和频谱分析仪类似,仿真运行后可以自动打开星座图窗口,在其中显示信号的星座图,并且可以设置显示样式。

1) 星座图的属性配置

通过星座图窗口中"视图"菜单下的"配置属性"菜单命令,可以打开星座图属性配置面板。在该面板中,可以设置如下参数。

- Samples per symbol:每个符号的采样点数;
- Offset(samples):偏移量(采样点数),绘制星座图形之前需要忽略的采样点数;
- Symbols to display:需要显示的最多符号个数。

图 7-33   信号特性测量面板

2) 特性测量

通过星座图窗口中的"工具"→Measurements 菜单,可以测量信号星座图上的各种特性。该菜单下有两个菜单命令,即 Trace Selection(轨迹选择)和 Signal Quality(信号定量分析),单击后将在星座图窗口右侧显示对应的面板。其中,Trace Selection 面板用于选择需要测量的信号。Signal Quality 包括 Settings(设置)和 EVM/MER 面板,如图 7-33 所示。

这里首先解释一下什么是 EVM 和 MER。星座图中的每个星座点代表信号的一个取值,星座点在横坐标和纵坐标上的投影分别代表信号取值的同相分量 I 和正交分量 Q。没有信道噪声时的星座图称为理想星座图(参考星座图)。当存在信道噪声时,将围绕各理想星座点,出现很多随机的星座点。误差向量指的就是理想星座点(参考星座点)到实际星座点的向量。

EVM(Error Vector Magnitude)是星座图中误差向量平均幅度的归一化值,即

$$\text{EVM} = 100 \sqrt{\frac{\dfrac{1}{N}\sum_{k=1}^{N} e_k}{P}} \tag{7-30}$$

其中,N 为星座图中参考星座点的个数;e_k 为第 k 个误差向量幅度的平方,其定义为

$$e_k = (I_k - \widetilde{I}_k)^2 + (Q_k - \widetilde{Q}_k)^2 \tag{7-31}$$

其中,I_k 和 Q_k 分别为第 k 个参考星座点的同相和正交分量;$\widetilde{I}_k$ 和 $\widetilde{Q}_k$ 分别为第 k 个实际星座点的同相和正交分量。

式(7-30)中的 P 可以是参考星座图的平均功率或峰值功率,相应地,将 EVM 分别称为平均误差幅度(RMS EVM)和峰值误差幅度(Peak EVM),都是归一化值的百分比形式,也可以用分贝值表示。

MER(Modulation Error Ratio)是调制差错率,指的是传输信号与误差向量的平均功率之比,也就是已调信号的信噪比,其定义为

$$MER = 10\lg\left[\frac{\sum_{k=1}^{N}(I_k^2 + Q_k^2)}{\sum_{k=1}^{N}e_k}\right] \text{dB} \qquad (7\text{-}32)$$

在信号定量分析的设置面板中,可以选择和设置以下参数。

- Measurement interval:测量间隔,测量 EVM 和 MER 所需的输入点数;
- EVM normalization:EVM 归一化方法,可以是 Average constellation power(平均功率)或 Peak constellation power(峰值功率);
- Reference constellation:参考星座图,可以是 QPSK、BPSK、8PSK、16QAM、64QAM 或 256QAM 信号的星座图;
- Average reference power、Average reference power:参考星座图的平均功率、峰值功率;
- Reference phase offset:参考星座图的相位偏移。

例 7-7 搭建如图 7-34 所示的仿真模型,实现 MQAM 信号星座图的绘制和信号特性测量。

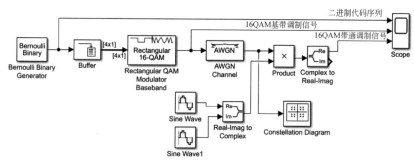

图 7-34 例 7-7 仿真模型

仿真模型中,信源模块以 100Bd 的速率产生随机的二进制代码序列,设置其 Samples per frame 参数为 1。设置 Buffer 模块的 Output buffer sizes 参数为 4,则将输入的二进制代码序列每 4 位一组送入 QAM 调制器模块。

调制器模块的参数按照图 7-31 进行设置,从而实现 16QAM 调制。输出的 16QAM 信号通过信道模块叠加噪声后送入星座图模块。

模型中还用两个正弦波和乘法器等模块,对信道输出 16QAM 基带调制信号进行上变频,从而得到 16QAM 带通调制信号。设置两个 Sine Wave 模块分别输出频率为 50Hz 的余弦波和正弦波,Sample time 参数设为 1ms。

设置信道模块的 SNR 足够大,仿真运行后,得到各信号的时间波形如图 7-35 所示。由此可见,16QAM 带通调制信号中,载波有 3 种不同的幅度。对波形适当放大后,可以读出已调信号中载波的具体幅度和相位,并由图 7-32 所示的星座图进行验证。

图 7-35　各点信号时间波形

　　设置信道模块的 SNR 为 20dB,仿真运行时间足够长。运行结束后,由星座图模块窗口显示的星座图如图 7-36 所示。注意通过窗口的菜单命令在右侧显示出测量面板。由菜单面板读出此时的平均 EVM 和峰值 EVM 分别为 -8.6dB 和 -2.6dB,而平均 MVR 为 8.8dB。

图 7-36　16QAM 信号的星座图

课程思政阅读材料

电信融合与三网合一

　　进入 21 世纪以来,通信技术、计算机技术和视像技术相互高度渗透、相互兼容、相互融合。传统通信行业界限显得越来越模糊,极大地扩展了网络新业务服务范围,并产生新的协调机制,在国际上出现了新闻媒体与电信网络融合的潮流。

　　电视、广播、互联网上的新闻信息通过电信基础设施网络广泛传递,新闻传播呈现立体化、多元化状态。电信网与媒体网络融合之历程,正如著名电信学者申江婴所论证:融合、跨界背后的深层次原因是技术在融合、产品在融合。融合跨界背后最大的驱动力是满足人类迈向通信终极梦想的需求。在人类最高的通信梦想指引下,电信网、互联网两股不同的发展力量汇集到一起,形成一股新的洪流。

　　20 世纪 90 年代,IP 电话和新通信科技产品诞生后,中国电信业垄断经营局面开始出现裂变。2001年3月15日通过的十五计划纲要首次将"三网融合"这一重大技术动向写入国家发展计划,"三网融合"上升至国家战略地位。

随着虚拟运营商与国家基础通信网的整合与发展,中国通信业的互联网、移动互联网与虚拟运营商、互联网企业的崛起,中国电信业垄断经营已被电信市场化运营所取代。

2014年5月9日,工业和信息化部、国家发展和改革委员会联合发布了《关于电信业务资费实行市场调节价的通告》,放开所有电信业务资费,取消电信资费审批,所有电信资费将执行市场化调节。这意味着电信资费将完全市场化,垄断已不复存在。而网络建设也将由混合制经济组建的铁塔公司统一建设。历经10多年的网络建设,在市场经济公开竞争的环境下,互联网、广播电视网、电信网已融合为一体,一个三网合一的"你中有我,我中有你"的信息美景呈现在广大用户的手机、计算机中,演绎着美好的信息沟通画面。

习题 7

7-1 将二进制代码序列 01110001101000 转换为四进制基带信号,已知信息速率为 2kb/s,载波频率为 2kHz,幅度为 1V。

(1) 画出四进制基带信号的时间波形,已知基带信号的最大幅度为 3V;

(2) 将上述基带信号进行 4ASK 调制,画出已调信号时间波形。

7-2 已知代码序列 1011010011,对其进行 QPSK,载波频率为 1kHz,码元速率为 1kBd,采用 $\pi/2$ 调制体系。

(1) 画出 QPSK 信号的时间波形;

(2) 画出星座图。

7-3 已知信息速率为 4.8kb/s,采用 8PSK 调制传输。

(1) 求所需的传输带宽;

(2) 若传输带宽不变,要求将传输速率提高一倍,调制方式该如何改变?

(3) 若调制方式不变,传输速率提高一倍后,为达到相同的误比特率,发送功率该如何改变?

7-4 简要说明 MSK 信号与 2FSK 信号的异同。

7-5 已知码元速率为 1kBd,在 MSK 中,1 码和 0 码对应的载波频率分别为 f_1 和 f_0。已知 $f_1 = 2.5\text{kHz}$。

(1) 求 f_0;

(2) 画出代码序列 10100 对应的 MSK 信号波形。

7-6 已知二进制数字序列的码元速率为 $R_s = 16\text{kb/s}$,采用 MSK,如果中心频率为 $f_c = 20\text{kHz}$,求:

(1) 两个载波频率 f_1 和 f_2;

(2) 调频指数 h;

(3) 带宽 B 和信息频带利用率 η_b。

7-7 简要说明什么是多载波调制以及 OFDM 的基本原理。

实践练习 7

7-1 利用 Simulink 基本模块搭建仿真模型,实现 $\pi/2$ 调制体系 QPSK 调制解调的仿真和性能分析。

7-2 利用 MSK Modulator Baseband 和 M-FSK Modulator Baseband 模块分别产生 MSK 信号和调频指数为 0.5、相位不连续的 2FSK 信号,观察和比较其功率谱的异同(带宽、旁瓣分量的功率等)。

第8章

物联网通信技术简介

物联网是融合传感器、通信、嵌入式系统、网络等多个技术领域的新兴产业,是继计算机、互联网和移动通信之后信息产业的又一次革命性发展。物联网旨在达成设备间的相互联通,实现局域网范围内的物品智能化识别和管理,其中,通信技术是物联网系统中的核心和关键技术。物联网中所采用的通信技术以承载数据为主,是当今计算机领域发展最快、应用最广和最前沿的通信技术。

本章将对物联网中常用的通信技术进行简要介绍,以帮助读者了解本课程所学知识的应用,明确进一步学习的方向。

8.1 物联网通信技术概述

物联网是新一代信息技术的重要组成部分,也是"信息化"时代的重要发展阶段,其英文名称是 Internet of Things(IoT)。顾名思义,物联网就是物物相连的互联网。

物联网通信是继计算机、互联网与移动通信网之后世界信息产业的第 3 次浪潮。目前世界上有多个国家斥巨资深入研究探索物联网通信,中国与德国、美国、英国等国家一起,成为国际标准制定的主导国。

国际电信联盟(International Telecommunication Union,ITU)报告提出,物联网通信的关键性应用技术包括射频识别(Radio Frequency Identification,RFID)、传感器、智能技术(如智能家庭和智能汽车)等;另外,物联网的技术还包括嵌入式系统、无线传感器网络、遥感、人工智能和 4G/5G 通信等。

8.1.1 物联网通信的产生和发展

物联网的概念最早于 1999 年提出,定义为物与物之间的互联,即把所有物品通过射频识别和条码等信息传感设备与网络连接起来,实现智能化识别和管理。通过把短距离的移动收发器嵌入各种器件和日常用品之中,物联网将创建出全新形式的通信。

2005 年 11 月 17 日,在突尼斯举行的信息社会世界峰会上,国际电信联盟发布《ITU 互联网报告 2005:物联网》,引用了"物联网"的概念。国际电信联盟政策与战略研究部主任劳拉·斯里瓦斯塔瓦说:"我们现在站在一个新的通信时代的入口处,在这个时代,我们所知道的因特网将会发生根本性的变化。因特网是人们之间通信的一种前所未有的手段,现在因特网又能把人与所有的物体连接起来,还能把物体与物体连接起来。"

在中国,物联网开始向"感知中国"迈进,物联网的概念已经是一个"中国制造"的概念,其覆盖范围与时俱进。

8.1.2 物联网体系结构和通信系统

物联网通信作为一种新兴的信息技术,是在现有的信息技术、通信技术、自动化控制技术等基础上的融合与创新。而相关通信技术的不断更新,使物联网真正能够继计算机、互联网而成为新的信息技术革命,打破之前的传统思维。

1. 物联网体系结构

物联网是一个庞大、复杂和综合的信息集成系统,尽管在智能工业、智能交通、环境保护、公共管理、智能家庭、医疗保健等经济和社会各个领域的应用特点千差万别,但是每个应用的基本架构都包括感知层、网络层和应用层3个层次,如图8-1所示。

图 8-1 物联网体系结构

1) 感知层

感知层解决的是人类世界和物理世界的数据获取问题,由各种传感器和传感器网关构成。该层被认为是物联网的核心层,主要是实现物品标识和信息的智能采集,由基本的感应器件(如 RFID 标签和读写器、各类传感器和摄像头等基本标识和传感器件)以及由感应器组成的网络(如 RFID 网络和传感器网络等)两大部分组成。该层的核心技术包括射频技术、新兴传感技术、无线网络组网技术和现场总线等,涉及的核心产品包括传感器、电子标签、传感器节点、无线路由器和无线网关等。

2) 网络层

网络层将来自感知层的信息通过各种承载网络传送到应用层,承载网络可以是现有的各种公用和专用通信网络,目前主要有移动通信网、固定通信网、互联网等。

3) 应用层

应用层也称为处理层,解决的是信息处理和人机界面的问题。网络层传输来的数据在这一层中进入各类信息系统进行处理,并通过各种设备与人进行交互。应用层由业务支撑平台、网络管理平台、信息处理平台、信息安全平台和服务支撑平台等组成,完成协同管理、计算存储、分析挖掘和提供面向行业和大众用户的服务等功能。该层中采用的典型技术包括中间件技术、虚拟技术、高可信技术、云计算服务模式等。

2. 物联网通信系统

物联网通信系统主要包括感知层通信和网络层的核心承载网通信两方面,其中,感知层采用的通信技术主要是短距离通信技术。核心承载网主要包括感知层网络与传输网络之间的互联通信技术和电信传输网络自身的通信技术。

1) 感知层通信技术

感知层通信的目的是将各种传感设备所感应的信息在较短的通信距离内传送到信息汇聚系统,并由该系统传送到网络层。该层通信的特点是传输距离近,传输方式灵活多样。

常见的感知控制层传输通信技术有 RFID、蓝牙、ZigBee 和 Wi-Fi 技术等。RFID 是一种非接触式的自动识别技术。蓝牙技术是一种支持设备短距离通信的无线电技术,能在移动电话、PDA、无线耳机、笔记本电脑、相关外设等众多设备之间进行无线信息交换。ZigBee 技术采用直接序列扩频(Direct Sequence Spread Spectrum,DSSS)技术调制发射,是基于 IEEE 802.15.4 标准的低功耗局域网协议,是一种近距离、低复杂度、低功耗、低速率、低成本的双向无线通信技术。Wi-Fi 是一种短程无线传输技术,最高带宽为 11Mb/s,在信号较弱或有干扰的情况下,带宽可调整为 5Mb/s、2Mb/s 和 1Mb/s。

2) 网络层通信技术

网络层通信是由数据通信主机、网络交换机和路由器等构成的,在数据传送网络支撑下的计算机通信系统。网络层通信系统支持计算机通信系统的数据传送网,可由公众固定网、公众移动通信网、公众数据网和其他专用传送网构成,主要采用的通信技术有长距离(Long Range,LoRa)、窄带物联网(Narrow Band Internet of Things,NB-IoT)和长期演进(Long Term Evolution,LTE)等。

在上述各种网络层通信技术中,LoRa 是一种基于 1GHz 技术的无线传感器网络,传输距离远,易于建设和部署,功耗和成本低,适合进行大范围数据采集;NB-IoT 构建于蜂窝网络,可直接部署于 GSM、UMTS 或 LTE 网络,覆盖范围广、功耗极低,由运营商提供连接服务;LTE 采用 FDD 和 TFF 技术,其特点是传输速度快、容量大、覆盖范围广、移动性好,有一定的空间定位功能。

限于篇幅,本章主要介绍几种常用的感知层通信技术。

8.2　RFID 技术

射频识别(RFID)技术是一种利用射频信号在空间耦合实现无接触的信息传输,并通过所传输的信息自动识别目标对象的技术。RFID 系统通常由电子标签(RFID 标签)和阅读器组成。阅读器又称为读写器,可非接触地读取并识别电子标签中所保存的电子数据,从而达到自动识别物体的目的。

RFID 是物联网的基础,RFID 系统如同物联网的触角,使自动识别物联网中的每个物体成为可能。RFID 是一种非接触式的自动识别技术,识别目标过程中无须人工干预,可工作于各种恶劣环境,可识别高速运动物体并同时识别多个标签,操作快捷方便。

8.2.1　RFID 系统的组成

典型的 RFID 系统包括硬件部分和软件部分。其中,硬件部分由电子标签和阅读器(读写器)组成,软件部分由中间件和应用软件组成,如图 8-2 所示。

图 8-2　RFID 系统的组成

1. 电子标签

电子标签是指由 IC 芯片和无线通信天线组成的超微型芯片,其内置的射频天线用于和读写器进行通信。电子标签也是 RFID 系统的数据载体。

电子标签芯片的内部结构主要包括射频接口、存储单元和逻辑控制单元,如图 8-3 所示。其中,射频接口主要包括调制器、解调器和电压调节器。

图 8-3　电子标签内部结构

电子标签内各模块的功能如下。

(1) 天线:用来接收由阅读器发送来的信号,并把要求的数据回送给阅读器。

(2) 电压调节器:把由阅读器送来的射频信号转换为直流电源,由大电容储存,经稳压电路以提供稳定的电源。

(3) 调制器:逻辑控制电路送出的数据经调制电路调制后加载到天线发送给阅读器。

(4) 解调器:去除载波以取出真正的调制信号。

(5) 逻辑控制单元:用于解码阅读器送来的信号,并依其要求回送数据给阅读器。

(6) 存储单元:包括 EEPROM 和 ROM,作为系统运行及存放识别数据的位置。

根据工作模式,电子标签可以分为主动式和被动式。主动式电子标签依靠自身的能量主动向 RFID 读写器发送数据;被动式电子标签从 RFID 读写器发送的电磁波中获取能量,激活后才能向 RFID 读写器发送数据。

根据工作频率的不同,电子标签可以分为低频、中高频、超高频和微博电子标签等。其中,低频电子标签工作频率为$30\sim300$kHz,典型工作频率为125kHz和133kHz;中频电子标签工作频率为$3\sim30$MHz,典型工作频率为13.56MHz,采用电感耦合方式工作;超高频与微波频段的电子标签简称为微波电子标签,典型工作频率为$860\sim960$MHz、2.45GHz和5.8GHz。

2. 读写器

读写器主要完成与电子标签和计算机之间的通信,对读写器与电子标签之间传送的数据进行编码、解码、加密和解密等,是RFID系统信息控制和处理中心。

读写器内部主要包括射频模块和数字信号处理单元两部分。读写器的频率决定了RFID系统工作的频段,其功率决定了RFID的有效距离。

RFID读写器内部结构如图8-4所示。RFID标签返回的微弱电磁信号通过天线进入读写器的射频模块中转换为数字信号,再经过读写器的数字信号处理单元对其进行必要的加工整形,最后从中解调出返回的信息,完成对RFID标签的识别或读/写操作。

图 8-4　RFID读写器内部结构

1)射频接口

射频接口有两个分隔的信号通道,分别用于电子标签和读写器两个方向的数据传输。射频接口模块的主要功能:产生高频发射能量,激活电子标签并为其提供能量;对发射信号进行调制,将数据传输给电子标签;接收并调制来自电子标签的射频信号。

2)逻辑控制单元

逻辑控制单元也称为读写模块,主要功能:与应用系统软件进行通信,并执行从应用系统软件发来的指令;控制读写器与电子标签的通信过程;信号的编码与解码;对读写器和电子标签之间传输的数据进行加密和解密;执行防碰撞算法;对读写器和电子标签的身份进行验证。

3)读写器天线

在RFID系统中,读写器必须通过天线来发射能量,形成电磁场,通过电磁场对电子标签进行识别。读写器上的天线所形成的电磁场范围就是读写器的可读区域。

3. 中间件

RFID中间件是RFID读写器和应用系统之间的中介,是实现RFID硬件设备与应用系统之间数据传输、过滤、数据格式转换的一种中间程序。

使用RFID中间件主要有3个目的:隔离应用层与设备接口;处理读写器与传感器捕

获的原始数据；提供应用层接口用于管理读写器、查询 RFID 观测数据。

大多数 RFID 中间件由以下 3 部分组成。

（1）读写器适配器程序，提供一种抽象的应用接口，消除不同读写器与 API 之间的差别。

（2）事件管理器，用于过滤事件。过滤有两种类型：一是基于读写器的过滤；二是基于标签和数据的过滤。提供这种事件过滤的组件就是事件管理器。

（3）应用程序接口，提供一个基于标准的服务接口。这是一个面向服务的接口，即应用程序层接口，它为 RFID 数据的收集提供应用程序层语义。

8.2.2 RFID 系统的工作原理

从工作原理的角度看，RFID 系统可以认为都由信号发射机、信号接收机、发射接收天线组成，其基本原理是利用射频信号的空间耦合（电磁感应或电磁传播）传输特性，实现对静止的、移动的待识别物品的自动识别，如图 8-5 所示。

图 8-5　RFID 系统的工作原理

读写器通过发射天线发送特定频率的射频信号，进入读写器有效工作区域的电子标签接收到该射频信号，利用射频信号的空间耦合（电磁感应或电磁传播）在其内部产生感应电流。

电子标签获得能量被激活，从而驱动无源电子标签电路将存储在芯片中的信息进行调制后，通过内置射频天线发送出去。有源电子标签则主动发送某个频率的调制信号。

读写器的接收天线接收到从电子标签发送过来的调制信号，经天线调节器传送到信号处理模块进行解调和解码，然后将经解调和解码后的有效信号送至后台信息处理系统，随后由相关的应用程序对接收到的信息进行处理。

信息处理系统根据逻辑运算识别该电子标签的身份，针对不同的设定做出相应的处理和控制，最终发出指令信号控制读写器完成不同的读写操作。

1. 电磁耦合与能量传输

RFID 技术利用无线射频方式，标签与读写器之间通过耦合元件实现射频信号的非接触的空间耦合。在耦合通道内，根据时序关系，实现能量的传递和数据的交换。在读写器和标签之间进行非接触双向数据传输，以达到目标识别和数据交换的目的。

根据读写器与标签之间的通信和能量感应的方式，耦合方式可以分为电感耦合和电磁反向散射耦合两种。电感耦合方式一般适合中低频工作的近距离 RFID 系统，典型的工作频率为 125kHz、225kHz 和 13.56MHz，识别作用距离小于 1m，典型作用距离为 10～20cm。

电磁反向散射耦合方式一般适合超高频、微波工作的远距离 RFID 系统,典型的工作频率为433MHz、915MHz、2.45GHz 和 5.8GHz,识别作用距离大于 1m,典型作用距离为 3～10m。

2. 数据传输原理

电感耦合式系统中的数据传输方式是负载调制方式,其原理就是通过控制电子标签天线上负载的通断改变读写器天线的电压,从而实现对天线电压的幅度调制,如图 8-6(a)所示。实际工作中,利用数据控制电子标签负载的通断,那么这些数据信息就能够从电子标签一端传输到读写器。

电磁反向散射耦合式 RFID 系统是以雷达技术为 RFID 的反向散射耦合方式,其数据原理如图 8-6(b)所示。雷达天线发射到空间中的电磁波会碰到不同的目标,到达目标以后,一部分低频电磁波能量将被目标吸收,另一部分高频能量将以不同强度散射到各个方向。其中,反射回发射天线(发射天线也是接收天线)的部分称为回波,回波中带有目标信息,可供雷达设备获知目标的距离和方位等。

(a) 电感耦合式系统

(b) 电磁反向散射耦合式RFID系统

图 8-6　数据传输原理示意图

从读写器到电子标签方向的数据传输过程中,所有已知的数字调制方式都可以采用,而且与工作频率和耦合方式无关。为了简化电子标签的设计和降低成本,大多采用 ASK 调制方式。传输的数据一般需要进行编码,以便对传输的数据进行加密。常用的数据编码方式有反向非归零码、数字双相码、差分双相编码、密勒码、单极性归零码、差分编码等方式。

8.2.3　RFID 的典型应用

RFID 技术是物联网关键技术之一,RFID 技术应用是物联网的主要应用领域,广泛应用于工业自动化、商业自动化、交通运输控制管理等众多领域,如物流过程中物流追踪、信息自动采集、仓储应用、港口应用、快递,商品的销售数据实时统计、补货、防盗,生产数据的实时监控、质量追踪、自动化生产等。

低频电子标签一般为无源电子标签,其工作能量通过电感耦合方式从读写器耦合线圈的辐射近场中获得。低频电子标签与读写器之间传送数据时,低频电子标签需要位于读写器天线辐射的近场区内。低频电子标签的阅读距离一般情况下小于 1m。低频电子标签的典型应用有动物识别、容器识别、工具识别、电子闭锁防盗(带有内置应答器的汽车钥匙)等。

中高频段电子标签的工作原理与低频电子标签完全相同,即采用电感耦合方式工作,所以宜将其归为低频电子标签类。另外,根据无线电频率的一般划分,其工作频段又称为高频,所以也常将其称为高频电子标签。为了便于叙述,将其称为中频电子标签。

超高频与微波频段的 RFID 电子标签简称为微波电子标签,其典型工作频率为 433.92MHz、862(902)~928MHz、2.45GHz、5.8GHz。超高频电子标签主要用于铁路车辆自动识别、集装箱识别,还可用于公路车辆识别和自动收费系统中。

8.3　ZigBee 技术

ZigBee 是一种近距离、低复杂度、低功耗、低速率、低成本的双向无线通信技术。ZigBee 技术主要用于距离短、功耗低且传输速率不高的各种电子设备之间进行数据传输以及典型的周期性数据、间歇性数据和低反应时间数据的传输应用。目前全球 ZigBee 联盟拥有成员超过 400 家,其中深圳华为、南京物联、中国电子工业标准化研究所等都是 ZigBee 联盟中比较知名的会员企业。

8.3.1　ZigBee 技术的特点及应用

简单而言,ZigBee 是一种无线自组网技术标准,ZigBee 技术有自己的无线电标准,在数千个微小的传感器之间相互协调实现网络通信。这些传感器只需要很低的功耗,以接力的方式通过无线电波将数据从一个传感器传到另一个传感器,因此通信效率非常高。

与同类通信技术相比,ZigBee 技术具有以下特点。

(1) 数据传输速率低。ZigBee 网络的数据传输速率为 20~250kb/s。例如,在频率为 2.4GHz、915MHz 和 868MHz 的波段,传输速率分别为 250kb/s、40kb/s 和 20kb/s。

(2) 网络容量大。ZigBee 网络中一个主节点最多可管理 254 个子节点,同时主节点还可由上一层网络节点管理,最多可组成 65000 个节点的大网络。

(3) 功耗低。由于 ZigBee 的传输速率低,其发射功率仅为 1mW,而且又采用了休眠模式使其具有较低功耗,因此 ZigBee 设备非常省电。

(4) 安全可靠。ZigBee 网络提供了数据包完整性检查功能,并采用了 AES-128 加密算法和碰撞避免策略。此外,ZigBee 技术还采用了完全确认的数据传输模式,每个发送的数据包都必须等待接收方的确认信息,如果传输过程中出现问题可以进行重发。

(5) 网络速度快,时延短。ZigBee 网络的通信时延以及从休眠状态激活的时延都非常短,典型的搜索设备时延为 30ms,休眠激活的时延是 15ms,活动设备信道接入的时延为 15ms。因此,ZigBee 技术适用于对时延要求苛刻的无线控制应用。

ZigBee 技术适合于承载数据流量较小的业务,能为低能耗的简单设备提供有效覆盖范围为数十米的低速连接。若需组建的网络中设备成本很低,传输的数据量小,或者网络中不方便放置较大的电源模块,或者网络中只能使用一次性电池,则可以考虑使用 ZigBee 技术。

8.3.2　ZigBee 协议

ZigBee 协议是基于标准的开放式系统互连(Open System Interconnection,OSI)参考模型设计,共包括物理层(PHY)、数据链路层、网络层(NWK)和应用层(APL)这 4 个层次,各层以栈的形式表示其相互关系,通常称为协议栈。图 8-7 所示为 ZigBee 协议栈的层次结构模型,其中物理层和数据链路层由 IEEE 802.15.4 标准定义,网络层和应用层标准由 ZigBee 联盟制定。

图 8-7　ZigBee 协议栈的层次结构

1. 物理层

物理层通过射频固件和射频硬件提供了一个从 MAC 层到物理层无线信道的接口,其任务是通过无线信道进行安全、有效的数据通信,为 MAC 层提供服务,对数字信号进行编码并调制到高频载波上辐射出去。

图 8-8 所示为物理层的频段及信道规定。IEEE 802.15.4 标准中定义了两个信道,分别是 868/915MHz 和 2.4GHz。

2. 数据链路层

IEEE 802 系列标准将数据链路层分为逻辑链路控制(Logical Link Control,LLC)子层和 MAC 子层。LLC 子层在 IEEE 802.6 标准中定义,为 802 标准系列所共用,实现数据包的分段、重组,并确保数据包按顺序传输。MAC 子层协议依赖于各自的物理层,为两个 ZigBee 设备的 MAC 层实体之间提供可靠的数据链路。

图 8-8   ZigBee 物理层的频段及信道

3. 网络层

网络层的主要功能是生成网络协议数据单元、指定拓扑传输路由、网络发现和网络形成、设备连接允许、路由器初始化和设备同网络的连接等。

网络层是 ZigBee 协议栈的核心部分。为实现与应用层的通信,网络层定义了网络层数据实体和网络管理实体。网络层数据实体通过服务接入点提供数据传输服务,网络管理实体则通过服务接入点提供网络管理服务,并完成对网络信息库的维护和管理。

4. 应用层

应用层由应用支持子层、厂商定义的应用对象和 ZigBee 设备对象 3 部分构成,除了为网络层提供必要的服务接口和函数外,还允许用户自定义应用对象。

ZigBee 协议栈由各层定义的协议组成,以函数库的形式实现,为编程人员提供应用层应用程序接口(Application Programming Interface,API)。ZigBee 协议栈的具体实现有很多版本,其中 TI 公司的 Z-Stack 协议栈已经成为 ZigBee 联盟认可并推广的指定软件规范,全球众多 ZigBee 开发商都广泛采用该协议栈。Z-Stack 协议栈属于半开源,程序代码以库的形式体现,在实际应用中底层驱动的程序基本不需修改,只需要调用 API 函数即可。

8.3.3   ZigBee 网络的拓扑结构

ZigBee 技术具有强大的组网能力,基于 ZigBee 技术的无线传感器网络适用于网点多、体积小、数据量小、传输可靠、低功耗等场合。ZigBee 网络可以是星形、树形和网状网络,具体由 ZigBee 协议栈的网络层来管理。

1. 设备类型

ZigBee 网络中包括两种无线设备,即全功能设备(Full-Function Device,FFD)和精简设备(Reduced-Function Device,RFD)。

FFD 具备控制器的功能,可设置网络。FFD 可以与 FFD 和 RFD 通信,而 RFD 只能和 FFD 通信,RFD 之间需要通信时只能通过 FFD 转发。FFD 不仅可以发送和接收数据,还具备路由器的功能。

RFD 的应用相对简单,如在无线传感器网络中,只负责将采集的数据信息发送给协调器,并不具备数据转发、路由发现和路由维护等功能,采用极少的存储容量就可实现。因此,相对于 FFD,RFD 具有较低的成本。

2. 节点类型

在网络配置上,ZigBee 网络中有 3 种类型的节点,分别是 ZigBee 协调器节点、ZigBee 路由器节点和 ZigBee 终端节点。

1) ZigBee 协调器节点

ZigBee 协调器节点也称作 PAN 协调器节点,在无线传感器网络中可以作为汇聚节点。协调器节点必须是 FFD,而且在一个 ZigBee 网络中只能有一个 ZigBee 协调器节点。

相对于网络中的其他节点,协调器节点功能更强大,是整个网络的主控节点,主要负责发起建立新的网络,设定网络参数,管理网络中的节点以及存储网络中的节点信息等。网络建立后也可以执行路由器的功能。

2) ZigBee 路由器节点

ZigBee 路由器节点也必须是 FFD,可以参与路由发现、消息转发、通过连接其他节点扩展网络的覆盖范围等。此外,ZigBee 路由器节点还可以在操作空间中充当普通协调器节点。

3) ZigBee 终端节点

ZigBee 终端节点可以是 FFD 或 RFD,通过 ZigBee 协调器节点或 ZigBee 路由器节点连接到网络,不允许其他任何节点通过终端节点加入网络。ZigBee 终端节点能够以非常低的功率运行。

3. ZigBee 网络的拓扑结构

ZigBee 网络层主要支持 3 种拓扑结构,即星形结构、树形结构和网状结构,如图 8-9 所示。

1) 星形结构

星形结构是一种最简单的拓扑形式,其中包含一个协调器节点和一系列的终端节点。协调器位于网络的中心,负责建立和维护整个网络。其他节点一般为 RFD,也可以为 FFD,分布在协调器节点的覆盖范围内,直接与协调器节点进行通信。

2) 树形结构

树形拓扑结构由星形网络连接而成,通过多个星形网络的连接以扩大网络的覆盖范围。树形网络中枝干末端的叶子节点一般为 RFD,协调器节点和路由器节点可包含子节点,而终端设备不能有子节点。

3) 网状结构

网状结构是 3 种拓扑结构中最复杂的一种,这种网络一般由若干 FFD 连接在一起组成骨干网,网络中的节点都具有路由功能,且采用点对点的连接方式。网络中的节点可以和网络覆盖范围内的邻居节点直接通信,而且可以通过中间节点的转发,经由多条路径将数据发送给覆盖范围外的节点。

图 8-9 所示为基于 ZigBee 技术的智能电源监控系统中采用的两种拓扑结构。在图 8-9(a) 所示的星形结构中,包括若干终端节点、一个协调器节点和一个上位机 PC。其中,协调器节点实现组件网络和串口通信等功能,一方面通过串口与上位机通信,将终端设备的数据发送给上位机;另一方面接收上位机下达的采样、标定和关闭电源等命令,并发送给对应的终端节点。终端节点负责采集电源设备的电压数据,发送给协调器节点,同时还接收协调器节

点的控制命令并进行相应处理。

图 8-9(b)所示为网状结构。与星形结构不同的是,系统中除了一个协调器节点、多个终端设备和上位机 PC 以外,还增加了若干路由器节点。路由器节点的主要任务是数据中转,确保协调器节点与终端节点之间数据的正确交换,增加 ZigBee 网络的覆盖范围。

图 8-9   基于 ZigBee 技术的智能电源监控系统拓扑结构

终端节点通过采集/保护模块采样电源设备的电压数据,通过路由器节点发送给协调器节点,同时还要接收协调器的控制命令并作相应处理。上位机实现对监控设备状态信息的管理,包括系统配置、实时状态显示、节点控制、数据处理和数据查询等功能。

8.4   蓝牙通信技术

蓝牙(Bluetooth)作为一种短距离无线通信技术,具有低成本、低功耗、组网简单和适于语音通信等优点。最初设计的主要目的是取代设备之间通信的有线连接,以便实现移动终端与移动终端、移动终端与固定终端之间的通信设备以无线方式连接起来。

蓝牙技术从诞生发展至今,已经经历了从 v1.0 到 v5.0 的 5 代版本。2016 年,蓝牙特殊利益集团(Special Interest Group,SIG)在原有基础上进一步改善并推出了蓝牙标准

v5.0。该版本主要集中在以蓝牙低功耗为首的物联网布局,包括使蓝牙低功耗的传输距离提高 4 倍,传输速率提升至 2Mb/s。

8.4.1 蓝牙协议

与 ZigBee 一样,蓝牙协议采用分层结构,遵循 DSI 模型。蓝牙协议栈将蓝牙规范分为两部分,即硬件实现和软件实现,软件实现又包括中间协议层和高端应用层。在具体应用中,硬件实现和软件实现是分别设计的,两者的执行过程也是分离的,这使二者的生产厂家都可以得到最大程度的产品互补,降低软硬件开发之间的相互影响。

按照逻辑功能,蓝牙协议栈又可以分为底层硬件模块、中间协议和高端应用协议 3 部分。底层硬件模块是蓝牙技术的核心,从底层到上层主要由蓝牙主机控制器接口、链路管理协议、基带和蓝牙天线收发器等组成。任何具有蓝牙功能的设备都必须包含底层硬件模块。中间协议层在蓝牙逻辑链路上工作,为高层应用协议或程序提供必要的支持,为上层应用提供各种不同的标准接口。高端应用层位于蓝牙协议栈的最上部分,是由选用协议层组成的。该层是指那些位于蓝牙协议堆栈之上的应用软件和其中所涉及的协议,即蓝牙应用程序,由开发上层各种通信(如拨号上网和语音通信等)驱动。

1. 底层硬件模块

底层硬件模块传输协议的作用是使蓝牙设备间能够相互确认对方的位置,并建立和管理蓝牙设备间的物理链路和逻辑链路。这部分传输协议可以再划分为高层和低层两部分。

高层传输协议由逻辑链路控制与适配协议和主机控制器接口组成。这部分高层应用程序能将跳频序列选择等低层传输操作屏蔽,也能为高层应用传输提供更加有效、利于实现的数据分组格式。

低层传输协议主要围绕蓝牙设备的物理和逻辑链路中语音以及数据无线传输的物理实现等方面,具体包括射频部分、基带及链路控制器和链路管理协议。

图 8-10 所示为单芯片蓝牙硬件模块中的低层传输协议,其中主要包括微处理器、蓝牙无线收发器、蓝牙基带、静态随机存取存储器(Static Random Access Memory,SRAM)、闪存、通用异步收发器、通用串行接口及蓝牙测试模块等。

图 8-10 单芯片蓝牙硬件模块中的低层传输协议

1) 蓝牙无线收发器

蓝牙无线收发器是蓝牙设备的核心,由锁相环、发送模块和接收模块等组成。蓝牙无线收发器是蓝牙通信的空中接口,采用通断键控技术实现二进制代码序列的调制传输。发送部分包含一个倍频器,通过自适应跳频并且工作在无须授权的 2.4GHz 的 ISM 波段实现数据信息的过滤和传输。为减少其他设备的干扰,我国规定蓝牙设备的工作频率为 2.402~2.483GHz。

无线收发器的主要功能是调制/解调、帧定时恢复和跳频,同时实现发送和接收操作。蓝牙协议中规定了无线收发器中所采用的蓝牙射频频段、跳频频率、发射功率、调制方式、接收机灵敏度等参数。

蓝牙无线收发器的基本组成如图 8-11 所示。其中,发送端主要由时钟、伪随机码产生器、频率合成器和调制器组成,实现载波的产生和调制、功率控制及自动增益控制(Automatic Generation Control,AGC);接收端包括时钟、伪随机码产生器、频率合成器、混频器、中频放大器和解调器等,实现频率调谐和信号强度控制等功能。

图 8-11　蓝牙无线收发器的基本组成

2)蓝牙基带

蓝牙基带是蓝牙硬件中的关键模块。在发送数据时,将来自高层协议的数据进行信道编码,向下传给蓝牙无线收发器进行发送。在接收数据时,蓝牙无线收发器经过解调恢复接收到的数据,并传给基带模块,基带模块再对数据进行信道解码,并向高层传输。

基带层主要实现跳频和数据信息的传输,并提供了两种不同的物理链路,即同步面向连接链路(Synchronous Connection Oriented,SCO)和异步无连接链路(Asynchronous Connectionless,ACL)。

3)微处理器和存储器

在蓝牙模块中,微处理器负责蓝牙比特流调制和解调所有比特级处理,负责控制收发器。闪存存储器用于采访基带和链路管理层中的所有软件。微处理器将闪存中的信息放入静态随机存储器(SRAM)。

4)蓝牙测试模块

蓝牙测试模块由被测试模块、测试设备和计量设备组成。通常测试和被测试设备组成一个微微网,主节点是测试设备,从节点是被测试设备。测试设备控制整个测试过程,其主要功能是提供无线层和基带层的认证和一致性规范,且管理产品的生产和售后测试。

5)主机控制器接口

主机控制器接口(HCI)目前比较流行的是采用通用异步收发器(UART)或通用串行总线(USB)接口。HCI 接收要发送到主机系统或来自主机系统的数据,是蓝牙模块和主机间的软件和硬件接口,对蓝牙模块实现直接控制。

2. 中间协议层

SIG 规定在蓝牙协议栈的高层尽量利用已有的成熟协议,还有一些协议是基于其他协议修改而成的,如串口仿真协议和电话控制协议。

串口仿真协议(RFCOMM)是一个仿真有线链路的无线数据仿真协议,提供了对 RS-232 串行接口的仿真,为建立在串口之上的传统应用提供接口环境,符合欧洲典型标准化规定的 TS 07.10 串口仿真协议,并且针对蓝牙的实际应用情况做了修改。

电话控制协议采用面向比特的协议,具有支持电话的功能。该协议包括电话控制协议、AT 指令集和音频,定义了蓝牙设备之间与建立语音和数据呼叫相关的控制信令,也可以完成对蓝牙设备组的移动管理。蓝牙电话控制协议规范是蓝牙的电话应用模型的基础。

3. 高端应用层

在高端应用层,所有程序可以完全由开发人员按照自己的需要实现,很多传统的应用层程序不用修改就可直接运行。蓝牙实现与连接因特网的设备通信,主要通过采用或共享这些已有协议。通过共享这些协议,不仅可以提高应用程序的开发效率,还在一定程度上使蓝牙技术和其他通信技术之间的操作得以保证。

8.4.2 蓝牙网络连接

蓝牙系统采用一种无基站的灵活组网方式,使一个蓝牙设备可同时与其他多个蓝牙设备相连,这样就形成了蓝牙微微网。

1. 微微网和散射网

微微网(Piconet)是实现蓝牙无线通信的最基本方式,微微网不需要类似于蜂窝网基站和无线局域网接入点之类的基础网络设施。在一个微微网中,所有设备的级别是相同的,具有相同的权限,其中主设备单元负责提供时钟同步信号和跳频序列,从设备单元一般是受控同步的设备单元。

图 8-12(a)所示为两个独立的微微网。每个微微网中有一个主设备和多个从设备,每个微微网中所有设备级别相同,并具有相同的权限。主设备负责提供时钟同步信号和跳频序列,通过不同的跳频序列来区分各微微网。

在一个微微网中,信道参数都是由主设备进行控制的,主设备通过一定的轮询方式和所有的从设备进行通信。从设备包括激活从设备和闲置从设备。其中,正在通信的从设备称为激活从设备,处于休眠状态的设备称为闲置从设备。闲置从设备不进行实际有效数据的收发,但仍然和主设备保持时钟同步,以便需要时快速加入微微网。

散射网(Scatternet)是多个微微网在时空上相互重叠形成的比微微网覆盖范围更大的蓝牙网络,其特点是微微网之间有互联的蓝牙设备,如图 8-12(b)所示。

在散射网中,连接微微网之间的串联装置角色称为桥。桥节点通过不同时隙在不同的微微网之间的转换,实现在各微微网之间的资料传输。蓝牙独特的组网方式赋予了桥节点强大的生命力,同时可以有多个移动蓝牙用户通过一个网络节点与因特网相连。它靠跳频顺序识别每个微微网,同一微微网中所有用户都与这个跳频顺序同步。

蓝牙散射网是自组网的一种特例,其最大特点是可以无基站支持,每个移动终端的地位是平等的,并可以独立进行分组转发的决策,建网灵活、多跳性、拓扑结构动态变化和分布式控制是构建蓝牙散射网的基础。

(a) 微微网

(b) 散射网

图 8-12　蓝牙微微网和散射网

2. 蓝牙设备的状态

蓝牙设备在建立连接以前,通过在固定的一个频段内选择跳频频率或由被查询的设备地址决定,迅速交换握手信息时间和地址,快速取得设备的时间和频率同步。建立连接后,设备双方根据信道跳变序列改变频率,使跳频频率呈现随机特性。

蓝牙设备主要包括待机和连接两种主状态,以及寻呼、寻呼扫描、查询、查询扫描、主设备响应、从设备响应和查询响应 7 种子状态,如图 8-13 所示。其中待机状态是默认状态,这是一个低功率状态。连接状态指的是设备作为主站或从设备连接到微微网。

图 8-13　蓝牙设备的状态

另外 7 个子状态的描述如下。

（1）寻呼是指主设备用来激活和连接从设备，主设备通过在不同的跳频信道内传送主设备的设备访问码发出寻呼消息。

（2）寻呼扫描表示从设备在一个窗口扫描存活期内侦听自己的设备访问码。在该窗口内从设备以单一跳频侦听。

（3）从设备响应描述的是从设备对主设备寻呼操作的响应。从设备完成响应之后，接收到来自主设备的数据包之后即进入连接状态。

（4）主设备响应描述的是从设备在接收到从设备时对其寻呼消息的响应之后便进入该状态。如果从设备回复主设备，则主设备发送数据包给从设备，然后进入连接状态。

（5）查询是用于发现相连蓝牙设备，获取蓝牙设备地址和所有响应查询消息的蓝牙设备的时钟。

（6）查询扫描是用于侦听来自其他设备的查询，也侦听一般查询访问码或专用查询访问码。

（7）查询响应是从设备对主设备查询操作的响应。从设备用数据包响应，该数据包包含了从设备的设备访问码、内部时钟等信息。

8.4.3　蓝牙技术的特点及应用

蓝牙是一种近距离的保证可靠接收和信息安全的开放的无线通信技术规范，它可在世界上的任何地方实现短距离的无线语音和数据通信。蓝牙技术具有以下优势。

（1）短距离通信的开放系统。

（2）点对点连接而不需要任何路由器。

（3）成本低廉，可在 100m 范围内使用。

（4）安全可靠，使用方便。

（5）具有互操作性和兼容性。

目前，蓝牙技术的主要应用很多，蓝牙耳机是最早投放市场的蓝牙产品之一。蓝牙USB 适配器可以插入带有 USB 接口的设备，实现与其他蓝牙设备间的无线通信，可以用于PC 或笔记本电脑，实现蓝牙设备间文件等信息的相互交换。蓝牙网络接入点可以用于实现蓝牙设备接入本地局域网和互联网。集成了蓝牙技术的手机可以和蓝牙耳机实现无线通话，使智能手机的娱乐性能得到进一步的演示。

8.5　Wi-Fi 通信技术

Wi-Fi 技术是一种可以将个人计算机、手持设备等终端以无线方式互相连接的技术。Wi-Fi 是一个无线网络通信技术的品牌，由 Wi-Fi 联盟所持有，目的是改善基于 IEEE 802.11b标准的无线网络产品之间的互通性。

支持 Wi-Fi 技术的产品，其协议属于 WLAN 的一个子集。WLAN 的全称是无线局域网（Wireless Local Area Network），WLAN 无线设备提供了一个世界范围内可以使用的、费用低且数据带宽高的无线空中接口。

8.5.1 Wi-Fi 和 WLAN 简介

与蓝牙、ZigBee 一样，Wi-Fi 也是一种短距离无线通信技术，支持移动设备在近 100m 范围内接入互联网。与传统联网技术相比，Wi-Fi 具有覆盖范围广、传输速度快、设备提供商进入门槛低、联网无须布线、局域网组建方便、健康安全等优点。

WLAN 是利用射频无线信道或红外信道取代有线传输介质所构成的局域网络。目前，WLAN 的数据传输速度已与有线网相近，既可满足各类便携设备的入网要求，也可作为传统有线网络的补充手段。与有线网络相比，WLAN 不需要布线，因此可以自由地放置终端，有效、合理地利用办公室的空间。WLAN 可作为有线网络的无线延伸，也可用于多个有线网络之间的无线互联。

1. Wi-Fi 的主要协议

IEEE 最初制定的 WLAN 标准主要用于解决办公室局域网和校园网中用户以及终端的接入问题，其业务主要用于数据存取，速率最高可达 2Mb/s。之后，又相继推出了 IEEE 802.11a、IEEE 802.11b、IEEE 802.11g、IEEE 802.11n 和 IEEE 802.11ac 等一系列标准。

IEEE 802.11a 标准工作在 5GHz 的 U-NII 频段，物理层速率最高可达 54Mb/s，传输层速率最高可达 25Mb/s；可提供 25Mb/s 的无线 ATM 接口和 10Mb/s 的以太网无线帧结构接口，以及 TDD/TDMA 的空中接口；支持语音、数据、图像业务，一个扇区可接入多个用户，每个用户可使用多个用户终端。

IEEE 802.11b 的载波频率为 2.4GHz，传送速度为 11Mb/s，是所有无线局域网标准中最著名也是普及程度最广的标准。2003 年 7 月，IEEE 通过了第 3 种调变标准 IEEE 802.11g，以获得更高的传输速率。IEEE 802.11g 采用 2.4GHz 频段，与 IEEE 802.11b 后向兼容，同时又通过采用 OFDM 技术，支持高达 54Mb/s 的数据流，所提供的带宽是 IEEE 802.11a 的 1.5 倍。

IEEE 802.11n 是在 IEEE 802.11g 和 IEEE 802.11a 之上发展起来的一项技术，最大的特点是速率提升，理论速率最高可达 600Mb/s。IEEE 802.11n 可工作在 2.4GHz 和 5GHz 两个频段，目的是实现高带宽、高质量的 WLAN 服务，使无线局域网达到以太网的性能。

IEEE 802.11ac 是一个 IEEE 802.11 WLAN 通信标准，通过 5GHz 频段进行通信。该标准理论上能够提供最大 1Gb/s 带宽进行多站式无线局域网通信，或是最少 500Mb/s 的单一连接传输带宽。IEEE 802.11ac 是 IEEE 802.11n 的继承者，采用并扩展了源自 IEEE 802.11n 的空中接口概念，包括更宽的 RF 带宽（提升至 160MHz）、更多的 MIMO 空间流（数量增加到 8）、多用户的 MIMO，以及更高阶的调制（16QAM、256QAM 等）。

2. WLAN 架构

WLAN 参考模型只用到 OSI 7 层参考模型的最低两层，即物理层和数据链路层。其中，数据链路层又分为两个子层，即媒体访问控制层（Media Access Control，MAC）和逻辑链路控制层（Logical Link Control，LLC）。物理介质、媒体访问控制方法等对网络层的影响在 MAC 子层完全隐蔽起来，而数据链路层与媒体访问无关的部分都集中在 LLC 层。

MAC 层主要完成数据的收发，具体功能如下。

（1）从 LLC 层接收要发送的数据，并决定是否把数据递交给物理层。

（2）将发送数据附加控制信息后生成帧，并把数据帧递交给物理层。

（3）从物理层接收数据帧。

（4）检查接收到的数据帧的控制信息，判断数据是否正确。

（5）去掉数据帧中的控制信息，并把数据递交至 LLC 层。

LLC 层的主要任务是在两通信实体之间建立的一条点到点逻辑链路上进行数据帧的传输与控制（差错控制与流量控制）。网络层与 LLC 层之间有多个服务访问点（Service Access Point，SAP），每个 SAP 相当于一个逻辑信道口，这些 SAP 复用 MAC 层并与另一个层中对应的 SAP 构成一条点到点的逻辑链路。此外，LLC 层还要为其上层提供数据报和虚电路服务。数据报服务是一种无链接服务，在发送时不需要预先建立专用逻辑链路，适合交互式数据业务。虚电路服务是一种面向连接的服务，在数据传输之前，必须要建立一条逻辑链路，适合语音等实时业务。

8.5.2 WLAN 物理层协议

与一般的无线通信系统一样，WLAN 的物理层主要解决数据传输问题，其典型传输过程如图 8-14 所示。

图 8-14 WLAN 物理层传输过程示意图

数字信源（上层数据）经信源编码（主要是数据压缩）处理，称为信道编码。它用来引入冗余设计，使在接收端能够监测和纠正传输错误。无线信道中的传输错误通常以突发形式出现。为了将此类在传输过程中出现的突发错误变换成随机错误，以便信道编码进行纠正，一般要对发送数据进行交织处理。为此，将信道编码和交织技术统称为差错控制编码。

如果采用加密技术，只有授权的用户才能正确地检测和解密处理后的信息。为了适应无线信道的特性，进行有效的传输，将加密后的信号进行调制和放大，以一定的频率和一定的功率通过天线或发射器发射出去，如果有多个信源共用此无线链路，通常还需进行多路复用处理。多址接入在多路复用后进行。

接收端的处理过程刚好相反，但经常还需要用均衡机制来校正信号在传输过程中可能产生的相位和幅度失真。

以上传输原理只是描述了信号从发送端到接收端的单向传输过程，而实际的 WLAN 实体都包含发送和接收两个过程。因此，发射机和接收机需要共享天线等部件，这要靠双工器来实现。至于双工器的形式与双工方式有关。

从 WLAN 物理层的横向结构来看，按照频率的高低和功能不同，将 WLAN 物理层划分为天线、射频、中频和基带等几部分。通常将天线和射频部分称为前端单元。射频与中频单元与收/发信机的形式与结构有关。基带单元实现了 WLAN 物理层的主要功能(如编解码、交织/解交织、基带调制解调、均衡、位同步甚至加解密等),并与上层联系紧密。

1. 直接序列扩频技术

直接序列扩频(Direct Sequence Spread Spectrum,DSSS)技术是一种数字调制方法,通过利用高速率的扩频码序列在发射端扩展信号的频谱,而在接收端用相同的扩频码序列进行解扩,把展开的扩频信号还原为原来的信号。

DSSS 是 IEEE 802.11 标准建议的无线局域网的物理层实现方式之一,该协议包括 PLCP(物理层会聚)和 PMD(物理介质依赖)子层两个组成部分。

图 8-15 所示为 DSSS 物理层 PLCP 子层帧的格式,IEEE 802.11 称之为 PLCP 协议数据单元 PPDU。一个 PPDU 由前导码、PLCP 导引头、MAC 层协议数据单元 MPDU 组成。在前导码中,SYNC 使接收器在帧的真正内容到来之前与输入信号同步。导引头字段提供帧的有关信息,MAC 层提供的 MPDU 内含有工作站要发送的信息,在这里又作为 PLCP 的业务数据单元 PSDU。

图 8-15   DSSS 物理层 PLCP 子层帧格式

DSSS 的 PMD 子层在 PLCP 的控制下,将 PPDU 的二进制数表示形式转换成适合信道传输的无线电信号,并将 PLCP 的数据调制到 24GHz 频段的无线电波或 850nm 的红外线,经天线发射出去,从而完成 PPDU 的发送和接收。PMD 直接和无线媒体建立接口,并为帧的发送与接收提供 DSSS 调制和解调。

2. 跳频扩频技术

跳频扩频(Frequency Hopping Spread Spectrum,FHSS)同样是 IEEE 802.11 标准建议的一种无线局域网的物理层实现方式。相较于 DSSS 和 IR 物理层实现,FHSS 物理层具有成本较低、功耗较低和抗信号干扰能力较强的优点,但其通信距离一般小于 DSSS。该协议包括 PLCP 子层和 PMD 子层两个组成部分。FHSS 物理层的 PMD 在 PLCP 的下层,通过跳频功能和频移键控调制技术,将 PLCP 子层发来的二进制 PPDU 转换为适合信道传输的无线电信号。

图 8-16 所示为 FHSS 物理层 PLCP 子层帧的格式。其中,前导码使接收器在真正的内容到来前获得与发送位时钟的同步以及天线分集的准备。导引头字段提供帧的有关信息。

图 8-17 所示为 FHSS 信号发射和接收原理。跳频指令发生器根据事先定义的跳频星座或规则生成本次的跳频规则,由频率合成器根据本次的跳频规则生成跳频相位,送入混频器。混频器将调制器的信号与频率合成器的信号进行叠加,将生成的跳频后的结果发给滤波器,最后由天线发送出去。

图 8-16 FHSS 物理层 PLCP 子层帧格式

图 8-17 FHSS 信号发射和接收原理

在接收过程中,天线收到的信号进入混频器,接收端根据事先定义的跳频序列生成本次的跳频规则,频率合成器根据本次的跳频规则生成跳频相位,然后由混频器将收到信号的相位还原,生成可以识别的信号,经由滤波器和解调器,得到最终的输出信号。

3. OFDM 技术

OFDM 技术是 IEEE 802.11a 采用的一种扩频技术。IEEE 802.11a 是对 IEEE 802.11 标准进行的物理层扩充,与 FHSS 和 DSSS 两种技术差异较大。IEEE 802.11a 工作在 5GHz 频段,物理层速率可达 54Mb/s,传输层达 25Mb/s,可提供 25Mb/s 的无线 ATM 接口和 10Mb/s 的无线以太网帧结构接口,支持语音、数据、图像业务。

OFDM 是一种高效的数据传输方式,其基本思想是把高速数据流分散到多个正交的子载波上传输,从而使每个子载波上的符号速率大幅度降低,符号持续时间加长,因而对时延扩展有较强的抵抗力,减小了符号间干扰的影响。通常 OFDM 符号前加入保护间隔,只要保护间隔大于信道的时延扩展即可以完全消除符号间干扰。

OFDM 对干扰也有很好的抵抗力,因为窄带干扰只影响 OFDM 子载波很少的一部分,对频率选择性衰落信道,通过在子载波上使用纠错控制编码容易获得频率分集。OFDM 适用于多径环境和频率选择性衰落信道中的高速数据传输。

8.5.3　MAC层协议

按照 WLAN 的协议体系结构层次划分,MAC 子层是位于物理层和逻辑链路控制子层中间的一个层次,其目的是在 LLC 子层的支持下为共享物理媒体提供访问控制功能。

MAC 子层在 LLC 层的支持下执行寻址、帧产生和帧识别等功能。IEEE 802.11 标准采用带有碰撞避免功能的载波侦听多址接入媒体访问控制协议。

1. MAC 层的主要功能

IEEE 802.11 无线局域网中所有的站点(包括固定站、半移动站和移动站)和接入点都需提供 MAC 子层服务。MAC 子层服务主要指在 MAC 服务访问节点(SAP)与 LLC 子层之间交换 MAC 服务数据单元(MSDU)的过程与能力。MAC 服务还包括利用共享无线电波或红外线传输媒体进行 MAC 服务数据单元的发送与接收。

具体来说,MAC 层具有的主要功能有无线媒体访问控制、加入网络连接和提供数据验证和保密。

1)无线媒体访问控制

在帧发送之前,MAC 可用利用两种方式获得网络连接,即采用具有碰撞避免功能的 CSMA/CA 媒体访问控制方式或基于不同服务优先级别的集中式轮询访问控制,在 IEEE 802.11 标准中,分别称为分布式访问控制方式和中心网络控制方式。

2)加入网络连接

工作站的电源被打开之后,在验证和连接到合适的工作站或访问点之前,首先会检测有无现成的工作站和 AP 可供加入。工作站通过被动或主动扫描方式完成上述的搜索过程。加入一个基本服务集或扩展服务集之后,工作站从 AP 接收服务组标识符(Service Set Identifier,SSID)、时间同步函数(Timer Synchronization Function,TSF)、计时器的值和物理安装参数等。

3)提供认证和保密服务

IEEE 802.11 标准提供两种认证服务,用于增强 IEEE 802.11 网络的安全性能。这两种认证服务分别是开放系统认证和共享密钥认证。

2. MAC 帧的主体框架结构

IEEE 802.11 定义了 MAC 帧格式的主体框架结构,如图 8-18 所示。无线局域网中发送的各种不同类型的 MAC 都采用这种帧结构。

字节:	2	2	6	6	6	2	6	0~2312	4
	Frame Control	Duration/ID	Addr1	Addr2	Addr3	Sequence Control	Addr4	Frame Body	FCS

图 8-18　MAC 帧格式的主体框架结构

MAC 帧由最长 30B 的帧适配头、长度可变(0~2312B)的帧体信息(Frame Body)和 4B 的帧校验序列(FCS)组成。其中,帧控制字段(Frame Control)含有在各个工作站之间发送的控制信息;持续时间/标志(Duration/ID)字段内包含发送站请求发送持续时间的数值,值的大小取决于帧的类型;地址字段(Addr1~Addr4)包含不同类型的地址,地址的类型取决于发送帧的类型,序列控制字段(Sequence Control)最左边的 4 位由称为分段号的子字段组成,后面 12 位是序列号子字段。站点在数据接收过程中,可通过监视序列号和分段号判断是否为重复帧。

帧体信息字段(Frame Body)的有效长度可变,所载的信息取决于发送帧的类型。如果发送帧是数据帧,那么该字段会包含一个 LLC 数据单元。MAC 管理和控制帧会在帧体中包含一些特定的参数。如果帧不需要承载信息,那么帧体字段的长度为 0。接收站可以从物理层适配头的一个字段判断帧的长度。

发送工作站的 MAC 层利用循环冗余码校验(CRC)法对帧前边诸字段内容运算,计算一个 32 位的 FCS,并将结果存入这个字段。

8.5.4 WLAN 的组成及拓扑结构

无线局域网的物理组成包括站点(Station,STA)、无线介质、基站(Base Station,BS)或接入点(AP)和分布式系统(Distribution System,DS)等。

1. 站点

站点又称为主机(Host)或终端(Terminal),是 WLAN 的最基本组成单元。站点一般在网络中用作客户端(Client),是具有无线网络接口的计算设备。一个站点通常包括终端用户设备(如计算机)、无线网络接口(如无线网络适配器或无线网卡)和网络软件(如网络操作系统)。

2. 无线介质

无线介质是无线局域网中站与站之间、站与接入点之间通信的传输介质。在这里指的是空气,它是无线电波和红外线传播的良好介质。

3. 无线接入点

无线接入点类似蜂窝结构中的基站,是无线局域网的重要组成单元。无线接入点是一种特殊的站,它通常处于网络基本服务区的中心,位置一般固定不动。

4. 分布式系统

分布式系统是用来连接不同 BSA(基本服务区,又称为小区)的通信信道,可以是有线信道,也可以是频段多变的无线信道。

WLAN 的拓扑结构可以从几方面进行分类。从物理拓扑来看,有单区网(Single Cell Network,SCN)和多区网(Multiple Cell Network,MCN)之分;从逻辑上看,有对等式、基础结构式和线形、星形、环形等;从控制方式来看,可分为无中心分布式和有中心集中控制式;从与外网的连接性来看,主要有独立 WLAN 和非独立 WLAN。

8.6 物联网通信的综合应用

物联网通信技术正在从方方面面影响人类的生活和整个世界,正在给人类带来无法想象的便利和服务。这里围绕物联网通信技术的综合应用,对 M2M 和 WSN 物联网通信技术应用进行介绍。

8.6.1 M2M 技术

M2M 是 Machine-to-Machine/Man 的简称,即"机器对机器/人",是一种以机器终端智能交互为核心的、网络化的应用与服务。

M2M 是现阶段物联网最普遍的应用形式,通过嵌入无线通信模块的设备,利用现有的无线通信技术,为不同行业的客户提供全方位的信息化服务,从而使不同行业用户可以远程完成管理监控、指挥调度、数据采集和测量等方面工作。

M2M 技术的目标就是使所有机器设备都具备联网和通信能力,其核心理念就是"网络一切"(Network Everything)。未来的物联网将是由很多 M2M 系统构成,不同的 M2M 系统分别负责不同的功能处理,并通过中央处理单元协同运作,最终组成智能化的社会系统。

1. M2M 系统架构

M2M 业务是一种以机器终端智能交互为核心的、网络化的应用与服务。它通过在机器内部嵌入无线通信模块,以无线通信等为接入手段,为客户提供综合的信息化解决方案,以满足客户对监控、指挥调度、数据采集和测量等方面的信息化需求。

M2M 系统架构包括终端、系统和应用 3 层,如图 8-19 所示。

图 8-19 M2M 系统架构

1) M2M 终端

M2M 终端具有接收远程 M2M 平台激活指令、本地故障报警、数据通信、远程升级、使用短消息/彩信/GPRS 等几种接口通信协议与 M2M 平台进行通信。终端管理模块为软件模块,主要负责维护和管理通信及应用功能,为应用层提供安全可靠和可管理的通信服务。

根据数据终端的特性,通常把 M2M 业务应用简单地归结为两大类,即固定终端和移动终端。固定终端是一种在某个地理位置上可以固定的应用,如电力设备运行状况的远程监控、气象环境监测、城市交通的智能管理等。移动终端是一种在某个移动物体上的应用,如对公路上的车辆地理位置进行定位并远程调度、远程疾病监控等。

M2M 终端可以分为行业专用终端、无线调制解调器和手持设备等。行业终端设备主要完成行业数字模拟量的采集和转化、数据传输、终端状态检测、链路检测和系统通信功能。无线调制解调器具有无线数据收发、终端管理和无线接入能力。手持设备通常具有 M2M 终端设备状态查询、远程监控行业作业现场和办公文件处理等功能。

2）M2M 管理系统

M2M 管理系统为客户提供统一的移动行业终端管理、终端设备鉴权，支持多种网络接入方式，提供标准化的接口，使数据传输简单直接，提供数据路由、监控、用户签权、内计费等管理功能，主要包括通信接入模块、终端接入模块、应用接入模块、业务处理模块、数据库模块和 Web 模块等。

通信接入模块又包括行业网关接入模块和 GPRS 接入模块。其中，前者负责完成行业网关的接入，通过行业网关完成与短信网关、彩信网关的接入，最终完成与 M2M 终端的通信；后者使用 GPRS 方式向 M2M 终端传送数据。

终端接入模块负责 M2M 平台系统通过行业网关或 GGSN 与 M2M 终端收发协议消息的解析和处理。应用接入模块实现 M2M 应用系统到 M2M 平台的接入。业务处理模块是 M2M 平台的核心业务处理引擎，实现 M2M 平台系统的业务消息的集中处理和控制。数据库模块用于保存各类配置数据、终端信息、集团客户信息、签约信息和黑/白名单、业务数据信息安全信息、业务故障信息等。Web 模块提供 Web 方式操作维护与配置功能。

3）应用系统

M2M 终端获得了信息以后，本身并不处理这些信息，而是将这些信息集中至应用平台，由应用系统实现业务逻辑，把感知和传输来的信息进行分析和处理，做出正确的控制和决策，实现智能化的管理、应用和服务。

2．M2M 技术组成

M2M 技术涉及 5 个重要的技术部分，包括智能化机器、M2M 硬件、通信网络、中间件和应用。

1）智能化机器

M2M 实现首先是从机器/设备中获取数据，然后通过网络发送出去，使机器开口说话，让机器具备信息感知能力、信息加工能力、无线通信能力。

2）M2M 硬件

M2M 硬件是使机器获得远程通信和联网功能的部件，主要用于提取信息，从各种机器设备那里获取数据，并传到通信网络中。M2M 硬件包括嵌入式硬件、可组装硬件、调制解调器、智能传感器和识别标识（如条形码技术和 RFID 技术等）。

3）通信网络

通信网络在 M2M 技术中处于核心地位，包括广域网（无线移动通信网络、卫星通信网络、Internet、公众电话网等）、局域网（以太网，无线局域网、蓝牙）、个域网（ZigBee、传感器网络）等。

4）中间件

中间件包括两部分，即 M2M 网关和数据收集/集成部件。M2M 网关将从通信网络获取的数据传输给信息处理系统，完成不同通信协议之间的转换。数据收集/集成部件对原始数据进行不同加工和处理，并将结果呈现给这些信息的观察者和决策者。

5）应用

M2M 技术根据终端是否可以移动,将应用技术分为两大类,即移动性应用和固定性应用。移动性应用是一种适用于外围设备位置不固定、移动性强,且需要与中心节点实时通信的应用。固定性应用是一种适用于外围设备固定,但地理分布广泛、有线接入方式部署困难或成本高昂的应用,可以利用机器到机器实现无人值守。

3. M2M 的典型应用

M2M 的典型应用有智能抄表系统、车载系统、智能交通系统、安防视频监控系统、自动售货机、无线 POS 机等。现在,M2M 应用遍及电力、交通、工业控制、零售、公共事业管理、医疗、水利、石油等多个行业,对于车辆防盗、安全监测、自动售货、机械维修、公共交通管理等,M2M 可以说是无所不能。

图 8-20 所示为车载系统,由 GPS 卫星定位系统、车载终端、无线网络和管理系统、GPS 地图和用户终端组成。车载终端由控制器模块、GPS 模块、无线模块、GPS 导航终端和信息采集设备等组成。对于车载 GPS 导航,不仅可以利用 GPS 模块对导航信息进行在线获取,而且可以借助无线模块对地图进行及时更新。车载系统一般是首先获取车辆信息采集设备中的车辆使用状况信息,在此基础上利用无线通信模块将车辆信息上传到远端的服务管理系统。

图 8-20　车载系统

安防视频监控系统如图 8-21 所示,包括快照、视频信息采集终端、无线通信网络和远程信息管理系统、服务器、客户端等模块。快照和视频信息采集终端可以由无线通信模块、照相机、摄像机等组成。快照信息、视频信息通过无线网络将信息传到用户终端,包括可视电话、Web 服务器、传真机等。另外,快照和视频采集终端也可以先将现场的数据信息及时更新到远端的 Web 服务器,用户再通过 Web 浏览器对远程环境信息进行浏览。

图 8-21　安防视频监控系统

8.6.2 WSN 技术

20世纪90年代以来,具有感知、计算和无线网络通信能力的传感器以及由其构成的无线传感器网络(Wireless Sensor Network,WSN)系统是备受关注的、涉及多学科高度交叉、知识高度集成的前沿热点研究领域。

WSN技术就是在某一特定区域内部署大量的传感器节点,并将传感器采集到的数据通过无线通信方式形成的一个多跳自组织网络系统进行传输,最终协作地感知、采集和处理网络覆盖区域中感知的对象信息,并发送给观察者。

1. WSN 核心功能

WSN是由一组传感器节点以自组织的方式构成的无线网络,其目的是借助节点中内置的形式多样的传感器,协作地实时感知和采集周边环境中众多的信息,并对这些信息进行处理,目的是无论何时、何地和在何种环境条件下都可以对大量信息进行获取。

WSN技术综合了传感器技术、嵌入式计算技术、现代网络及无线通信技术、分布式信息处理技术等。从WSN的硬件上分析,WSN节点包括数据采集模块、数据处理模块、无线数据收发模块,这些设备节点具有成本低、功耗低、种类丰富等优点。从软件设计上,这些节点内置的传感器,可以对所在区域的温度、湿度、光强度、压力等环境参数以及待测对象的电压、电流等物理参数进行探测,并通过无线网络将探测信息传送到数据汇聚中心进行处理、分析和转发。

每个无线传感器网络节点包括4个基本单元,即数据信息获取模块、信息数据处理模块、数据信息传输模块和电源管理模块,如图8-22所示。

图 8-22 无线传感器网络节点的组成

1) 数据信息获取模块

在特定区域内,通过传感器节点感知环境内的数据携程,并借助数模转换器将采集到的模拟信号转换为数字信号。

2) 信息数据处理模块

利用处理器对数字信号进行预处理,实现数据的运算和管理等。

3) 数据信息传输模块

借助无线收发协议,在多个节点之间进行数据信息和信令的传输和交换。

4) 电源管理模块

为网络中的节点提供电能支持。

2. 应用特点

与传统的通信网络不同,无线传感器网络在很多方面都具有特殊性,包括网络核心功能、不同应用场景、涉及的硬件技术等。

(1) 网络节点数目多。

(2) 硬件能力严重受限,如节点的计算能力差、存储容量小、电池容量有限、节点之间通信信号强度受到限制。

(3) 网络动态性强。网络中节点间的通信断接频繁,拓扑结构动态变化。

(4) 多跳路由和自组织性。网络内大量节点需要借助于自组织方式形成新的网络,给其中的路由带来一定的困难。

(5) 以数据为中心。WSN 是以数据信息的采集为核心功能的网络,在不同的应用系统,根据数据采集情况设定路由方式,构建以数据为中心的网络。

(6) 安全性问题严重。开放性的无线信道、有限的能量、分布式控制都使 WSN 更容易受到攻击,存在一定的安全隐患。

无线传感器网络是当前信息领域中研究的热点之一,可用于特殊环境,实现信号的采集、处理和发送。无线传感器网络是一种全新的信息获取和处理技术,在现实生活中得到了越来越广泛的应用。图 8-23 列举了 WSN 技术的一些典型应用。

图 8-23　WSN 技术的典型应用

课程思政阅读材料

连通世界的中国电信

回顾中国通信业 100 多年的历史,并不仅仅是一部通信史,还蕴含着中国社会的发展历史。一部通信史,是创造和记录中国社会历史文明的一部分。

在通信科技高速发展的今天,中国通信业同仁继往开来,通过电信/信息通信网传递着中华民族历史悠久、璀璨多姿的文明延续的故事,传递着海峡两岸电信业务全部直接通电的故事,传递着 1997 年香港回归和 1999 年澳门回归的故事,传递着实现中华民族伟大复兴中国梦的故事。

中国通信业创建的电信网是国际电信网的重要组成部分,是中国电信科技与国际电联电信科技事业紧密相连的一部分。其发源、建设直到形成,既有清代丹麦大北电报公司的技术输出,又有继往开来中国一代电信/信息通信人的努力学习和实践;既有国际电信联盟有关国际电信公约的约定,又有电信/信息通信科技人员走自己发展道路的创新。

1871年,由欧洲越洋而来的水线电报引入中国,一道电文明信息之光照亮了人类前行的道路,陆线与海底电缆的相连使欧亚大陆连为一体,人类社会实现信息传递一体化的道路伴随着战争与和平中的电报前行。

20世纪50年代至60年代,世界范围内的电信科技进入数据化、自动化时代,层出不穷的电信科技产物架构着世界大流通时代的电信社会,突破了地理和国界的约束和限定,对人类地理意义上的社会和文化产生了巨大的影响。

传统电信信息传递方式以现代化信息通信进入后工业4.0时代,还原电信科技、电信内核本质,以其本质运营服务于社会。一场电信和信息通信处理方式的再度变革业已拉开序幕的历史时刻,中国电信/信息通信网与国际电联193个成员的电信/信息通信网联为一体,共同运转,架构了一张连通全球、造福人类社会、延续电文明信息的文明历史的信息通信基础设施网。

在"国际电信联盟是一家"的理念下,国际电信联盟代表全世界电信/信息通信业者为人类沟通共同创建的美好愿景:"致力于连通世界各国人民,无论他们身处何方,处境如何。通过我们的工作,保护并支持每个人的基本通信权利。为全世界各国人民提供更好的电信/信息通信,让人人生活更美好。"

国际电信联盟代表全世界电信业者宣布使命:"使电信和信息网络得以增长和持续发展,并促进普遍接入,以便世界各国人民都能参与全球信息经济和社会并从中受益。自由沟通的能力是建设更加公平、繁荣与和平的世界的必不可少的前提。让所有人均能够以可承受的价格方便地获取信息和通信服务,从而为全人类的经济和社会发展做出重大贡献。"

习题8

8-1 填空题

(1) 物联网由3个层次构成,即信息感知层、_____和应用层。

(2) 物联网通信系统主要包括感知层通信和_____两方面。

(3) 典型的RFID系统由_____、_____和_____组成。

(4) RFID系统中,读写器是对电子标签进行读写操作的设备,主要包括_____和数字信号处理单元两部分。

(5) ZigBee是一种开放式的基于_____协议的无线个人局域网标准,其物理层和_____由该标准规定。

(6) ZigBee网络中有3种类型的节点,即_____、_____和终端节点。

(7) 在蓝牙网络中,每个微微网中只能有一个_____设备,而由多个微微网构成散射网时,必须要有_____设备。

(8) Wi-Fi是一个无线网络通信技术的品牌,由_____所持有。

8-2 简述物联网的体系结构。

8-3 简述RFID系统数据传输的原理。

8-4 简述ZigBee网络中MAC层的主要功能。

8-5 简述蓝牙底层硬件模块的基本组成。

8-6 简述WLAN物理层数据发送的基本过程。

附录A

傅里叶变换的常用性质

序　号	名　称	$f(t)$	$F(\mathrm{j}\omega)$
1	线性性质	$af_1(t)+bf_2(t)$	$aF_1(\mathrm{j}\omega)+bF_2(\mathrm{j}\omega)$
2	时移性质	$f(t-t_\mathrm{d})$	$F(\mathrm{j}\omega)\mathrm{e}^{-\mathrm{j}\omega t_\mathrm{d}}$
3	频移性质	$f(t)\mathrm{e}^{\mathrm{j}\omega_0 t}$	$F(\mathrm{j}(\omega-\omega_0))$
		$f(t)\cos\omega_0 t$	$\dfrac{1}{2}\big[F(\mathrm{j}(\omega-\omega_0))+F(\mathrm{j}(\omega+\omega_0))\big]$
		$f(t)\sin\omega_0 t$	$\dfrac{1}{2\mathrm{j}}\big[F(\mathrm{j}(\omega-\omega_0))-F(\mathrm{j}(\omega+\omega_0))\big]$
4	尺度变换性质	$f(at),a\neq0$	$\dfrac{1}{|a|}F\left(\mathrm{j}\dfrac{\omega}{a}\right)$
5	时域卷积性质	$f_1(t)*f_2(t)$	$F_1(\mathrm{j}\omega)F_2(\mathrm{j}\omega)$
6	频域卷积性质	$f_1(t)f_2(t)$	$\dfrac{1}{2\pi}F_1(\mathrm{j}\omega)*F_2(\mathrm{j}\omega)$
7	时域微分性质	$f'(t)$	$\mathrm{j}\omega F(\mathrm{j}\omega)$
8	时域积分性质	$\displaystyle\int_{-\infty}^{t}f(\tau)\mathrm{d}\tau$	$\dfrac{1}{\mathrm{j}\omega}F(\mathrm{j}\omega)+\pi F(\mathrm{j}0)\delta(\omega)$

Q 函 数 表

x	0.00	0.01	0.02	0.03	0.04	0.05	0.06	0.07	0.08	0.09
0.0	0.5000	0.4960	0.4920	0.4880	0.4840	0.4801	0.4761	0.4721	0.4681	0.4641
0.1	0.4602	0.4562	0.4522	0.4483	0.4443	0.4404	0.4364	0.4325	0.4286	0.4247
0.2	0.4207	0.4168	0.4129	0.4090	0.4052	0.4013	0.3974	0.3936	0.3897	0.3859
0.3	0.3821	0.3783	0.3745	0.3707	0.3669	0.3632	0.3594	0.3557	0.3520	0.3483
0.4	0.3446	0.3409	0.3372	0.3336	0.3300	0.3264	0.3228	0.3192	0.3156	0.3121
0.5	0.3085	0.3050	0.3015	0.2981	0.2946	0.2912	0.2877	0.2843	0.2810	0.2776
0.6	0.2743	0.2709	0.2676	0.2643	0.2611	0.2578	0.2546	0.2514	0.2483	0.2451
0.7	0.2420	0.2389	0.2358	0.2327	0.2296	0.2266	0.2236	0.2206	0.2177	0.2148
0.8	0.2119	0.2090	0.2061	0.2033	0.2005	0.1977	0.1949	0.1922	0.1894	0.1867
0.9	0.1841	0.1814	0.1788	0.1762	0.1736	0.1711	0.1685	0.1660	0.1635	0.1611
1.0	0.1587	0.1562	0.1539	0.1515	0.1492	0.1469	0.1446	0.1423	0.1401	0.1379
1.1	0.1357	0.1335	0.1314	0.1292	0.1271	0.1251	0.1230	0.1210	0.1190	0.1170
1.2	0.1151	0.1131	0.1112	0.1093	0.1075	0.1056	0.1038	0.1020	0.1003	0.0985
1.3	0.0968	0.0951	0.0934	0.0918	0.0901	0.0885	0.0869	0.0853	0.0838	0.0823
1.4	0.0808	0.0793	0.0778	0.0764	0.0749	0.0735	0.0721	0.0708	0.0694	0.0681
1.5	0.0668	0.0655	0.0643	0.0630	0.0618	0.0606	0.0594	0.0582	0.0571	0.0559
1.6	0.0548	0.0537	0.0526	0.0516	0.0505	0.0495	0.0485	0.0475	0.0465	0.0455
1.7	0.0446	0.0436	0.0427	0.0418	0.0409	0.0401	0.0392	0.0384	0.0375	0.0367
1.8	0.0359	0.0351	0.0344	0.0336	0.0329	0.0322	0.0314	0.0307	0.0301	0.0294
1.9	0.0287	0.0281	0.0274	0.0268	0.0262	0.0256	0.0250	0.0244	0.0239	0.0233
2.0	0.0228	0.0222	0.0217	0.0212	0.0207	0.0202	0.0197	0.0192	0.0188	0.0183
2.1	0.0179	0.0174	0.0170	0.0166	0.0162	0.0158	0.0154	0.0150	0.0146	0.0143
2.2	0.0139	0.0136	0.0132	0.0129	0.0125	0.0122	0.0119	0.0116	0.0113	0.0110
2.3	0.0107	0.0104	0.0102	0.0099	0.0096	0.0094	0.0091	0.0089	0.0087	0.0084
2.4	0.0082	0.0080	0.0078	0.0075	0.0073	0.0071	0.0069	0.0068	0.0066	0.0064
2.5	0.0062	0.0060	0.0059	0.0057	0.0055	0.0054	0.0052	0.0051	0.0049	0.0048
2.6	0.0047	0.0045	0.0044	0.0043	0.0041	0.0040	0.0039	0.0038	0.0037	0.0036
2.7	0.0035	0.0034	0.0033	0.0032	0.0031	0.0030	0.0029	0.0028	0.0027	0.0026
2.8	0.0026	0.0025	0.0024	0.0023	0.0023	0.0022	0.0021	0.0021	0.0020	0.0019
2.9	0.0019	0.0018	0.0018	0.0017	0.0016	0.0016	0.0015	0.0015	0.0014	0.0014

续表

x	0.00	0.01	0.02	0.03	0.04	0.05	0.06	0.07	0.08	0.09
3.0	0.1350×10^{-2}					0.1144×10^{-2}				
3.1	0.9676×10^{-3}					0.8164×10^{-3}				
3.2	0.6871×10^{-3}					0.5770×10^{-3}				
3.3	0.4834×10^{-3}					0.4041×10^{-3}				
3.4	0.3369×10^{-3}					0.2803×10^{-3}				
3.5	0.2326×10^{-3}					0.1926×10^{-3}				
3.6	0.1591×10^{-3}					0.1311×10^{-3}				
3.7	0.1078×10^{-3}					0.8842×10^{-4}				
3.8	0.7235×10^{-4}					0.5906×10^{-4}				
3.9	0.4810×10^{-4}					0.3908×10^{-4}				
4.0	0.3167×10^{-4}					0.2561×10^{-4}				
4.1	0.2066×10^{-4}					0.1662×10^{-4}				
4.2	0.1335×10^{-4}					0.1069×10^{-4}				
4.3	0.8540×10^{-5}					0.6807×10^{-5}				
4.4	0.5413×10^{-5}					0.4294×10^{-5}				
4.5	0.3398×10^{-5}					0.2682×10^{-5}				
4.6	0.2112×10^{-5}					0.1660×10^{-5}				
4.7	0.1301×10^{-5}					0.1017×10^{-5}				
4.8	0.0793×10^{-5}					0.0617×10^{-5}				
4.9	0.0479×10^{-5}					0.0371×10^{-5}				

常用三角公式

$\sin(A \pm B) = \sin A \cos B \pm \cos A \sin B$

$\cos(A \pm B) = \cos A \cos B \mp \sin A \sin B$

$\cos A \cos B = \dfrac{1}{2}\left[\cos(A-B) + \cos(A+B)\right]$

$\sin A \sin B = \dfrac{1}{2}\left[\cos(A-B) - \cos(A+B)\right]$

$\sin A \cos B = \dfrac{1}{2}\left[\sin(A-B) + \sin(A+B)\right]$

$\sin A + \sin B = 2\cos\dfrac{A-B}{2}\sin\dfrac{A+B}{2}$

$\sin A - \sin B = 2\sin\dfrac{A-B}{2}\cos\dfrac{A+B}{2}$

$\cos A + \cos B = -2\cos\dfrac{A-B}{2}\cos\dfrac{A+B}{2}$

$\cos A - \cos B = 2\sin\dfrac{A-B}{2}\sin\dfrac{A+B}{2}$

$\sin 2A = 2\sin A \cos B$

$\cos 2A = 2\cos^2 A - 1 = 1 - 2\sin^2 A = \cos^2 A - \sin^2 A$

$\sin\dfrac{A}{2} = \sqrt{\dfrac{1}{2}(1-\cos A)}$

$\cos\dfrac{A}{2} = \sqrt{\dfrac{1}{2}(1+\cos A)}$

$\sin^2 A = \dfrac{1}{2}(1-\cos 2A)$

$\cos^2 A = \dfrac{1}{2}(1+\cos 2A)$

$\sin\left(A+\dfrac{\pi}{2}\right) = \cos A$

$\cos\left(A-\dfrac{\pi}{2}\right) = \sin A$

$$\sin A = \frac{1}{2j}(e^{jA} - e^{-jA})$$

$$\cos A = \frac{1}{2}(e^{jA} + e^{-jA})$$

$$e^{jA} = \cos A + j\sin A$$

附录D

第1类 n 阶贝塞尔函数

β_{FM}	J_0	J_1	J_2	J_3	J_4	J_5	J_6	J_7	J_8	J_9	J_{10}
0.2	0.990	0.100	0.005								
0.4	0.960	0.196	0.020	0.001							
0.6	0.912	0.287	0.044	0.004							
0.8	0.846	0.369	0.076	0.010	0.001						
1.0	0.765	0.440	0.115	0.020	0.002						
1.2	0.671	0.498	0.159	0.033	0.005	0.001					
1.4	0.567	0.542	0.207	0.050	0.009	0.001					
1.6	0.455	0.570	0.257	0.073	0.015	0.002					
1.8	0.340	0.582	0.306	0.099	0.023	0.004	0.001				
2.0	0.224	0.577	0.353	0.129	0.034	0.007	0.001				
2.2	0.110	0.556	0.395	0.162	0.048	0.011	0.002				
2.4	0.003	0.520	0.431	0.198	0.064	0.016	0.003	0.001			
2.6	−0.097	0.471	0.459	0.235	0.084	0.023	0.005	0.001			
2.8	−0.185	0.410	0.478	0.273	0.107	0.032	0.008	0.002			
3.0	−0.260	0.339	0.486	0.309	0.132	0.043	0.011	0.003			
3.2	−0.320	0.261	0.484	0.343	0.160	0.056	0.016	0.004	0.001		
3.4	−0.364	0.179	0.470	0.373	0.189	0.072	0.022	0.006	0.001		
3.6	−0.392	0.095	0.445	0.399	0.220	0.090	0.029	0.008	0.002		
3.8	−0.403	0.013	0.409	0.418	0.251	0.110	0.038	0.011	0.003	0.001	
4.0	−0.397	−0.066	0.364	0.430	0.281	0.132	0.049	0.015	0.004	0.001	
4.2	−0.377	−0.139	0.311	0.434	0.310	0.156	0.062	0.020	0.006	0.001	
4.4	−0.342	−0.203	0.250	0.430	0.336	0.182	0.076	0.026	0.008	0.002	
4.6	−0.296	−0.257	0.185	0.417	0.359	0.208	0.093	0.034	0.011	0.003	0.001
4.8	−0.240	−0.298	0.116	0.395	0.378	0.235	0.111	0.043	0.014	0.004	0.001
5.0	−0.178	−0.328	0.047	0.365	0.391	0.261	0.131	0.053	0.018	0.006	0.001
5.2	−0.110	−0.343	−0.022	0.327	0.398	0.287	0.153	0.065	0.024	0.007	0.002
5.4	−0.041	−0.345	−0.087	0.281	0.399	0.310	0.175	0.079	0.030	0.010	0.003
5.6	0.027	−0.334	−0.146	0.230	0.393	0.331	0.199	0.094	0.038	0.013	0.004
5.8	0.092	−0.311	−0.199	0.174	0.379	0.349	0.222	0.111	0.046	0.017	0.005
6.0	0.151	−0.277	−0.243	0.115	0.358	0.362	0.246	0.130	0.057	0.021	0.007
6.2	0.202	−0.233	−0.277	0.054	0.329	0.371	0.269	0.149	0.068	0.027	0.009

续表

β_{FM}	J_0	J_1	J_2	J_3	J_4	J_5	J_6	J_7	J_8	J_9	J_{10}
6.4	0.243	−0.182	−0.300	−0.006	0.295	0.374	0.290	0.170	0.081	0.033	0.012
6.6	0.274	−0.125	−0.312	−0.064	0.254	0.372	0.309	0.191	0.095	0.040	0.015
6.8	0.293	−0.065	−0.312	−0.118	0.208	0.363	0.326	0.212	0.111	0.049	0.019
7.0	0.300	−0.005	−0.301	−0.168	0.158	0.348	0.339	0.234	0.128	0.059	0.024
7.2	0.295	0.054	−0.280	−0.210	0.105	0.327	0.349	0.254	0.146	0.070	0.029
7.4	0.279	0.110	−0.249	−0.244	0.051	0.299	0.353	0.274	0.165	0.082	0.035
7.6	0.252	0.159	−0.210	−0.270	−0.003	0.266	0.354	0.292	0.184	0.096	0.043
7.8	0.215	0.201	−0.164	−0.285	−0.056	0.228	0.348	0.308	0.204	0.111	0.051
8.0	0.172	0.235	−0.113	−0.291	−0.105	0.186	0.338	0.321	0.223	0.126	0.061
8.2	0.122	0.258	−0.059	−0.287	−0.151	0.140	0.321	0.330	0.243	0.143	0.071
8.4	0.069	0.271	−0.005	−0.273	−0.190	0.092	0.300	0.336	0.261	0.160	0.083
8.6	0.015	0.273	0.049	−0.250	−0.223	0.042	0.273	0.338	0.278	0.178	0.096
8.8	−0.039	0.264	0.099	−0.219	−0.249	−0.007	0.241	0.335	0.292	0.197	0.110
9.0	−0.090	0.245	0.145	−0.181	−0.265	−0.055	0.204	0.327	0.305	0.215	0.125
9.2	−0.137	0.217	0.184	−0.137	−0.274	−0.101	0.164	0.315	0.315	0.233	0.140
9.4	−0.177	0.182	0.215	−0.090	−0.273	−0.142	0.122	0.297	0.321	0.250	0.157
9.6	−0.209	0.140	0.238	−0.040	−0.263	−0.179	0.077	0.275	0.324	0.265	0.173
9.8	−0.232	0.093	0.251	0.010	−0.245	−0.210	0.031	0.248	0.323	0.280	0.190
10.0	−0.246	0.043	0.255	0.058	−0.220	−0.234	−0.014	0.217	0.318	0.292	0.207

参 考 文 献

[1] 黄葆华,杨晓静,牟华坤.通信原理[M].西安:西安电子科技大学出版社,2007.

[2] 南利平,李学华,王亚飞,等.通信原理简明教程[M].3 版.北京:清华大学出版社,2014.

[3] 樊昌信,曹丽娜.通信原理[M].6 版.北京:国防工业出版社,2011.

[4] 向军,万再莲,周玮.信号与系统[M].重庆:重庆大学出版社,2011.

[5] 高西全,丁玉美.数字信号处理[M].3 版.西安:西安电子科技大学出版社,2008.

[6] 向军.MATLAB/Simulink 系统建模与仿真[M].北京:清华大学出版社,2021.

[7] 张德峰.MATLAB/Simulink 电子信息工程建模与仿真[M].北京:电子工业出版社,2017.

[8] 杨发权.MATLAB R2016a 在电子信息工程中的仿真案例分析[M].北京:清华大学出版社,2017.

[9] 邵玉斌.Matlab/Simulink 通信系统建模与仿真实例分析[M].北京:清华大学出版社,2008.

[10] Giordano A A,Levesque A H.Simulink 数字通信系统建模[M].邵玉斌,译.北京:机械工业出版社,2019.

[11] 张瑾,周原.基于 MATLAB/Simulink 的通信系统建模与仿真[M].2 版.北京:北京航空航天大学出版社,2017.

[12] 范立南,莫晔,兰丽辉.物联网通信技术及应用[M].北京:清华大学出版社,2017.

[13] 廖建尚,周伟敏,李兵.物联网短距离无线通信技术应用与开发[M].北京:电子工业出版社,2019.

[14] 尼杨尼雅·那丹珠(白玉芳).中国通信史:第 1 卷[M].北京:北京邮电大学出版社,2019.

[15] 尼杨尼雅·那丹珠(白玉芳).中国通信史:第 2 卷[M].北京:北京邮电大学出版社,2019.

[16] 尼杨尼雅·那丹珠(白玉芳).中国通信史:第 3 卷[M].北京:北京邮电大学出版社,2019.

[17] 尼杨尼雅·那丹珠(白玉芳).中国通信史:第 4 卷[M].北京:北京邮电大学出版社,2019.

图书资源支持

感谢您一直以来对清华版图书的支持和爱护。为了配合本书的使用，本书提供配套的资源，有需求的读者请扫描下方的"书圈"微信公众号二维码，在图书专区下载，也可以拨打电话或发送电子邮件咨询。

如果您在使用本书的过程中遇到了什么问题，或者有相关图书出版计划，也请您发邮件告诉我们，以便我们更好地为您服务。

我们的联系方式：

地　　址：北京市海淀区双清路学研大厦 A 座 714

邮　　编：100084

电　　话：010-83470236　010-83470237

客服邮箱：2301891038@qq.com

QQ：2301891038（请写明您的单位和姓名）

资源下载：关注公众号"书圈"下载配套资源。

资源下载、样书申请

书圈

获取最新书目

观看课程直播